勒·柯布西耶新精神丛书

精确性

——建筑与城市规划状态报告

[法] 勒·柯布西耶　著
陈　洁　译

中国建筑工业出版社

著作权合同登记图字：01－2005－6464 号

图书在版编目（CIP）数据

精确性——建筑与城市规划状态报告／（法）柯布西耶著；陈洁译．
北京：中国建筑工业出版社，2008（2023.10 重印）
（勒·柯布西耶新精神丛书）
ISBN 978－7－112－10280－8

Ⅰ．精…　Ⅱ．①柯…②陈…　Ⅲ．城市规划－研究报告－世界　Ⅳ．TU984

中国版本图书馆 CIP 数据核字（2008）第 124227 号

策　　划：董苏华
责任编辑：董苏华　戚琳琳　孙　炼
责任设计：郑秋菊
责任校对：李志立　关　健

勒·柯布西耶新精神丛书
精确性——建筑与城市规划状态报告
［法］勒·柯布西耶　著
　　　陈洁　译
*
中国建筑工业出版社出版、发行（北京海淀三里河路9号）
各地新华书店、建筑书店经销
北京嘉泰利德公司制版
北京中科印刷有限公司印刷
*
开本：880×1230毫米　1/32　印张：$8^3/_8$　插页：4　字数：300千字
2009年2月第一版　2023年10月第六次印刷
定价：**51.00**元
ISBN 978-7-112-10280-8
（36110）

COLLECTION DE "L'ESPRIT NOUVEAU"

LE CORBUSIER

PRÉCISIONS SUR UN ÉTAT PRÉSENT DE L'ARCHITECTURE ET DE L'URBANISME

AVEC

UN PROLOGUE AMÉRICAIN UN COROLLAIRE BRÉSILIEN

SUIVI

D'UNE TEMPÉRATURE PARISIENNE ET D'UNE ATMOSPHÈRE MOSCOVITE

目　录

前　言

（法文版第二次印刷）

在过去的几年中，我踏遍世界各地，四处讲演。在这个过程中，我清楚地意识到气候、种族、文化是多么不同，当然还有各地的人们，他们彼此之间的差异性简直就可以用天壤之别来形容。停下来想想这点吧：男人，和女人一样，都有一个脑袋、一双眼睛、一个鼻子、一张嘴和两只耳朵等等。他们成万上亿地散布在整个地球上。如果有两个男人或者两个女人长得完全一模一样，人们将大吃一惊，甚至要把他们放到马戏团里去展览！

我们的问题是这个：人类生活在地球上，为何？如何？会有别人来回答这些问题。我的任务，我的研究，是要试着把今日的人类从灾难中解救出来，要让他们生活在快乐中，每天都能感到愉悦，要让他们生活在和谐中。这主要就是要在人类和他们的环境之间创建或者是重建和谐。一个生机勃勃的生命体（人类）和自然（环境），自然就像是一个巨大的容器，包含了太阳、月亮、星辰、未知的宇宙、波、圆圆的地球和它在黄道上倾斜的公转轴创造出的春夏秋冬、身体的温度、血液的循环、神经系统、呼吸系统、消化系统、白昼、黑夜、地球自转一周的 24 小时和它那无法平抚却又多样有益的交替，等等。

一个机器的时代已经狡猾地、偷偷地在我们的眼皮底下建立了自己的一席之地，而我们甚至都还没注意到它。它让我们一下子陷了进去，并把我们立于一种充满争议的境地之中。无论是个人的身体健康，还是经济的、社会的、宗教的转变中，都出现了混乱无序的信号。一个机器时代已经拉开了帷幕。一些人并没有注意到它，另一些人则臣服于它。

但是去年的落雪到哪儿去了？在今日的事业中，罗马对我们来说又有什么不同？建筑七式（the seven orders of architecture）对我们来说意味着什么？沿着我们的职业生涯一路走来的称谓，奖章和里程碑又是些什么东西呢？

在我们的活动中循环着金银财宝，不过同时还有种种荣誉，骄傲和

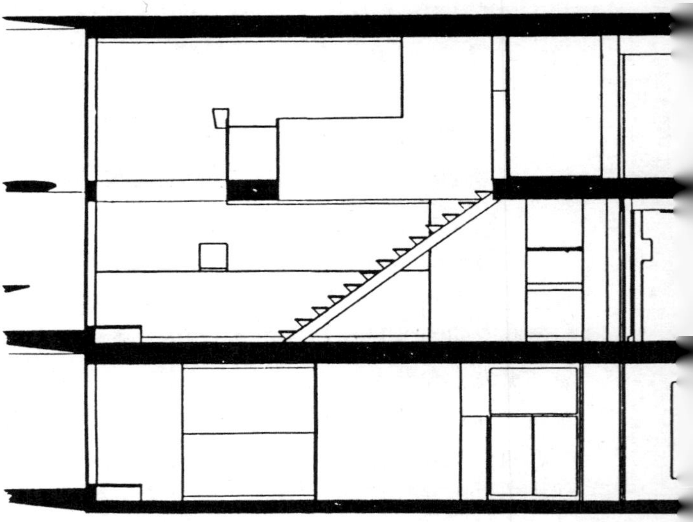

虚荣。

地球是圆的，有着连续的表面。核力量扰乱了先前的战略部署。飞机载人已经实实在在有 20 年的历史了。人们手提公文包，登上飞机；10 个小时，20 个小时以后，他们就能到达地球的另一端。当他们一抵达目的地，就要立刻去会见那位等候多时的重要人物，那人不仅见多识广，而且可以共同商榷一些问题，真正有决定权。这里始终弥漫着一股咄咄逼人的气氛，与之相伴的是一种竞争的精神，一种挑战的精神，一种胜利的精神，我们要决定是选择一场核战争，还是选择思想、科技、贸易的角逐。

但是今天，我们意识到了这个问题：人们以一种非常差的状态占领着地球，几乎都可以说是没有占领。忽然出现了怪兽，它们正是那些迅速扩张的城市，这些城市是我们聚集过程中所形成的癌症。谁主掌着权力，谁关心这个问题，谁又能看得明白？目前为止还没有一个可以接受的方法；也没有什么受过专门教育的专家。当代的问题太过庞大，彼此之间相互依托，有些部分还相互重叠，它们之间形成了如此完整的一个整体，以至于想要单独去分析和解决它们根本就是不可能的；解决的方法其实也是相互依托的，它们紧密联系在一起，无法分开……

电力早已在每家每户得到了普及，人们已将其融入了自己的生活之

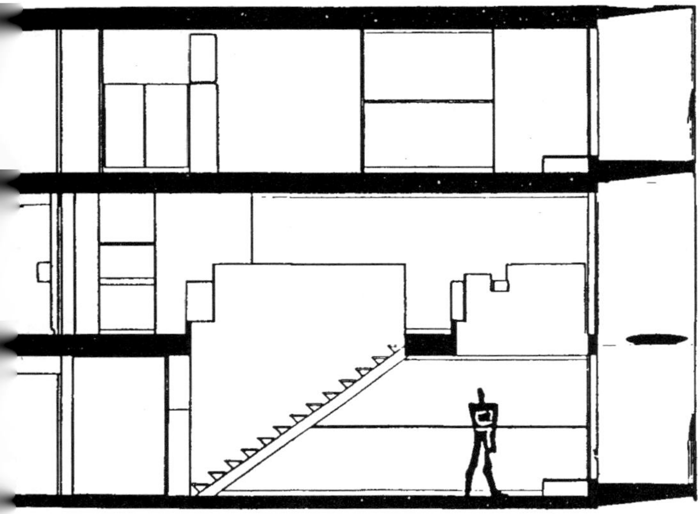

中。到目前为止，已经发生了不少奇迹和奇观。接着电子技术诞生，也就是说，出现了让机器人学习并建立文档、准备讨论会、提出各项解决措施的可能性。人们用电子技术来制作电影，进行有声录制，发明了电视和无线电，等等。电子技术将给我们装配上一个全新的大脑，有着不可比拟的能力，将帮助那些肩负重任的人更加深入现实，允许他们解释自己的解决方法，不知疲倦地重复自己的论证，还有他们对行动起来的呼吁，他们的种种提议，他们的解决方法，今天，明天，一个月，一年，无论是近在祖国，还是远在他乡。这又是一项让我们有切身体会①的事件！我在1929年举办的南美系列讲座，常常会遇到一些很不一样的听众，如今，30年后，又在第一版后进行了再次印刷。这些讲座关注的是人与人的环境。它们提出了在工程师和建筑师的工作中同样都会面临到的问题。它们已经——我可以非常谦虚地说——开启了门和窗户。这些讲座都配有草图，都是在公众的眼前即兴画出来的。它们让作者能把自己看得更加明白，能返璞归真，把自己的职责限制在提问题的范围

① 1958年布鲁塞尔博览会上的飞利浦馆（Philips Pavilion）的“电子诗篇”吸引了125万人观看，一次500个人，能有10分钟的时间身临一个迸发着深度情感的体块中，它展示着，论证着，同时也许还证实着某些事情。

内，同时给予这些问题最自然的解答。一张草图，举例来说，展示应当如何坐在一栋房子里面；另一张告诉我们如何在一个场地之上布置一座城市；还有一张比较了一艘远洋轮船、一栋现代的公共建筑和一座现代的商务摩天楼［公共建筑指的是1927年我们为日内瓦国际联盟（the League of Nations）总部设计的方案；摩天楼，后来被称作为“笛卡儿式”（Cartesian），成了1947年建于纽约的联合国秘书处］；最后是一张表现建筑作为声学研究成果的草图，已为古斯塔夫·莱昂（Gustave Lyon）所论证。

这次《精确性》的重新印刷［官方的说法是“莱纳&唐特印刷，沙特尔，12-8-1930”（The Laine and Tantet Printers，Chartres，12-8-1930）］采用了胶印法再造原书，逐页复制；没有变更一词一句，连标点符号都保持原样。

在布宜诺斯艾利斯的第一场讲座的题目是《将自己完全从学院派的思维方式中解放出来》（1929年10月3日）。“所谓学院派信心的宣扬无异于一场虚妄；它是我们这个时代的危险……”今天罗马的信徒在报刊上宣称他们是建筑业的精英，在经历了缓慢和明智的发展后，他们的决定已经完全受最为现代的思想的左右。他们甚至还友好到提及了你们的忠仆，在其笔下被定义为一名“个人主义者”。①“要说到柯布西耶的影响，那，十分明显，是根本性的。对法国来说比较特殊，也许在于他

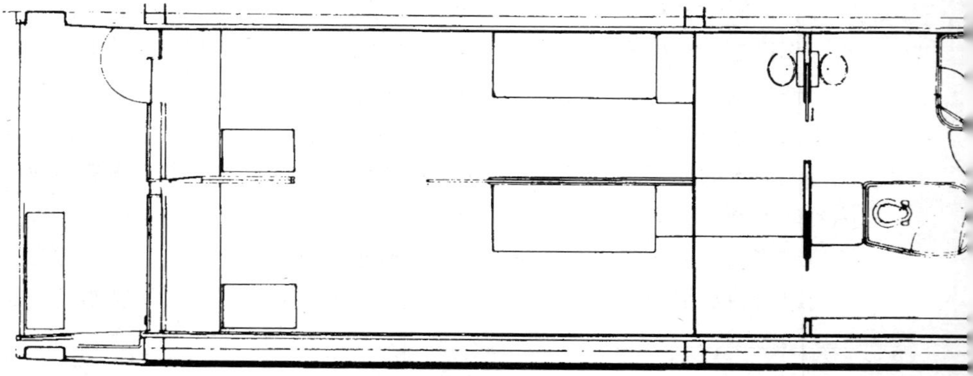

① 为了断言他不适合参加合作任务：“请挪开。”

城市规划理论方面的影响力而不是他建筑中纯粹美学部分的。但是今天似乎有这样一种趋势，就是要避免他作品中或多或少带有的巴洛克特点，以重返更为平衡的设计。这种趋势对我来说相当合理：如果说追随这位伟大理论家的想法是件好事的话，那么去模仿被这样一种强烈的——如果可以这么说的话——个人主义的品格所标记的建筑物将无疑是相当危险的……”这就是茨尔夫斯先生（Mr. Zehrfuss）的看法，他还以此警示他的建筑师同僚们。

这种“信息”的价值也就是他提笔写字所花费的那点力气了。

我用一张画给“建造者”的图画作为本序的结尾。从今开始，一个新的阶段将在两种职业间建立起永恒的、情同手足的和均衡的联系，这两种职业注定就是要去武装机器时代，引领它走向彻底、全新的辉煌。这两种职业便是工程师和建筑师。前者突飞猛进，后者依然沉睡不醒。它们两个是竞争的对手。“建造者”的职责把两者联系到了一起，从水坝、工厂、办公室、住宅、公共建筑一路走到大教堂，一路走到。在图画的底部我们能看见这种联合的标志：两只手指交错的手掌，两只水平放置的手，两只同一高度的手。

勒·柯布西耶

1960 年 6 月 4 日于巴黎

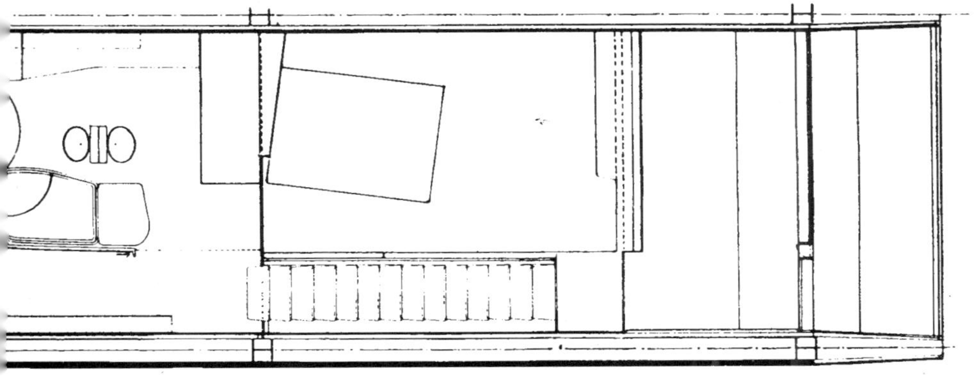

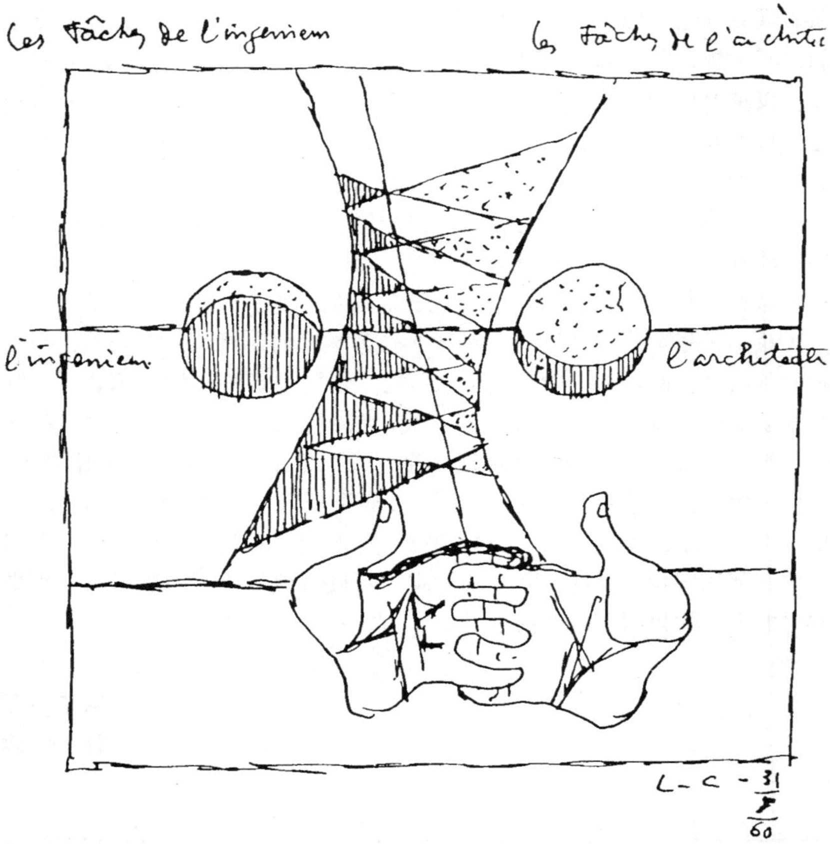

les tâches de l'ingénieur/工程师的职责//les tâches de l'architecte/建筑师的职责//l'ingénieur/工程师//l'architecte/建筑师

声　明

本书包括10次在布宜诺斯艾利斯的有关建筑和城市规划的讲座，以及一篇有关美洲的序言。

序言虽说是有关美洲的，但是却和美洲的建筑没有任何关系。它只是表达了目前美洲建筑师的一种思想状态。

当一个人千里迢迢来到美洲作报告，他一定确信自己能够作出足够多的贡献。这10次讲座始终伴随着一种强烈的渴望，一种永不停歇地、时刻准备提供确定想法的渴望。这也是为什么称此书为《精确性》的理由。

全书以一篇有关巴西（圣保罗和里约热内卢）的推论作为结尾，同时也能算是有关乌拉圭（蒙得维的亚）的推论。这篇推论主要是对那种城市盲目扩张所造成的日益增长的紧张状态的评论。

布宜诺斯艾利斯
蒙得维的亚
圣保罗
里约热内卢

1929 年 12 月 10 日
从鲁特西亚（Lutetia）* 启程
到巴伊亚（Bahia）登陆

美洲的序言

十分感谢南大西洋公司（the South Atlantic Company）为我提供了一间奢华的房间，在整艘船最安静的角落，远离机器的噪声，因此我才能够把我在布宜诺斯艾利斯开展的 10 次讲座的内容和我当时画的画重新记录下来。那些画我随身带着，等会儿拿给你们看。正是这些图画帮助我重现我讲座的内容和顺序。

现在正是盛夏，阳光厉害得很。在上个星期，这盛夏的艳阳在我眼前勾勒出一个热情洋溢、难以忘怀的里约热内卢。直到今天早上，我还是满脑子的美洲印象（我昨天上的船），在这些充满力量的情感和景色里居然没有丝毫的欧洲片断，我想主要的原因还是我的行进线路以及在此期间的季节更替（先是阿根廷的春天，紧接着是里约热内卢的炎夏），这样的铺垫最终以里约热内卢作为终结，就像是金字塔的塔尖，冠之以烟火达到最后的高潮。阿根廷是绿色的、平坦的，人口密度相当高。圣保罗则位于海拔 800 米的高地上，红色的土壤就像燃尽的灰尘。整座城市似乎依然经历着咖啡庄园主们的独裁统治，先前他们使唤奴隶，今天他们则制定那些严格却又低效的规则。里约热内卢有着土壤带来的红色和粉红色，植被带来的绿色，以及海洋带来的蓝色。海浪冲击着无尽的沙滩，所有的东西都像是在生长着。小岛穿破水面，远方连绵着逶迤的山丘和雄伟的山脉。里约热内卢有着全世界最美丽的码头。海边的沙滩

---

* 巴黎的古称。——译者注

一直触及到你房屋的边缘。这种种的景象就像是有一束强烈的光芒照进了你的内心深处。我在美洲的收获是多么有力，多么曼妙，多么激动人心啊！

当我 12 天后回到巴黎的家中，我看见的将是玛德莱娜广场（the Place de la Madeleine）和广场上的圣诞树，看见巴黎雨中的柏油路，看见太阳 10 点升起 4 点落下，看见冬日的阴影，那炼狱般的景象。我还将看见所有一切令巴黎成为巴黎的东西，看见烟灰和尘土，衰败的建筑，以及所有那些将巴黎装扮成“光之都”的元素的痕迹。当然我们可以称巴黎为“光之都”，但是我的旅行却告诉我，在其他的地方，那些光……

巴黎的这个美称迫使我在布宜诺斯艾利斯、蒙得维的亚、圣保罗、里约热内卢经常用“以……的名义”开始我的讲话。这次的旅行因此也变成了一项任务。我时不时地就会受到一些官方的礼遇，事先没有任何通知（老天作证一旦我知道那些是拉拽我去的，或者是朋友的朋友邀请的，我撤得比蜗牛角还快）。在布宜诺斯艾利斯，我是艺术之友（Amigos del Arte）和精密科学学院（the Faculty of Exact Science）的座上宾。尽管如此，偶尔还是会有小汽车来接我，随之而来的是大量的记者和闪光灯。我经常还会以某个委员会的名义去参加一些讲演，间歇有午饭提供的那种。我在布宜诺斯艾利斯的停留期间和市长康提洛先生（Mr. Luis Cantilo）有过一次长谈，主要内容是我被这个巨型的非人性的城市压迫到窒息而提出的一些假想的（非常谦逊的）补救措施。在那片里约热内卢（Rio de la Plata）边的土地上，整个地球上最根本的一个要素正得到长足的发展。在巴西，我受到圣保罗立法机关的邀请，他们事无巨细（这点我非常感动）地向我讲述了我们创办的《新精神》杂志（L'Esprit Nouveau）在 1920 年给当地带来的影响。巴西的继任总统普莱斯特斯先生（Mr. Julio Prestes）对于我们的一切努力都了如指掌。上任之前，他已经清楚知道了他将要接手的城市规划任务。他将会透过建筑来表达他对于新时代的理解。在南美的各大城市里，有许多热情洋溢的小组正在酝酿着新想法，时常会擦出一些火花来。在布宜诺斯艾利斯，南美航空公司（the South American Aviation Company）邀请我参加一次 10 人座的飞往巴拉圭首都亚松森的首航。沉着友善的机长阿蒙纳瑟

（Almonacid，听起来有点阿拉伯的味道）有着一半的北印度血统和一半的吉拉尔德斯（Guiraldes）血统，出生在一个声名显赫的*世家*，这个家庭同时还培育出了著名的诗人里卡多·吉拉尔德斯（Ricardo Guiraldes），其代表作是《堂塞贡多·松布拉》（Dom Segunda Sombra）。阿蒙纳瑟管理南美航空公司，每天都有飞机外飞，以每小时180公里的速度越过安第斯山脉飞往智利，横跨潘帕斯大草原、热带雨林和大西洋抵达里约热内卢、纳塔耳、达喀尔直到巴黎。这个美洲国家就是以飞机来丈量距离的。对我来说，似乎航空线路最终会成为它最有效的交通系统。你们看看地图，所有的东西都是巨尺度的，村镇是这样，城市也是这样。我们全都事无巨细地了解尤里西斯（Ulysses）的丰功伟绩，但是我却在布宜诺斯艾利斯的一个朋友，阿尔弗莱德（Alfredo Gonzales Garrano）的家中，通过19世纪中期那些杰出的书刊插画家的作品，了解到了阿根廷拓荒者们的历史。这部草原上的史诗甚至还不到一百年，现在还有见证者在世，他们继承着前人的梦想，继续生活在普通的阿根廷家庭中。今天仍然有着一群杰出的人们，他们远离城市，居住在壮阔的*牧场*中（大草原住所），经营着他们的牧场，或者就只是独自居住在漫无边际的大草原上。他们之所以伟大是因为他们的勇气，他们的执著和他们的与世隔绝。在1200米的高空中，从拉特克埃（Latecoere）的飞机中俯瞰，我看见了这些先锋们的城市，直线形的村庄，亦或是棋盘式的农场，甚至还有那些边远的住所。所谓边远的住所，指的就是一栋被整齐的橘子树所包围的小房子，然后有一条小路通向水源，另一条通向农田，再有一条通向牧场。周围是一望无际的草原。邻居呢？去哪儿买东西呢？医生在哪儿呢？让我心动的女孩儿呢？带着我的信件的邮递员又去了哪儿呢？一切都没有了，除了相信自己没有任何别的希望。我在1830～1840年的插画上读到这些拓荒者的史诗。里约热内卢上漂着小船，没有可以停靠的码头，货物直接装到船上。拓荒者们有的就只是他们的勇气。他们无疑已经抛弃了所拥有的一切的一切。他们就这样在大洋上航行着，航行多少天呢？我们在碧海蓝天之间需要航行14天，周遭没有任何景物。他们呢，他们可能需要5倍的时间，甚至更多。最终他们抵达了里约热内卢平缓的海岸和布宜诺斯艾利斯不期的草原。然而那里却暗藏着充满敌意的印第安人，迎接他们的只有城镇紧锁的大门。

他们随身只带了几匹马和少量的武器，但是那些数量庞大的货物却进一步引发了印第安人对于欧洲的袭扰。有没有道路？只可惜他们就是第一批定居者！阿根廷的天空呢？是的，这算得上是惟一的安抚了。我亲自见过那天空覆盖在旷野的大地上，只在远方偶尔会有几棵低垂的柳树。它一望无际，朝着四个方向扩展，白天透着蓝色，夜里则闪烁着星光。老实说，景观其实相当单调，就是单一的地平线。当我翻阅着阿尔弗莱德的相册时，我对他说："朋友，我想和你一起写一本书。你知道所有的细节，你的父亲和祖父曾亲自参与了拓荒的历程。我们可以用你详细的资料进行注释，书名就叫做《一段关于阿根廷拓荒者的伟大历史》。"

从飞机上我看到了可以称之为宇宙的景象，它提醒我们什么才是这个地球上最根本的东西。在布宜诺斯艾利斯的时候，我们飞过了巴拉纳河（the Parana）三角洲，巴拉纳河是全球最著名的河流之一。整个三角洲布满了运河网，密布着各种作物。农民们在三角洲上种植水果，但是为了防范里约热内卢泛滥破坏收成，他们又种了数不尽的白杨树，将农田分成一小块一小块的。那儿的土地肥沃，一株白杨树长成需要 8 年的时间，每株值 8 个比索*，还算是一笔不小的数目。从飞机上俯瞰巴拉纳河三角洲，让我联想到法国或者意大利文艺复兴时期的园林雕版画，当然尺度更大。接着我们飞过巴拉圭，我们在巴拉圭的上空飞行了 4 个小时。最后我们抵达了巴拉圭河（the Paraguay River）的尽头，从这里巴拉圭河汇入巴拉纳河，而巴拉纳河则向北无尽地延伸，直到巴西的热带雨林中，非常接近亚马孙河（the Amazon）的地方。这些河流在广阔的草原上流动着，无声无息地证明着物理的客观规律。我这里所指的是最陡坡度规律，但是如果没有坡度，所有的事物都将是平缓的，那么就用感人的回转法则来代替。我说法则，是因为这种由于侵蚀造成的回转是一种循环发展的现象，这和人类的发明、创造性的思考过程极其相似。顺着上文对这种回转现象的概括，我慢慢理解了在人类的日常生活中所遭遇到的境地：他们陷入死胡同中，忽然又冒出了一个绝佳的办法解决所有的困难。为了个人的使用方便，我将这种现象命名为*回转法则*。在圣保罗和里约热内卢的讲座中，我用这条"回转法则"来解释在

---

* 阿根廷货币。——译者注

改良城市规划和建筑设计上的种种提议。我将提议建立在这种自然现象之上，这就可以避免人们指责我是在滥竽充数。

从一架飞机上，一个人还可以明白许多其他的事情：

整个地球就像是一个水煮的鸡蛋，它是一个包在褶皱表皮之内的大水球。安第斯山和喜马拉雅山不是别的什么，就是这些褶皱。有时候这些褶皱发生了断裂，便形成了那些激动人心的轮廓线。像水煮蛋一样，整个地球的表面都是水，这些水不停地蒸发、凝结，进行着循环。从飞机上，你能看到乌拉圭的草原上有大片的云彩，它们可能会让一个家庭感到伤心不已，也有可能是丰收的保证，或者是弄烂葡萄藤的罪魁祸首。云还会导致闪电和雷鸣，让人心惊肉跳。日出前的这一个小时，气温达到最低，它是一天里最黑暗的时刻。沉睡的人会不自觉地裹紧自己的毛毯，无家可归露宿的人全都缩成了一团。你可以明显感受到空气中的水汽。忽然之间，整个地球都被露水包围了。就在此时此刻，太阳在远方的地平线上，像炮弹一样照亮了天空。它来得那么迅速，那么炫目，让人觉得真像是跳了出来！但是，这令人难以忘怀的速度（我们可以以地平线为基准观测出来），却始终没有变过。然而当我们仰望苍穹的时候，我们却不禁感叹道："这距离真够走一天的。"观察到太阳的这个速度意味着我们意识到了速度的存在，我们感到了生命的短暂和那些再也无法追回的时间。这是多么严酷啊！那些无法追回的、已经逝去了的时间！天空非常晴朗，东边呈现微微的橘红色，四处放射着蓝色的光芒，没有一丝瑕疵。整架飞机都被这景象所感染，充满了喜悦。现在已经是10点了，除了我们的眼前，上下左右都是一片蓝色。我们身在一片厚实的云丛中，*四面都被包围起来* 。但这云丛却又透着一丝丝的光芒，所以当你俯瞰的时候，穿过它，一片令人振奋的景象立刻冲入眼帘：乌拉圭的草原就像一张巨大的豹皮，被照亮的绿色和黄色牧场上点缀着无数影子般的圆圈。这些数之不尽的圆圈全都一样大小。露珠发生了一些新的变化，就像魔术般地，这些露珠排成了整齐的队伍，其秩序让人惊叹。首先，这些露珠重新进行分组，它们均匀地环绕着一个中心排列；随后中心越来越多，形成了一个个的小组团，这些小组团构成了中心权利的最初原型。这还没完，紧接着出现更伟大、更加难以控制的现象：太阳蹦了出来，它逐渐改变了周围的气氛，不同密度的气流相互穿越，有些甚至迎面相撞。小团云彩之间的和平秩序被另一种无法抵抗的力量所统治，它们相会、融合、重组。到了下午的时候，大块大块的云团在天空中移动着，就像随时备战的军队。旋即就形成了风暴，天摇地动，雷声轰轰，电光石火。

这些一系列的事件不停地诱发着一名正在巡回讲演的规划师的兴趣！

这只水煮蛋也会让人感到忧郁，甚至绝望，我相信这只“水煮蛋”有些神经衰弱。让你的这只水煮蛋慢慢腐烂，如果你没时间的话，想想你妈妈做的果酱。用浸泡了酒或者牛奶的纸盖在瓶装的果酱上，几个月以后，纸上就会长出可怕的霉菌。热带雨林，河岸两边茂密的植物就是地球上长的霉菌。看那些棕榈树啊！美洲的棕榈树按照一种我无法理解的规律生长，它们生长在大草原上，整齐地分散在荒芜的牧场中间。而在那些同心的、封闭的、有点像波利尼西亚（Polynesia）环状珊瑚岛的圆圈中密布着各种河口、交汇点和间以相同距离的芦苇丛。看那片大草原，植草的投影显示出土壤的潮湿度。所有的生物，所有最根本的有机生命从飞机上看都一览无余。那美丽的田野和草丛！当然，它们始终遵循最陡梯度规律，无论在地上还是地下。整个地球不是一片均绿的树叶，它有着各种腐烂的叶脉。那些高雅的棕榈树，漫山遍野的花，壮丽的河流和迷人的小溪、雨林就是地球的叶脉，它们带来了生命的气息。你们所有的人，*树，所有的树*，从天上看就像是地球上的霉菌。而你，地球，那么湿漉漉的，不是别的，也就只是霉菌。还有你的水，不管是气体还是液体，被一颗那么遥远的星球控制着，同时给你带来欢乐和忧郁，富足和穷困。

那架飞机还带我们去看了好几个小时的巴拉纳河和巴拉圭河的洪水。这个无尽的星球只属于那些最勇敢的拓荒者，他们在芦苇丛中蹒跚前行。忽然他停住了，他叫到，就是这儿了，这有肥沃的土壤，不远处就有水源，我就住在这儿了。但是他看不到在这无尽的大草原上洪水正在汹涌地前行！这个人算是幸运的，洪水在离他 100 米的地方停住了。那个人呢？洪水淹没了他的一切。只有他的房脊和精心栽种的橘子树梢露出了这汪黄色的洪水。他一定逃得很匆忙。他的牛全都淹死了。从飞机上，我看到在一大片湖泊的中间冒出了一个小小的屋顶，方圆几百里之内再也没有别的农田了。他是个勇敢的拓荒者。在乌拉圭的首都蒙得维的亚，那儿没有人口统计，他们会知道关于这个勇敢的拓荒者的一切吗？知道关于他如何花了一生的时间建造他的房子，养他的牛，种他的树吗？城市小说家们，别整天沉醉在理论中了，当你从天上看世界时，你会发现一部部生活的史诗。

在 500 ~ 1000 米的高空，以每小时 180 ~ 200 公里的速度俯瞰大地，看见的景色不是一晃而过的，它是缓慢、连续、又相当精确的，一个人甚至能分辨牛背上红色和黑色的斑点。除了飞机以外，只有海上的轮船和行人的双足能够提供所谓的人性化视域。当一个人能看见的时候，他的眼睛可以平缓地向大脑传输这些信号。反之，火车、小汽车，甚至是自行车所提供的只能是我称之为非人性的、可怕的视域。只有当我能够*看见* 的时候，我的存在才有意义。

因此，我不借助任何交通工具，单凭我的两条腿前往亚松森，去寻找印第安人的住所。在巴拉圭，印第安人似乎占据了主导力量。正是在亚松森，我第一次踏上了红色的土地！之后在圣保罗，我又踏上这红土地，在那儿我画了水彩画。现在看着这些画，红色的土地相衬着蓝色的海洋，依然让我激动不已。

亚松森！它似乎还停留在我们的前一个时代中，还没有被全球化标准的成品服装攻陷。它是一个被绿色所包围的小城，大约有一半的草坪，另一半则是红土地，那里有许多美丽的大树，浅紫色的、黄色的又或是暗红色的。妇女们身着白色的上衣，头戴丝巾。那些城市边缘的印第安小屋完全就是精神性的，围绕房子周边一圈的地面都被夯实了，异常干净，通常保养得相当考究，比方说他们会铺上一块红地毯，类似“爱丽舍宫（Elysee）接待处”的那种样式。房子通常是用木片或者竹子搭建的，接缝处抹灰。当然，在竹子做成的门廊处或者爬藤架上还是会做刷白的处理（就像人们会在希望住得舒服的地方作重点处理一样）。那些从红土中长出的排列整齐的长茎的花朵（为了方便，称之为百合或者亮色的雏菊），给人留下最为深刻的印象，有很强的识别性。那些黄皮肤、高颧骨的印第安妇女真是相当漂亮。

整个小城都是欢声笑语，由于受到西班牙传教士建造传统的影响，印第安人的建筑中也融合了帕拉第奥式的栏杆。

噢，南美的栏杆！意大利的通心粉！太丰富，太夸张了吧！可悲的布宜诺斯艾利斯想要和它意大利式的栏杆一起欢笑，可惜的是，这只有在中央商务区之外才能取得成功。这里面无疑有夸张的成分。我总忍不住要去咒骂那些栏杆。不过通过这栏杆，拉美人幽默的天性得到了最好的诠释，除此之外，这样的栏杆还带来了巨大的丰富性和一个拉丁式的微笑。话虽如此，美国还是承受着巨大的压力，包括它的船只、船长和工程师们。当一个人跑到布宜诺斯艾利斯的郊外，他会看到大量金属波纹板盖成的房子，它们没有心灵和魂灵，或者它们有，只不过是另一种不同的、全新的、未知的形式。我看见过一个工人的小棚屋，完全是金属的，非常整洁，门前有一簇粉色的玫瑰丛妆点。它完全就是一首现代的诗篇。

我四处找寻“属于人民的房子”而不是属于建筑师的房子。这个问题很严肃。有人会说，爱才是一个人的家园。但请允许我对此作如下解释，把它想像成一幕电影场景：有这么一天，不是在一间豪华的餐厅中——那里面总会有些烦人的招待和酒保破坏我所构思的这种富有诗意的场景——相反，在一个普通的、小小的餐厅里面，只有两三个人在喝咖啡，聊天。桌子上还摆满了玻璃杯、酒瓶、盘子、油瓶、盐瓶、胡椒粉、纸巾和小环什么的。你看联系这些物品背后的秩序，它们都被人用过，它们经过了不同人的手，它们之间的距离是以人生来丈量的。这是一种有序的、数学上的组织，没有一丝错误、武断或者欺骗在其中。要是现在有个导演，用特写的镜头来拍摄这静态的生命，只要他没有被好莱坞洗过脑，我们就会看到*一种最纯粹的和谐*。不是开玩笑吧？不是，那些寻找虚伪和谐，寻找弄虚作假，寻找阴谋诡计，寻找维尼奥拉（Vignola）学院派的和谐的人都是不幸的。在我称之为*属于人民的房子*里面我再次找到了这种有趣的组合。我已经在《一栋住宅，一座宫殿》① 中解释过我的这个想法了。当巴西的一些名流听说我在里约热内卢的时候爬上了一座住满了黑人的小山丘时盛怒不已，他们说：“这对于我们这些文明人来讲是一种耻辱。”我向他们真心诚意地进行解释。首先，我觉得这些黑人是很*不错的*，他们都很善良；其次，他们很美

① 《一栋住宅，一座宫殿——建筑整体性研究》（《新精神丛书》，Cres et Cie.，巴黎）。

丽，很伟大；再次，他们不拘小节，他们懂得适度满足自己的需求，他们还能有梦想，他们的坦率直接导致他们的房子总能选在一个绝妙的地方，重要空间的窗户开得非常漂亮，他们的房子虽小，但却能尽其用。我联想到我们欧洲的低成本住宅，它们被文艺复兴时期的王储，被教皇，被奈诺特先生（Mr. Nenot）* 给毁了。过去的20多年，我游历了许多国家，我最终的结论，也一天比一天更加明确：必须改变的是我们对生活的理解，必须澄清的是我们对幸福的理解。这些才是需要改善的地方，其他的都是些附带的结果。“黑人会在那些糟糕的社区里杀了你，他们非常危险，他们全都是野蛮人。在那儿每周都能有两到三起谋杀案!”而我回答道：“他们杀的是爱的偷盗者，那些伤害他们到骨子里的人。你们为什么希望他们杀了我，杀了一个完全能够理解他们的人？我的眼神，我的微笑会保护我，你们不用担心。”

我记得在1910年的时候，佩腊（Pera）** 的人这样向我形容斯坦布尔（Stamboul）的土耳其人：“你一定是疯了，居然想晚上去那儿，他们一定会杀了你的，他们是一群恶棍。”但是佩腊的房子、银行、市场、海关、他们的欧洲保护地、他们建筑中模糊不清的本质才向我展示了什么是真正的邪恶。

如果我认为建筑是“属于人民的房子”，那么我就成了一名卢梭主义者——“是人皆善”；如果我认为建筑是“属于建筑师的房子”，那么我就成了一名怀疑论者，成了悲观厌世的伏尔泰主义者。“在这个世界最可恨的地方，所有的一切都是最糟糕的。”[《老实人或乐观主义》(Candide)] 这就是我们分析建筑后得出的结论，建筑就是一段时期内思想状态的体现。我们走入了一个死胡同里，社会和心理的机制都在不正常运转。我们迫切想成为蒙田或者卢梭，去逼问那些“赤裸的人”。所要承受的改变是影响深远的。伪善统治了真爱、婚姻、社会和死亡，我们整个完全都是虚伪的，我们是*假的*！

我们现在就像是布伊亚－萨瓦兰（Brillat－Savarin）*** 一样，穿着

---

* 当时日内瓦国际联盟宫的建筑师。——译者注

** 金角湾把伊斯坦布尔市的欧洲部分一分为二，北半部叫“佩腊”（Pera），历史上是西欧商人、移民的聚居地。南半部叫“斯坦布尔”（Stamboul），也就是老城区。——译者注

*** 19世纪法国著名的美食家。——译者注

各种礼服和燕尾服（拿破仑“大军”将领的着装式样），做的尽是些冠冕堂皇的午餐和晚餐。我们用韭菜、芦笋、土豆、牛肉、黄油、香料和水果，配上无处不见的科学，成功地解构了一切东西，使它们尝起来都是一个味道。惟一的结果就是在我们用酒和难闻的奶酪塞饱一个人以后，他会变得神志不清。然后他接着和别人谈生意，谈战争、联盟、买卖、税收和各种投机活动。他们像蛇一样勾勒着一幅不可靠的、危险的世界的图景，而它早就已经不存在了。

这就是我们现在的建筑所处的困境。日内瓦的学院宫是想像力所及最过分的地方，它有红色的垂帘，金色的丝带。那种地方的存在有一个目的：为整个世界谋求福利。这就和一顿饭有一个目的是一样的：为了补充体力。想想看吧！想要干活干得痛快，明白无误，有效率？还有外交，你怎么解释它？还有那种盛宴般的建筑艺术？

举个例子，当我在圣保罗汽车俱乐部的时候，有人执意要给我看一位非常有名的印第安雕塑家的作品集，他的成就对西班牙传教士来说够得上是一个奇迹了。我看着他的作品集，可以把自己想像成是在伯尔尼（Bern）、巴塞尔（Basel）、布拉格或者卡拉科夫（Cracow）。那种教会风格（布伊亚－萨瓦兰），混杂了希腊的明了和审判的痛苦。“真见鬼，希腊人和神甫在这儿干吗？我们在印第安人的红土地上，这些印第安人是有自己的灵魂的。在我印象里我记得上帝曾这样说过：‘如果有人冒犯了我的信众，那就在他脖子上绑一块石头，然后丢到大海里去。’”

告诉我当你面对着法兰西艺术家沙龙的酸劲儿，那些大型国际酒店里饭菜的味道，加上布伊亚－萨瓦兰的调料，再加上鹅肝酱和块菌，会不会导致消化不良，会不会让你吐一地？

告诉我你有没有在沙特尔大教堂（Chartres）和维莰雷教堂（Vezelay）的门廊中找到布伊亚－萨瓦兰的影子？它们是在这些“学院”出现之前就存在了吧。在里约热内卢博物馆里面的印第安面罩上你又找不找得到呢？

告诉我在当今这个时代，当人们喜欢的是广阔的草坪，喜欢和一株活的树进行对话的时候，再去喜欢那些到处是修剪整齐的花样园林的城市还有没有道理？我在里约热内卢的时候就看到过一个这样的小公园，里面的植物修剪成倒圆角的方块，就像“路易十六时期的木工”和1925年流行的绣花。“它是这个迷人的小区中间的运动场地，但却被变成了一个华而不实的公园。”当时我强烈地感到学院派就像木乃伊一般地僵死。

过去的25年里，我从这个世界各个角落的人们心中听到了动人的音乐。我宣布：“我喜欢巴赫、贝多芬、莫扎特、萨蒂、德彪西、斯特拉文斯基。”那些都是经典的音乐，创作出这些音乐的人在脑子里已经作过各种尝试了，他们作了种种比较，然后才作出了这最后的选择。建筑和音乐都是人类尊严最本能的宣言。通过它们，人们才能确定：“我存在着，我是数学家，几何学家，我是虔诚的。这意味着我相信有一股强大的力量统治着我，我相信我能够成就……”建筑和音乐的关系密不可分，就像物质和精神，建筑中表现着音乐，音乐中又蕴藏着建筑。它们的共同点在于，无论是在建筑或是音乐中，都包含了一颗试图超越自我的赤诚之心。

要超越自我是一项非常伟大的壮举。一个人不可能穿着二手的衣服去实现它——拿破仑“大军”将领的装束，要实现它，只有通过那不包无所却又无所不包的工具：*比例*。所谓比例，就是一系列事物相互之间的关系。它们不需要大理石，不需要黄金，不需要斯特拉迪瓦（Stradivarius）的小提琴，也不需要成为卡鲁索（Caruso）*。

1929年11月27日，在圣保罗，当约瑟芬·贝克（Josephine Baker）在一场无聊的音乐会上唱起“宝贝”时，她流露出如此强烈的情感以至于我泪如泉涌。

在她船上的房间里，她随手拿起一把小吉他，一件儿童玩具，别人送的，她用这把吉他伴奏，唱所有黑人的歌。“我是一只小黑鸟，四处寻觅白色的鸟，我想为我们俩筑一个巢……”或者是“你就是那降落天使的翅膀，你是我航行的风帆，我不能没有你。你是……你就是那柔软的布匹，我将你卷起来带走，我不能没有你……”

她遍及世界各处，她感动了一批又一批的听众。所以说，人们还是有一颗真正的内心的是不是？音乐找到了它。人类是伟大的动物，但是

---

* 20世纪上半叶意大利著名男高音歌唱家。——中文版责任编辑注

他需要超越自我，他需要从那些恼人的谎言之中挣脱出来，即使他不明白其中的缘由。

这些就是我在圣马丁诺（San Martino）的热带雨林中思考的问题，朝巴西的中心坐 12 个小时的特快列车才能到达。“一个人永远都要*作好判断*的准备，永远都要。你现在身处巴西的热带，阿根廷的大草原，满是印第安人的亚松森市中。你需要知道如何克服日益增长的疲劳，总能有一条不变的*标准*进行独立判断：无论什么东西，只要它能与周围的环境形成和谐的关系，而且最后看起来*一点儿也不让人觉得突兀*。除了红土地和棕榈树以外，一个人便置身于永恒的环境之中，一望无际的大草原，眼睛所见的就是无限延展的地面，无尽的雨林和森林，但它们都不是最关键的。你需要去体会！去观察圣保罗人群中的黑人，混血儿和印第安人！去寻找布宜诺斯艾利斯的*风格*！

请允许我对此进行解释。所有的一切，雨林、大草原，都和书上说的一样，和我们童年时听的故事一样。但是在夏天，整个世界都是绿色的，雨林和别的没什么不同。那儿有藤蔓，可别忘了，还有美洲豹，我们的同伴 8 天前刚打了一头，但是我们却什么都看不见！我们躲在雨林深处的一个庇护所里，它是用竹子和树枝编成的。15 分钟过去了，什么都没有！为什么动物会到这儿来呢，我们正拿着枪等着它们呢！晚上，我们能听到鹦鹉的叫声，它们绿得就像树叶一样，我们根本看不见它们。那儿有数不尽的蛇，这儿有一些照片。上个月，种植园上有一个人被蛇咬死了，但是我们却一条都没看见。水塘里全是鳄鱼，它们潜在水底。这儿有一些鹿和野猪的踪迹，还有些犰狳逃跑的脚印。整个森林是无声的，静止的，厚实的，难以渗透的，或许还有些凶险。

在法国的海滩上，当我们这些业余的渔民撒网的时候，会有鱼来吗？

这南美的森林包含了一切，但是我们却什么都看不见。

站着别动，仔细看，仔细听个一天或两天，森林就会开始说话了。但是我们总是没有时间！

人生就这样逝去了！

你要知道如何做好判断的准备！

在北美这个黑人发明音乐的国度，有大量的“当代”诗。如果你要去探寻它的根源，那就是乍得湖（Chad）的手鼓，加上巴伐利亚山脉的，或是苏格兰，巴斯克（Basque）的民谣。这就像是牧师造访汤姆叔叔的小屋。所以在当今美国这个大熔炉中，当所有的东西都是属于20世纪的，当大男孩的腼腆阻碍了当代诗歌的表达，是最单纯的黑人发明了这种流行全世界的音乐风格。有声电影就像匈奴王一样四处侵略。人们根本无力抵抗这些猛烈的冲击。我从这种音乐中体会到了一种能够表达新时代体验的风格的基础。我们必须意识到它包含了最有影响力的人类传统，非洲的，欧洲的，美洲的。我从中感受到了冲破布伊亚－萨瓦兰般的学院派保守主义的力量，从新石器时代开始发展，历经奥斯曼，最后被埃菲尔和康斯德（Considere）* 打断的建筑艺术发展到了今天已经逐步消亡。历史又翻过了新的一页。我们需要新的探索，需要纯净的音乐。那些被音乐学院僵化的音乐风格只能在音乐会或者电台广播上发出它们微弱的噪声（令人遗憾的信心的滥用）。现代的人们说起话来理应掷地有声。在轮船上的水手和美丽的乘客之中，在里约热内卢的上流社会和黑人的棚户区之中，在布宜诺斯艾利斯让人绝望的街道之中，都有无数的灵魂被"负罪的天使"（L'Angelo Peccador）所深深地打动。

机器时代的情感和那种"纷繁复杂"的烹饪是不同的。截然不同！它更贴近人的内心，它让眼泪重新充盈了人的眼眶。

永远知道如何独立地去判断，去理解，去明白其中的各种关系。要有属于自己的感受，尝试着做到*真正的无私*。要把一个物质的自己融入到背景中去，这意味着要克服你从生活的*经验中得到的各种推论*。与其臣服于一个衰落的时代，不如牺牲自己，或者投身于冒险，抓住各种机会，仔细体会各种事物，向别人逐步敞开自己的心扉。

整个美洲的历史对我来说就像是动力杆，尽管它也有恐怖的地方，它无情地残杀，以上帝的名义肆意破坏。我们如果通过文献学习历史，它是丰富多样的；通过建筑，它是坦诚的；通过视觉艺术和音乐，它是美好的，在我看来，教育的根本在于让当代科学得以表达自己真正的用

---

* 他研究了钢筋混凝土梁和柱的强度，做了一系列有系统有计划的试验，其中包括采用螺旋筋以提高柱的强度的研究。同时根据实验于1902年取得了螺旋钢筋柱的专利。——译者注

途。除此之外，科学事实的永恒性常会引发思索，引发人们去思考“它有什么用”，还有从我最个人的角度，引发智慧。

我在南美有两个亲密的朋友，布宜诺斯艾利斯的阿尔弗莱德和圣保罗的保罗（Paulo Prado），他们碰巧都是古南美家族的后裔。俩人都对自己的过去，对历史，对取得的成就充满热情。那段历史吗？卡斯提尔（Castile）的侵略者，圣保罗的*探险队*（banderios）。他们四处寻找黄金，做着这种肮脏的交易。但那是多么勇敢，多么进取，多么执著啊！只要你看一眼地图，想像一支300人的军队行进到安第斯山脚，从墨西哥一直到里约热内卢。这些“圣保罗哥们”50人一组深入雨林中，直到亚马孙河的源头。如果有人能想像他们那么小的一群人，始终坚持把自己的意愿强加到他们遇见的人身上，不断地战斗，不停地迷路，就一定会把他们当作上帝崇拜，难道不是吗，你们这些足不出户的人？那是精神的力量，这也是我始终不曾忘记的。哪天有空我一定要好好学习一下这段历史，不是由众多的神话组成的，而是客观记录下来，保存在欧洲图书馆里面的。

欧洲的进步侵蚀着这些国家，同时提炼出一种唯理主义和唯利主义。但是这些国家依然对精神性的事物保持大力的开放。一个周六的早晨，11点的时候，阿尔弗莱德对我说：“我想带你认识一下布宜诺斯艾利斯最私密的一面。”我们就去了科隆大剧院。台上演的是贝多芬的庄严弥撒（Missa Solemnis），台下却坐着一群冷漠的观众。最后一个音调结束后，人们既不鼓掌，也没有任何表示，就依次退场了。阿根廷人非常保守，他们说自己很腼腆。他们会去想很多的事情，但是他们不谈论。我在布宜诺斯艾利斯艺术圈的朋友中，有很多人对精神性的东西都非常感兴趣，音乐、绘画、建筑，每天都会有各种活动。在图库曼大街（Tucuman Street）上有一个很小的书店，极其现代，是两个法国女人经营的，那真是一个智慧的殿堂。互不相识的人们到书店里，看书，买书，那儿没有任何学院派的东西，有的只是巴黎当下最好的。巴黎！对阿根廷人来说，那就是一个梦想。那些不去“创造美洲”（创造财富）的阿根廷人在本国和法国之间分享他的人生，他的思想。噢，法国，你为这个国家提供了一个崭新的纪元，它拥有了和组成巴黎的智慧一样的知识，在学院的支持下，用白色大理石雕成了这个巨大的冰淇淋蛋糕，当你羞辱美丽的阿尔维亚大道（Alvear）和帕勒莫大道（Palermo）的时候，你就是在自取其辱！

布宜诺斯艾利斯积极投身于艺术也只有10年的时间。这可以从它的建筑上看出来，它们已经被一批新的人群掌控。是大牧场主、大地主、大贸易商发起了这场运动。维多利亚·奥坎波夫人（Madame Victoria Ocampo）正以建造一栋颇受争议的房子来作出她对建筑的表态。是的，布宜诺斯艾利斯现在就是这样一个局面，整座城市200万的居民和移民，以最尖锐的态度反对着一个女人的意志。在她的家里有毕加索和莱热（Leger）* 的大作，挂在一片我都很少遇见的纯粹的背景之上。

在巴西的圣保罗，靠的是咖啡庄园主、金融家和哲学家来引荐桑德拉斯（Cendrars）。圣保罗建在海拔800米的高地上，它是个令人捉摸不透的城市，尽管它有摩天楼，有最新潮的社区，但看起来却有种怀旧的味道。圣保罗正在前进。在巴西（还有阿根廷），我们1920年的杂志《新精神》唤起了人们的欲望。这些国家，卡斯提尔的阿根廷，葡萄牙的巴西，它们都迈入了想要创造属于自己的历史的时期。一个民族的历史向来都只是对当代理想的表达，是一种教条般的精神创作，是自我的表达，自我的认同。历史不存在，历史是创作出来的。所以，人们会看到各种“种族”故事的诞生。诸位旅人们，当你在布宜诺斯艾利斯或者圣保罗的街头，自信过头的爱国者向你唱起他们的歌曲时，你一定会嘲笑他们。但是你错了。因为无论你从哪儿来，到了美洲，那你就是美洲人了。圣保罗的年轻人已经向我解释过他们的信条了：我们就是“食人族”。食人族吃人不是因为他们贪吃，那种一种复杂的仪式，是与超自然力量的对话。食量其实相当少，差不多要有100～500人分食一个被捕获的战俘。这名战俘勇猛无比，我们以吃他的方式吸收他的品德，不只如此，其实这名战俘也多少吃了这个部族成员的一些肉。所以说，吃了他就等于消化了自己祖先的肉体。

---

* 法国立体派画家，1881—1955年。1919年至20年代中期，莱热参加了柯布西耶和奥赞方（Ozenfant）的纯粹派运动。莱热突出体积和色彩的轮廓，将人和机器的形状融合在一起，让它们在画作中更加协调。其作品的特点在于造型轮廓清晰，色彩鲜明，经常将机械作为主题，在现代艺术中独树一帜。——译者注

圣保罗的年轻人之所以称他们自己为“食人族”，是为了以这样一种方式来表达他们对于国际普遍放荡不羁的反对，他们宣布要以至今仍让人印象深刻的英雄主义来完成这种使命。

这种勇气的爆发在那儿并不是毫无用处的。我经常这样告诉他们：“你们很胆小，很腼腆，有所畏惧。而我们巴黎人要比你们勇敢得多，请听我慢慢解释。你们现在面临着大量的、巨大的问题，你们的能量迅速就被这种尺度、数量和距离所冲淡了。相反，我们在巴黎没事情可做。整个国家都已经饱和了。如果对你们来说是 1 个人做 10 份工作，那我们就是 10 个人做 1 份工作。正因为如此，我们的能量得以集中。它们不会被浪费掉，它们蓄势待发，一飞冲天。所以我们是世界上最勇敢的人群。巴黎没有任何同情心，是一个冷酷的战场。它只属于胜者和勇士。我们互相残杀，死尸遍地。巴黎就是食人族聚会的地方，而正是食人族定下了当前的游戏规则。在巴黎弱肉强食，物竞天择。”

以上可能就是一个旅人会有的印象。

当你乘坐飞机越过海洋，越过河口，越过大江和无尽的草原时，当你看见港口堆起的货物，在地图上看见一个庞大的未被殖民的大国的时候，当你感受到一个国家由于发展的压力而左摇右晃的时候，当你意识到所有的习惯都将趋同时，你便会明白只有道德的重构才能打断一个不连续的、行将就木的文明的轨迹；你会明白法国是所有人的灯塔（一座在消灭自己的刻板僵化过程中软弱无力的灯塔），因为它是艺术的，笛卡儿的；你会明白美国是现代世界的动力发动机；你会明白莫斯科是面闪亮的镜子；你会明白蒙得维的亚的年轻人正在热情激昂地打着篮球，他们说话的时候嘴里叼着香烟，手插在裤袋里，头上带着帽子，眼睛里看得到尊严。当你逐渐意识到布宜诺斯艾利斯有可能成为新时代的纽约，那里的统一创造出了震撼人心的秩序，那里的伟大将成为未知诗篇的杠杆，它将成为世界之都，这时候，那些被认为“古老”国家的城市可以选择不去沦落为某种风格的博物馆——这种风格在它自己的时代却也是革命性的——它可以选择去创造大量的热情，积极主动，创造欢乐和骄傲，最终的结果是创造出属于每个人的幸福。只要执政者心存一丝诗意，他能启动这台机器，颁布一条法律，一项规定，一种信条就已经足够了。然后一个崭新的现代世界就会从劳动人民肮脏的双手中展现出来，它会带着微笑和力量、满足和自信。当一个人从上往下俯瞰这个世界，要足够高，能看到全貌，他就会意识到建筑应该是某种全新的东西，它正开始起步，但它将来得越来越猛烈。这场建筑的运动会像电的发明一样遍及全球，一呼百应。

在这个新世界里我们多么陈旧啊！多么肮脏！

运动，包括内心的，将会拯救我们。让我们投身于冒险吧。里约热内卢从500米的高空俯瞰，由于它的淤泥变成了红色，一望无际。机舱里共有我们12个人，被阿根廷的天空四面围绕。机翼平行于水面，边缘仿佛已经触到了海平线。所有的一切都是崭新的，珍珠、铝制的机翼，粉红的水面，透明的天空。笔直的线路，水平的海面，总的感觉就是十分平坦。航行是同一的，连续的，不被扰乱的。

建筑呢？正是通过它我们才能看见和体会，通过它才能定下所有关于建筑的道德准则，包括诚实、纯粹、秩序、元件……和冒险。

*
* *

我企图用我那种无法停止的论证和我对事对人的温柔征服美洲。我完全可以理解这些与我们相隔大洋的同胞们心中的犹豫、疑惑和踌躇，我理解导致他们目前这种状态的原因，但是我对他们的未来充满了信心。

在这样的曙光中，建筑一定能够得到重生。

*
* *

我是在迷人、睿智的达托（Dato）公爵夫人巴黎的家中遇见阿尔弗莱德的。他当时就催促我去布宜诺斯艾利斯，去讲述在那儿的真实状况，讲述那儿的现代建筑正处于痛苦的孕育期和它最终无可避免地会一统天下。另外，从1925年起，保罗和布雷斯（Blaise Cendrars）两人就一个从圣保罗、另一个从巴黎给我写信，希望我去南美，他们用各种言辞、地图和照片企图催我上路。

一个人当然不会轻易安排那么长的一次旅行，他当然也不会去那儿只提一些大概的、建立在毫无根据的假说上的想法。

直到今天，在欧洲的各个首都，我还总试着将我的讲座限制在两个主题之内，一个是建筑，另一个就是城市规划。我还总能让公众在2个、3

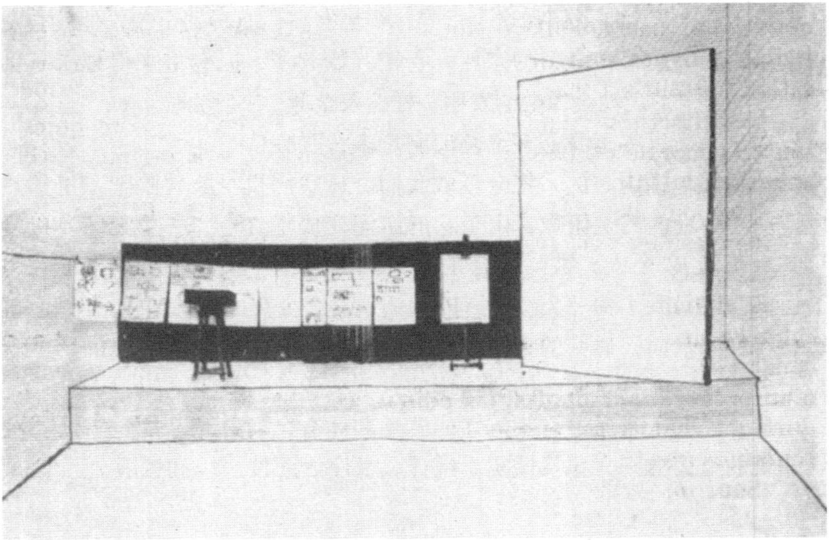

个甚至 4 个小时内能饶有兴趣，随着我的粉笔一步一步紧跟我的逻辑。那主要是因为我差不多也已经掌握了讲座的一些技巧。我亲自为自己搭建讲台，主要是一叠厚厚的纸，我在上面用黑色或是彩色的笔画些图；我还需要在我面前拉一根绳子，每画完一张画就往上挂。这样，当我的听众面对这些画的时候，他们就能够看到我完整的思维过程；最后还需要一块投影仪的屏幕，用来投射一些前期的论证。我所到的每一个城市似乎都有自己不同的特点，它们有不同的需要，我会根据这种不同来安排一条最适合的线索，另外，在整个讲座的过程中，我有时也会调整这条线索。我会做一些即兴的准备，公众们总是希望能感觉到这是特意为他们而安排的，这样他们才不会犯困。

在布宜诺斯艾利斯，我们同意将整个主题分成 10 次讲座："艺术之友"负责开头的几场，海伦娜女士（Ms. Helena Sansinea de Elizalde）全权领导；精密科学学院的全体员工和他们的院长布提先生（Mr. Butti，比我还年轻）负责四场；最后，城市之友（Amigos del Ciudad）负责一场。

下面就是阿根廷的讲座列表:①

1929年10月3日，星期四，艺术之友:“将自己完全从学院派的思维方式中解放出来”;

1929年10月5日，星期六，艺术之友:“技艺是诗篇的基石”;

1929年10月8日，星期二，精密科学学院:“建筑无处不在，城市规划无处不在”;

1929年10月10日，星期四，精密科学学院:“人性化尺度的住所”;

1929年10月11日，星期五，艺术之友:“现代住宅的平面设计”;

1929年10月14日，星期一，城市之友:“一个人=一栋住宅;多栋住宅=一座城市”;

1929年10月15日，星期二，精密科学学院:“一栋住宅，一座宫殿”;

1929年10月17日，星期四，精密科学学院:“世界城”;

1929年10月18日，星期五，艺术之友:“巴黎瓦赞规划和布宜诺斯艾利斯的规划”;

1929年10月19日，星期六，艺术之友:“家具制造业”。

这个系列已经结束了，别人要求我留下一些有用的记录。我以前从来没有机会那么充分地表达我自己，我很高兴可以有机会表述一些精确的事实，不过每场讲座时间都很紧张。要知道，我本可以给出100场讲座!

整个过程最终以我找到对我这个巡回的即兴演讲者来说最好的安慰结束。那就是，我经历了异常清晰的时刻，体会到了自己思想的结晶。你所面临的是一群人数众多、充满敌意的听众。我指的充满敌意，是说好比在吃晚饭的时候，大家拼命给某人夹鸡块却不给他时间嚼。他吃得太多太快吸收不了。所以你要给他吃些他能咽得下去的东西，也就是说，给他展示一套清晰的、无可辩驳的甚至是压倒性的体系。当你日常工作的时候，没有人会要求你在瞬间作出这样的概括。但是当你面对一

① 为了方便起见，这些讲座并不是按我提供给邀请我去布宜诺斯艾利斯讲演的那些人的顺序展开的。这本书的各个章节很好地反映了我在那里开展的系列讲座的逻辑线索。

群一点点被你的粉笔所勾画的虚拟世界所吸引的听众时，你必须向他们*表述清楚，阐明各个方面*。所以说，我这个即兴的演讲者得到了一次次累人却又收获颇丰的锻炼。我找到了最清晰的方法，甚至还从我的听众身上获益！

在整个系列讲座的最后，当我结束了在建筑上的漫步，我想到应该把我的思想整理出来，呈现给更多未知的读者。这些图全都特意为我保留了下来。围绕着这些已经整理过的图片①，我将重新谱写出我的布宜诺斯艾利斯之歌。

① 为了更好地表达图片和文字之间的关系，也就是和讲座内容之间的关系，这些图片都经过了重新编号，在正文中则会有图片的索引。

第一场讲座
1929 年 10 月 3 日，星期四
艺术之友

将自己完全从学院派的思维方式中解放出来

我已经踏遍多条布宜诺斯艾利斯的街道了，长度加起来能有好几公里呢，不是吗？我边走边看，边看边想……

我将要和你谈谈一种“*新精神*”，你们是属于一个“新世界”的。嗯，我不知道我能不能给你们带来什么收获。

布宜诺斯艾利斯给人一种整体的印象。在这儿存有一种强大的统一：单一的体块，同质并且紧凑。在这块大铸铁里面不存在任何的瑕疵。是的，就像是奥坎波夫人宅第的室内。

既然是这样，你又怎么敢说布宜诺斯艾利斯，这个新世界的南方之都，这个永远精力充沛的地方，是一个充满了错误和矛盾的城市呢？它既没有新精神也没有旧精神，只不过是一座建于 1870 ~ 1929 年间的城市，现有的形式就像昙花一现，现有的结构没有任何抵抗力，可以原谅但是不可持续。所谓没有任何抵抗力，就好像 19 世纪末工业迅速膨胀时期欧洲许多城市大量兴建的住宅区一样，采用的手段，最终的结果都是迷迷糊糊的。布宜诺斯艾利斯让人联想起在压力下诞生的繁华城市，柏林、开姆尼茨（Chemnitz）、布拉格、维也纳、布达佩斯等等，或者联想起在工业革命的大力推动下诞生的那些城市，譬如巴黎。

尽管如此，在里约热内卢的河口却存有一些最基本的元素。它们构成了建筑和城市规划的三条基础：

海洋和广阔的海滩，
巴勒莫公园壮美的植被，

阿根廷的天空……

遗憾的是，可以说我们在城市里面一样也看不见。整个城市缺乏海洋，树木和天空。

紧接着我们又找到了其他一些支撑这座大都市和它高密度的因素：

里约热内卢的河口。它就像一个巨大的门户，无论来自何方，全都通过它进入布宜诺斯艾利斯。

一直延伸到海洋的大平原。有了这个大平原，人类就可以毫不费力地建造出一座充满创意和威严的城市。

背后广袤的自然环境。有潘帕斯草原、高原和山脉、大河、可供种植和放牧的土地以及大量的矿藏。这些都是孕育工业和发展农业的必要条件。

很少有国家能同时拥有这样的地形地貌和地理条件，在这种地方兴建的城市注定要成为战略中心。

在工业革命伊始，全世界都在大量生产思维混乱和不明就里的东西。我坚信所有的这一切都必须消失。

带来这些怪物，也就是我们所谓的“现代”城市的动力，受到自我发展的影响，终将会抛弃现有的不连贯，销毁第一批已经磨损了的工具，代之以秩序，抛弃浪费，代之以效率，它终将会创造出美来。

*
* *

我所要展开的这个主题，建筑与规划，是个相当庞大的主题，而且经常变化。它与许多其他的事情都有关联。正是由于它的庞繁复杂，这10次讲座完全可以扩展为100次，我保证不会冷场。

当一个人花了25年的时间，一步一步地开展他的研究工作，直到最后似乎得出了一套简单、清晰、完整的体系以后，站到讲台上向别人讲述自己的研究成果，允许大家提问、纠正甚至是反对，这不光是一种解脱，而且还是相当冒险的举措。总而言之，将这一系列构成*指导原则*的相关事实归并到一套统一的标准里去还是很有帮助的。指导原则这个词一点儿也没有吓到我。我常被人称作是教条主义的。指导原则指的是在逻辑规则下，一套通过相互推理得出的想法。即便是这样，所谓的指导原则仍然需要有一股冲劲，要有逻辑缜密的论证，要能说服别人。除此以外，我们还需要一些紧迫的事件来逼迫我们放弃一些旧有的习惯，投身到一个完全未知的世界中去，为我们的新思想创造一种新态度，为我们的姿态画上圆满的句号，要去撼动，甚至是粗暴地撼动长久以来受到学院派的规则和万能的体制所保障的人们行动的信仰。

学院派的信仰宣言最多就只能算是一种妄想，它是一个谎言，是我们时代的危险。

整个世界都陷入了重重困难之中。

但这时却发生了一件事情：*机械化*。

19 世纪是一个科学突飞猛进的伟大时代，让我们从分子的角度改变了世界。然而我们再也不属于昨天了，我们正扮演着一个全新的社会角色。*机械化的时代*已经降临了，它继承了可以追溯到很久以前的前工业时代。历史翻开了新的一页。

机械化占据了一切。

交流：过去，人们以双腿作为衡量标准组建他们的事业，拥有一种不同的时间感。人们对于世界的概念就是它巨大的尺寸，无边无际。人类智慧的奇葩（我指的是人类文化创造的奇葩）多种多样，包括不同的习惯、兴趣、行为和思考的方式以及着装的方式，着装的方式受到数之不尽的，就像是今天早晨的小片云彩般的中心的规定，这种中心表达了集中的原始形态，一个人控制他所见的、所及的和所控的。

渗透：某一天斯蒂芬森（Stephenson）发明了火车头。人们都取笑他。当时的工业领袖，即将成为新的征服者的生意人却觉得那不是儿戏，立刻向政府索要路权，法国总统梯也尔先生（Mr. Thiers）立马进行干预，苦苦劝说代表们将自己的精力集中在更加严肃的事情上。“一条铁路”（从字面上解释就是一条用铁铸成的路），“是永远不能连接两座城市的……”

接下来说说电报、电话、轮船、飞机、无线电和当下的电视机。在巴黎说一句话，几分之一秒就可以传到你这儿！原本以年记的洲际旅行现在以小时记。大量的移民越过海洋，建立由不同种族的人群构成的新的国家，就像是美国或者你们的国家。只要一代人就足以完成这闪电般的魔术。飞机无处不达，它们的鹰眼不停地搜索沙漠，穿透雨林。迅猛发展的这种渗透，铁路、电话，不停地将乡村变为城市，将城市变为乡村……

地域文化的破坏：向来被视为最神圣的东西已经陨落了：传统，祖先的神话，本土化的思维，最初中心的坦诚表达，所有的这一切都被破坏了，被消灭了。印刷机实际上也就是19世纪才发明的，所有的事情都以一种骇人的速度暴露在你面前。报纸是19世纪才有的，照相术是19世纪发明的，电影院也一样。最近又有了有声电影。所以你能读到所有正在发生的事情。每天中午，你都能感觉到整个世界的脉搏。在这儿的电影院里，你们能听到北美的涛声，海浪拍打着礁石；你们能听到在世界另一端进行的拳击比赛，观众声嘶力竭的呐喊。在布宜诺斯艾利斯所有的影院中，你们都能在银幕上看到和听到胡佛先生（Mr. Hoover）对他的子民的演讲，同时你还能学到些英语。你们能聆听夏威夷旋律优美动人的歌曲，你们能望见渔民潜入海底，寻找牡蛎来换取他们每天的面包，你们甚至能瞥到可怕的鲨鱼经过。你们看到中国人、美国人、德国人、法国人如何施展魅力。你们熟悉所有的一切。人们对于世界有了非凡的了解。地球变小了，你们知道它是由什么构成的，地球不再有什么神秘的地方了，你们能看见北极的冰块向你们靠近。

还有，火车为你们带来了伦敦的西服和巴黎的时装。你们正戴着礼帽呢！

混合日益显著，马上就要完成了。只有那些超脱于机械化力量之外的事务可以抵挡这股潮流，黑人还是黑色的，印第安人也还是红色的。但即便如此，黑人的血液，白人的血液，印第安人的血液时刻都在相互交融！

满腹牢骚的人咒骂恼人的机器。聪明积极的人想着，趁着还有时间，让我们赶快记录下这些旧时代文化的辉煌印记吧，用照片、电影、录像带、书本、杂志都行。正是通过学习它们，我们才能找到明天的方向，这些都是衡量人类的伟大的准绳。我们必须要为机器时代创造出一种新的伟大，为现代新的灵魂创造新的面庞。在这个冲劲十足的渗透过程中，污染将会无处不在，它肆意地蹂躏，破坏，消灭一切。某种死亡将向所有纯净和高尚的东西扮着鬼脸，欢呼雀跃。淘金热已经引来了这些移民的浪潮。谁能解释丑陋、恐惧、虚伪将是我们祖先的高尚本质呢？南美，北美，还有你们，所有那些强盗男爵的欧洲城市，还有我们带去中国、印度、阿拉伯、日本的著名文化，所有的一切都是狂妄的象征，是炫耀，表面功夫，无耻的吹嘘，人格下降到最底线的象征。我认为淘金有损灵魂，除非有着更高的目标，否则就没有任何理由继续存活下去。如果没有更高的目标，那么原始的本能就会统治、生产、污染，而事实上它们已经摧残了这个世界。尽管如此，尽管破坏了所有的文明，我依然要说，19 世纪是一个令人称赞的……

家庭和城市内迅速出现的灵活性：工作的分配和以往不同。父亲不再是家庭等级系统内的核心。家庭被完全解构了。儿子、女儿、母亲，每天早上都要去不同的工厂进行工作。他们接触到各式各样的人，有好的也有不好的。他们与逐日改变世界分子状态的新的社会走向发生摩擦。传统的家庭方式已经失去了它的灵魂，家庭虽然还存在，但是里面却充满了无序。每一位家庭成员都带来自己的信仰，理想和崇拜。这种多样化的崇拜在旧有的家庭中产生出不和谐的噪声，导致了无处不在的家庭破裂。

城市呢？城市就是这些小规模灾难的总和。它意味着增加了许多不适宜的事物，显得模棱两可。城市里忧伤四起。这时候，所谓可敬的机器时代的人们，就是那些在这片废墟和失衡中，仍然执著地寻找新的平衡的人们。城市忽然变得庞大起来，电车、远郊火车、公共汽车和地铁一起创造出狂乱的混合物。多么严重的能量消耗啊，多么浪费，多么无稽啊！同时由于餐饮业已经变得和交通一样重要，到了中午，这种令人心烦的遭遇还在继续重演，只有极少数还没有接受工业革命造就的工作日概念的国家能够幸免。因为我曾经在一篇文章中表明了自己的观点①，一位参议员猛烈地对我进行攻击："你在这儿瞎搅和什么，好好做你的城市规划去吧！"

一场残酷，迅猛 的裂变

发生在陈旧的使用上，
发生在思维的习惯上。
所见全是虚伪，

① 在《走向机器时代的巴黎》（Vers le Paris de l'époque machiniste）一书中［法兰西振兴会，马德里街 28 号，巴黎（Redressement Français，28，rue de Madrid，Paris）］。

掌声不再响亮。
要为道德和社会的观念，
重塑新的希望。

我在这儿所强调的已经在之前的言论中暗示过了。但是我要先停下来，转入到道德和社会观念的调整上去。我有权利这样做，因为我关心的是单体的个人和个人在社会中的生存。这是建筑和规划最根本的基础。

《星光手册》（Cahiers de l'Etoile）坚持要我回答以下的几个问题：

A. 我们这个时代有没有一种独一无二的焦虑？

B. 1）你没有在你自己的圈子里面发现这种焦虑？它是以一种什么形式表现出来的？

2）那种焦虑感是如何自我表达并且面对社会生活的？

3）如何面对性生活呢？

4）如何面对宗教信仰呢？

5）它在创作方面会有什么影响呢？

C. 焦虑难道不是备受煎熬的人性，企图挣破枷锁（时间、地点和单体孤立），通过释放自己去追寻整体的过程吗？

如果是这样的话，一段严重的焦虑期不正是暗示着一种新觉悟的苏醒吗？如果我们已经处于这种时期中了，难道我们不早就应该能够定义这种新的觉悟和它的特性了吗？

这就是建筑和规划！

我相信我们生活在广泛的模糊和沮丧的伪善中。现有的“社会契约”就是垃圾。它的道德标准是残忍、背信弃义、谎言，它是不道德的。圣经中认定罪恶是人类天性的指导原则，性爱的泛滥已经侵蚀了我们的内心，它们让我们不再继续隐藏谎言和罪恶，在20世纪，连原来用作打幌子的荣耀和诚实都已经被抛弃了。这条附加在我们最合法、最合理的行为之上的社会契约奴役了整个人群，它奴役了我们的内心，使我们遭受内在的痛楚。教会的慈善机构模棱两可地开展他们的工作，这种模棱两可又是不快乐的基石，它被用来定义撒旦。这说起来容易，做起来也容易。今天，连看都不用看就可以作出判断，最有名的例子就是布道坛的高度。还有，对罪人实行了最有效的惩罚！谁对他们进行惩罚？很简单，那些遵循规则的人们，他们无情且无意识的“诚实”。那些枪林弹雨之中的军队也要接受命运的审判，吃了子弹的就是罪人！每天都看见报纸刊登一些“添油加醋的报道”，看见它们侵犯人类的尊严，比方说报道一个可怜的姑娘堕胎，这难道不是一件痛苦的事情吗？你想知道她为什么要堕胎吗？搜索关键词：建筑和规划。因为建筑表达了当下的思想，而今天，我们正在束缚中窒息。

信念？搭乘飞机飞到伟大的*自然*之上吧，这片自然孕育了我们，从那儿你能看到它真正的力量。你的灵魂深处会进行一场辩论，你会变得极度不安（不是因为地狱而是因为宿命）。你将会将你的信念建立在自己之上，对自己说：“没关系，我可以。”

那种焦虑会对你的创造产生什么影响呢？你已经说“我可以”。我想要更加自由，凭我自己去看，去感受，去理解，去判断，去决定。考虑到无论何时总有人能受惠于我的付出，我同意给予比接受更让人愉快。我的欢乐建立在我能够创造的能力之上，这种能力我们都有，我们能培养它，从中提取出有益于我们行动的判断。通过肯定我的观点，我能够参与到生活中去。我是不是会和“社会契约”相抵触呢？那将是痛苦的！但是退缩也很痛苦。如果我们有1千人，1万人，10万人，我们就应该联合起来，一起撕毁这张“社会契约”。

我们正面临着一个抉择，我们的欢乐建立在忠诚之上。我们的忠诚是永不沉没的。我要重复一点，由于我们所持某种态度而犯下的罪过要远比做顺从的奴隶所犯下的好得多。说得再精确一点，人们始终在追寻自由，这就是全部的历史。让我们从这个字眼里寻找事实，为我们自己，为我们所用。

现在我要论述这次讲座主题的核心了，建筑和规划。我感到不受任何束缚。我可以用内心最深处的信念谴责*学院派*，以受真理指引而行动的名义去谴责它。

机器时代扰乱了所有的一切：

交流，

渗透，

地域文化的破坏，

迅速出现的灵活性，
与旧时代的习惯和思维方式的决裂。

自然而然地就浮现出了城市规划3条重要的基本要素：
社会的，
经济的，
政治的。
我们正在适应新的习惯，
我们盼望新的伦理，
我们憧憬新的审美，
为了达到上述的一切，我们需要有什么样的政府呢？

有一件事情是始终*不变的*，那就是*人*。人的心智和人的热情，人的精神和人的内心。谈到建筑的话，那就是*人的尺度*始终没变。

*
* *

谁在捣乱？
谁引荐了机器时代？
是工程师。工程师的工作遍及全球，它使整个世界都充满活力。你们可能会觉得我没必要强调。好吧，不过我请你们暂时回到几百年前，去试着理解它的重要性，它广泛的影响力。我想让你们感受到它剧烈的波动，就像一股庞大的冲击力牢牢抓住人们，他们甚至来不及去反应，去理解、体会或者意识到这股冲击力的存在。它汹涌磅礴，决堤而出……
谁是那个幻想家、那名解读者、那位先知，在事件还没发生前就已经挺身而出了？
是诗人。
先知是干什么的？先知是位于旋风眼的人，他能预见事件的发生，能解读他们。他感知到各种关系，揭示各种关系，指明各种关系，分类各种关系，预见各种关系。
诗人则为我们展现出新的真理。
当下的表象？无处不在的残暴、外观、重量、数量、利益、撞击

（它们会是道德的吗?）等等。

那岂不就是一个黑洞了？只剩下颓废和绝望。

对于那些只会*妥协*，无法判断的人来说，所有的一切都在死亡，他们的*双脚仍然踩在昨天的土地上*。他们被拉扯，被撕裂。在他们的眼里，万物都是无法挽回的灾难，人们已经走到了美好日子的尽头了……

当下的表象？一场最恢宏的史诗，未知的英雄主义，大量的发现，感人的相遇。噢，诗人，别再把精力放在美好的分钟上了，整个世界都在迸发着生命，重生，和进取的行动！我们只需要去看，去领悟。“一个伟大的时代*已经诞生*了。”①

喧闹的黎明将后背转向了殓尸房。

*
* *

为什么要提到殓尸房？因为数之不尽的死尸散发出难闻的气味，侵犯我们的嗅觉。现代的机器还困在懒人的排泄物中。他们都是群好色之徒，是群奸商，碰巧在那里又不愿意挪动。他们就堵在这个民族能量流的出口上。生理上说，那是一种绝症，是癌，慢慢地勒死你。

学院派就是拖住整个社会核心部分的阻碍。

*
* *

什么又是学院派？

让我来下个定义，学院派就是：

那些不独立判断的，

只接受结果不关心原因的，

相信绝对真理的，

将自己脱离于每个问题之外的。

至于说到我们感兴趣的方面，建筑和规划，学院派指的就是盲目接受形式、方法、概念的人，仅仅因为它们存在，从不追问为什么。

在每日生活的折磨下，大众学院派地思考。他们顺从，因为那样更

① 《新精神》杂志。当代竞赛回顾，no.1（1920）。

简单。但是在我们现在生活的这个关键性的时刻，顺从就意味着将自己丢进不和谐的状态中，因为顺从不是在回应各种关系，而是遵守法则和标签。商人和宗教领袖贩卖这种法则和标签，学院（各种各样的学院）则盖上“有益”的戳记。

那种奴性并不能带来满足，事实上恰恰相反。它的存在在一堆非法的垃圾中传承下去。什么习俗，习惯都是投降的话！在周围的事物中，在建造的房子中，在居住的城市中，在社会的生活中，在妥协的道德标准中，所有的一切都是不确切的，不恰当的，不合适的，毫无价值的。生命就这样流过，从未体会过真正的欢乐。它就像压在自然天性上沉重的桎梏。它跟着口号而不是自己前进。它就是枷锁，这都是学院派给的！美术学会决定衡量美丑的标准，还有其他的文学学会，通过剧院，影院，书本，用最虚假的爱情故事来迷惑那些不够坚定的内心。

在不平静的人生中，在充满了持续焦虑的人生中，我体会到了*如何*与*为何*所带来的巨大的欢乐。

“如何”！“为何”？

今天我被视为革命者，我却要向你们坦白一点。我只有一位老师，它就是过去；我只受一种教育，就是学习过去。

所有的一切，

很长的一段时间，

现在仍然在继续：博物馆、旅行、民间艺术。没有必要继续罗列了吧。你们都明白我在说什么了，我巡游八方，四处都能见到最纯粹的杰作，有些只是莽夫之作，有些却是神来之笔。于是我不禁要问“如何为何”？

正是从过去我学到了历史的教训，明白了事物之所以如此的原因。万物之间都是“相互关联……”

这就是为什么我对学校不感兴趣，也是为什么我至今为止都没有接受教师工作的邀请的原因。

转回到当下的事物，依然是最简单的“如何？为何？”的问题。(但是伴随着这般顽强，这般执著，这般痛苦的期待。)

没有人可以量化这个“如何”与“为何”，它看似*简单*却又充满了勇气，它带着一份天真、一些轻率还有一点无礼提问，却能引发*大胆的回应*，不同寻常，令人惊讶，充满了革命。事实上对于问题来说，现今“如何”与“为何”的原因远比人们所设想的要恼人得多。

*
* *

工程师就是那些捣乱的人，他们带来事实，注定要成为解决“为何”与“如何”的人。话虽如此，但是他们身陷圆滑的回答中，正在迅速窒息！

我要把工程师举到旗杆顶上。《走向新建筑》（我的第一本书，1920～1921 年，《新精神》杂志）就是奉献给他们的。我有那么一种预见，我能看到“建造者”，他们才是新时代的新人类。

作为一名工程师，就是要分析和应用各种计算。而一名建造者则会作出综合分析，然后进行创造。

请注意这一点：工程师们，可敬地接受艰苦的任务，努力地用滑尺计算，却时常反对自己所创造的作品。他们只把作品当作可操作的机械看待，而不会从中发掘出思想的存在。可以说，他们并不*理解*自己的作品，仅仅只是服从。他们甚至会为自己的作品道歉，希望借此纠正某种态度以免别人批判。只不过是一些经济因素，资金匮乏，才逼迫他们不得不让自己的作品停留在功能性的阶段和纯粹的状态中。一旦有钱了，他们会立即推翻自己的作品。当然我指的并不是伟大的埃菲尔，弗莱西奈（Freyssinet），和其他一些划过脑海的名字。

它是擦身的恶魔，是成长的关键，是进化的环节，是力量的转变。毋庸置疑，我们必须承认机器时代是一个全新的时代，在所有的事情都被组织妥当以前，我们需要一点儿“等着瞧”的态度。

当新时代的概念深入人心，当新时代的和谐握在掌中，当它被新的思想提升到更高的高度，被*前进*而不是*倒退*的抉择所征服的时候，当我们决定*转向生命*而不是在死亡中停滞的时候，就会诞生出建造者，所有现代的产品都会步调一致向清晰看齐，向欢乐、向透彻看齐。这已经离我们不远了，相信我。它同时走入各个国家，走入阿根廷，法国，日本。

但是最关键，最首要的是抛弃学院派，在所有的方面都是如此。

人们再也不能学院派般地继续思考了。

第二场讲座
1929 年 10 月 5 日，星期六
艺术之友

技艺是诗篇的基石
它开启了建筑的新纪元

女士们、先生们，我以画一条线开始我的讲座。这条线分隔了我们的各种感受，一方面是物质性的，包括一些日常琐事，合理的感情倾向等等；另一方面则是精神性的。在这条线以下是客观存在，以上则是主观感受。

我从底部开始。我绘出一个、两个、三个碟子。我在这三个碟子里都放上点东西。在第一个碟子里面：*技艺*。技艺这个词其实不够精确，但是我能用以下这些词条迅速把它说清楚：*材料的阻抗*、*物理*、*化学*（图 1）。

在第二个碟子里面，我写上*社会学*。我用*一种全新的住宅*、*城镇和新时期的规划*进行进一步的解释。我在这方面知识的欠缺令我只能远距离地、在阵阵恼人的隆隆声中加以体会。我迅速加上：*社会和平*。

在第三个碟子里面：*经济*。我提到的这些都是当下还没能成为建筑发展核心的事物，这也是为什么现阶段的建筑病恹恹，整个社会全都是这种病入膏肓的建筑的原因。*标准化*、*大规模生产*、*高效率*，这三条紧密相关的现象无情地主导着当代活动，它们既非残忍也非凶暴，相反，它们能把我们带往秩序、完美、纯粹和自由。

我越过这条线，进入情感的领域。我画一只烟斗，上面还冒着烟。接着画一只飞翔的小鸟，然后在一片美丽的粉红色的云彩中，我写上：*诗篇*。我进一步加以确认：*诗篇 = 个人创作*。我解释什么叫做喜剧，什么叫做悲剧。我又加了一句：这些是不会随时间而消失的*永恒的价值*，它们总能重新点燃人类心中的火焰。

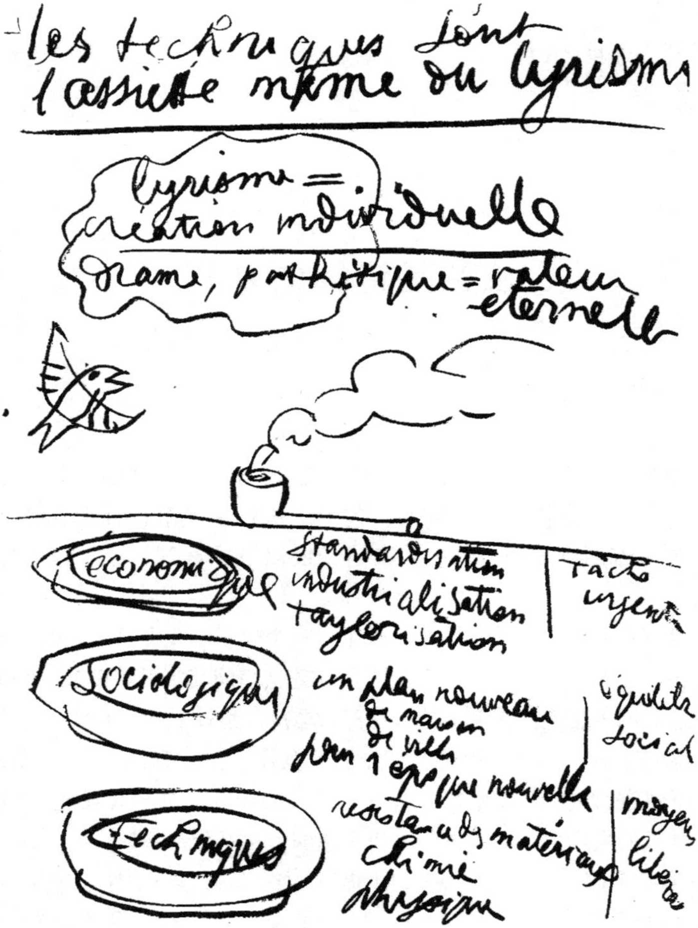

1

图1　技术是诗篇的基石

lyrisme = création individuelle/诗篇 = 个人创作//drame，pathétique = valeuréternelle/喜剧、悲剧 = 永恒价值//economique/经济//standardisation，industrialisation，taylorisation/标准化、大规模生产、高效率//tâche urgente/紧要的任务//sociologique/社会学//un plan nouveau de maison，de ville，pour lépoque nouvelle/一栋住宅、一座城市、一段新时期的新规划//équilibre social/社会和平//techniques/技艺//résistance des matériaux，chimie，physique/材料强度、化学、物理//moyens libérants/解放的方式

我们的轨迹终于有了目标：它起始于物质元素，正是由于它们相当平凡，所以它们变化无常，稍纵即逝。但是这已经不是它的前行的动力了，它穿过了人类的梦想终抵永恒的价值。艺术作品是不朽的，它将永远感染我们。

你们明白了吧！

我不再和你们谈论什么诗篇啊，措辞啊。我应该继续画一些确切的图画。我的这些插图由于包含了不可辩驳的事实，因而能轻易地提升思想的高度。我们应该抛弃传统的实践。说得更确切一点，我们应该意识到今天的状态。我们应该要看到今天的建筑正在昨天或者前天的腐朽中渐渐变化。如果你们愿意的话，你们应该这样做，当我画画的时候，你们上紧诗琴的琴弦，让你们的诗歌重获自由。你们自己能够独立编织出今天充满诗意的景象，我马上会向你们展示。我将大谈“技艺”，而你们就回应我“诗篇”。我向你们保证这将是一首动人的篇章，它是现代建筑永恒的诗篇。

我紧接着要画象征着我到布宜诺斯艾利斯来做的讲座内容的关键符号。一方面，砌体建筑可以一直追溯到好几个世纪以前，然而却败给了19世纪的钢和混凝土。砌体建筑有过它自己的辉煌，最后一次鼎盛是在豪斯曼时代，那时的砌体建筑已经到达了极限。也就是从那个时候起，学院派开始试图控制我们，试图武断地施以暴政，破坏新社会的生活。在我马上要画的两个剖面里面，所有的事情都一清二楚，论断很明确，结果也不容质疑。

我什么都不用说，只要和你们讨论住宅就行了。归根结底一切都是关于人类栖身之所的问题，不是吗？我一向拒绝研究为帕纳瑟斯（Parnassus）高贵的居民所造的房子。

在混凝土和钢出现之前，如果要造一栋砌体的房子，那首先要在地面挖很宽的沟，找到能够做基础的土壤。由于沟与沟之间的泥土会下滑，所以这部分泥土很容易就能清除。这样就自然而然地形成了地下室，普普通通的空间，很暗，往往还很潮（图2）。

然后就开始砌筑墙体。一层的楼板*架在墙上*，然后是二层，三层；墙上开窗洞；最后在顶层楼板上建阁楼。要在承重墙上开窗洞本身就是件*自相矛盾的事*，这意味着削弱了墙的承载能力。由此便引发出在墙体承重和引入照明之间的冲突。人们受到了限制和束缚,*放不开手*。

我马上要宣布一条蛮横的基本原则:*建筑就是由照亮的楼板所组成的*。为什么?你一想就明白:只有房子里面亮堂的时候你才愿意呆着,干点事儿,如果黑黢黢的,你就会昏昏欲睡。

有了钢筋混凝土,*你就可以完全摆脱墙体*。相隔很远的纤细的柱子负责支撑楼板。只要在地面上挖一个很小的井洞,到达坚实的土壤层,就可以解决柱子的基础问题。然后再往上立柱子。与此同时,人们还能进一步利用这种条件。我不需要在我房子的核心部位挖掉大量的泥土了。我的地面是完整的,*连续的*。看起来我做成了一笔无本买卖,混凝土(或钢)柱基本上没占任何地方。我应该把这些柱子从地面往上升3米,然后再架我的首层楼板。*这样一来,所有在我房子下面的土地都可以加以利用了*(图3)。

我在这片重拾的土地上画上一辆小汽车,我还要让空气流动,遍地绿草。

我继续画我的楼板,二层,三层。坡顶呢?我不建坡顶。因为有关强降雪国家内中央供热房屋的研究(和实践)表明,最好的融雪方式是*从室内融化它,室内暖和*(我稍后会做解释)。因此我的屋顶将是平的,朝向中心有一个缓坡,大约是每米1厘米高的坡度,几乎觉察不到。而有关炎热国家的屋面研究告诉我们膨胀会导致灾难性的后果,它们能产生裂缝,然后雨水就会往下渗入。所以屋面需要做好防晒的工作。也正是这个原因,我在我的房子上设计了一个屋顶花园。这些花园是真正的温室,各方面条件俱佳,树木和植被都长得郁郁葱葱。(我在这方面有13年的经验。)

现在我接着在这两个剖面下继续绘制地面层平面,包括在我们之前所有时期的石墙(图4)和现代建筑中的混凝土和钢柱,完全解放了地面(图5)。

但是,我要把技术员的精力集中到砌体建筑和混凝土建筑楼板下的梁的受力方式上去。计算得出第一种梁(图6)所承载的力是混凝土悬臂梁(图7)所承载的2倍。这大有关系!

2

3

4

5

6

7

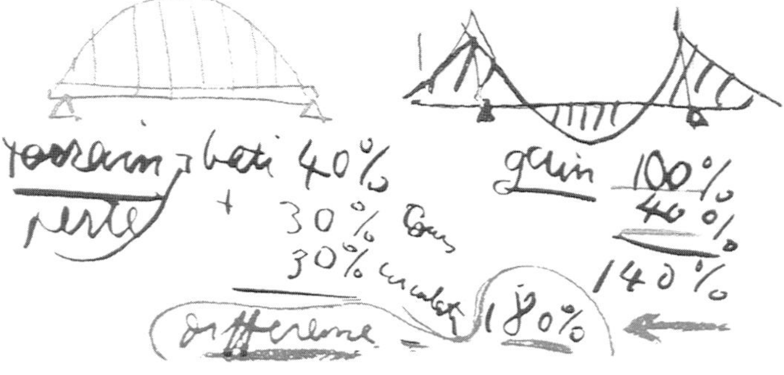

图3　gagné/获得//reconquis/重新获得；**图6**　terrain bâti，perte/建满的地面，损失//gain/获得//cours/庭院//circulation/交通//différence/差别

*　彩色图见彩色插页。——编者注

我还有别的一些事情要说：在我们的钢筋混凝土房子里面，那些需要承载楼板，需要痛苦地开启窗洞的墙体在哪儿？*没有任何的墙体*。恰恰相反，如果你想要的话，我可以在整个立面上都开窗，可能是窗，也可能是些别的东西，我稍后解释给你们听。也可能会有这种情况，我需要一个不透明的立面，这时候外墙就仅仅起到围合的作用，*是楼板承载墙体的重量*，和传统的实践完全相反。

“建筑（更确切地说，所有的房子）都是*由照亮的楼板组成的*。”多么完整的一个答案啊！

再进一步，你可能会觉得这些在室内能看到的混凝土或钢的柱子很烦人，我们马上会看到它们会变得多么有用。

我记得现在*房子下的地面是完全自由的，屋顶重新覆上了土，立面完全自由*，所以我*不再受到任何牵绊*。

提出了这么多想法，让我们来看些数据：

传统的砌体房子：

地面有建设，被覆盖，损失是：大约40%的城市表面

=40%的损失

内部庭院的使用，大约30%

与街道之间的交通连接，大约30%

混凝土或钢框架房子：

地面完全自由，可以用作交通或造房子…………………… =100%

地面又在屋顶上重复得到了一次 ………………………… =40%

总共得到………………………………………………… =140%

差别：180%

如果需要自由活动的话。

当我们发现正面临大城市的交通问题和卫生问题的时候，我们应该记住上述这份小小的文本。

我继续开始分析传统的砌体房子和混凝土或钢的房子，这次是分析平面，从下往上。

砌体房子：地下室有很厚的基础墙，照明很差，空间使用受限制，建造成本高（图 8）。

首层：和地下室有一样的墙，位置也相同，所以房间尺寸相同。窗户开启受限制，前文已经提到。我在首层布置厨房、餐厅、起居室、入口等等（图 9）。

二层，墙还是和下面的一样，位置相同（图 10）。

三层、四层都一样。如果布置了卧室，那它们的形状和尺寸就和餐厅，起居室或者厨房完全一样。这样合理吗？当然不。

阁楼：佣人房。通常是夏暖冬凉。这样怎么留得住佣人？插一句，服务的问题危机四起。那段历史正日薄西山。我们稍后会谈到这个问题。

我又重温了我的图画，我发现在这样的建筑中组合其实很贫乏。为什么浴室要和厨房一般大，主卧室和起居室一般大？一间餐厅和一间卧室的形状、布置、照明、饰面究竟有什么共通点？我们根本就是在任意妄为，一点儿也不精确，浪费了大量的建筑空间。无论面对哪一个问题，建筑师都会这样回答："但是我是被逼的，那些窗户、承重墙等等。"

我在这张图上满有把握地写下：*浪费*、*低效率*、*残缺受损*。

钢或混凝土框架的房子：

地下室：不存在。尽管如此，要是按照原来的习惯挖的话，我们也能提供一间储煤室，一间供暖房（需要承认的是个人加热取暖的方式很快就会消失。水，气，电已经由大公司统一配给了。相信在供暖的问题上，我们应该也能正视这种新的方式。），最终我们可以把它转变为一间酒窖（图 11）。

首层：顶棚以下，地面以上大约 3、4、5 米，为了方便起见，我把这块空间叫做架空底层（the pilotis），主要安排入口，一架楼梯（最终会是一架电梯），衣帽间。当然还有车库，车库前要有足够的空间停车，避免日晒雨淋；要能洗车；要能有良好的光线检修发动机。架空底层的入口大门朝向这片开阔、*干燥*、有遮蔽的外部空间开敞，这片区域将会成为孩子们玩耍的绝佳活动场地。

房子下面有空气流动，有阳光穿过。这是多么伟大的胜利！前后的花园就这样被连接起来了。多大的空间收获，多美好的生活状态！房子本身从视觉上与地面脱离。多纯粹的建筑！我们还会回到这个话题上的（图 12）。

二层：现在我们面临的只是些方的或者圆的柱子，直径在 20～25 厘米，*四处* 都有阳光。有多么大的自由去安排生活的方方面面啊！它是一部真正的居住的机器：卧室、衣帽间、卫生间、浴室、更衣室等等。随你想要开敞还是封闭，因为我们将砌筑的不再是墙体而是隔断了——用软木、空心砖、稻草、木屑都行，任你喜欢。这些隔断没什么重量，它们可以直接砌在钢筋混凝土楼板上。它们可以半截断开，也不需要靠在柱子上。它们可以是直的或者弯的。对于不同的功能，都会有一个相称的饰面（图 13）。

三层：远离街道，我们有一片安静的区域，包括起居室，餐厅。因为厨房高高在上，所以不会有太多的味道弥漫在整间房子里面，直接从顶上就能通风。通过巧妙的组合我会把接待区和屋顶花园联系起来，遍栽鲜花，种满常青藤、乔木、中国桂花、okubas、桃叶卫矛、丁香和果树。草地接缝的水泥铺地（有理由的）或迷人的卵石铺地都将是很好的地面。有遮蔽的顶棚下可以悬挂一张吊床睡个午觉。日光浴带来健康。夜里我们在留声机的伴奏下翩翩起舞。洁净的空气，屏蔽的噪声，悠远的视野，千里之外的街道。如果周围有树，那你就是站在树梢。你能看见天空中闪亮的星芒。

直到今天以前，这些事情只有麻雀和幽会的野猫才能办得到！

在这幅图下我写上：*自由平面，自由立面* 。

对于建筑来说，它们意味着全面的解放，从砌体建筑向前迈进了一大步。它是现代化的巨大贡献。

但是在我们将要深入到别的事情之前，我还是要重新*温习*一遍：

我示意性地画一幅现存城市地面的草图（图 15）。

我在城市地面上往下挖 4 米，挖出来的泥土用四轮车、卡车和驳船运出城外，随便倾倒在郊区的某个地方。

城市内的土地现在去覆盖远郊的地表了！多么疯狂的开挖啊，多么浪费金钱，浪费精力啊！

然后我再往上盖房子，房子上盖屋顶。我还记得这份数据：

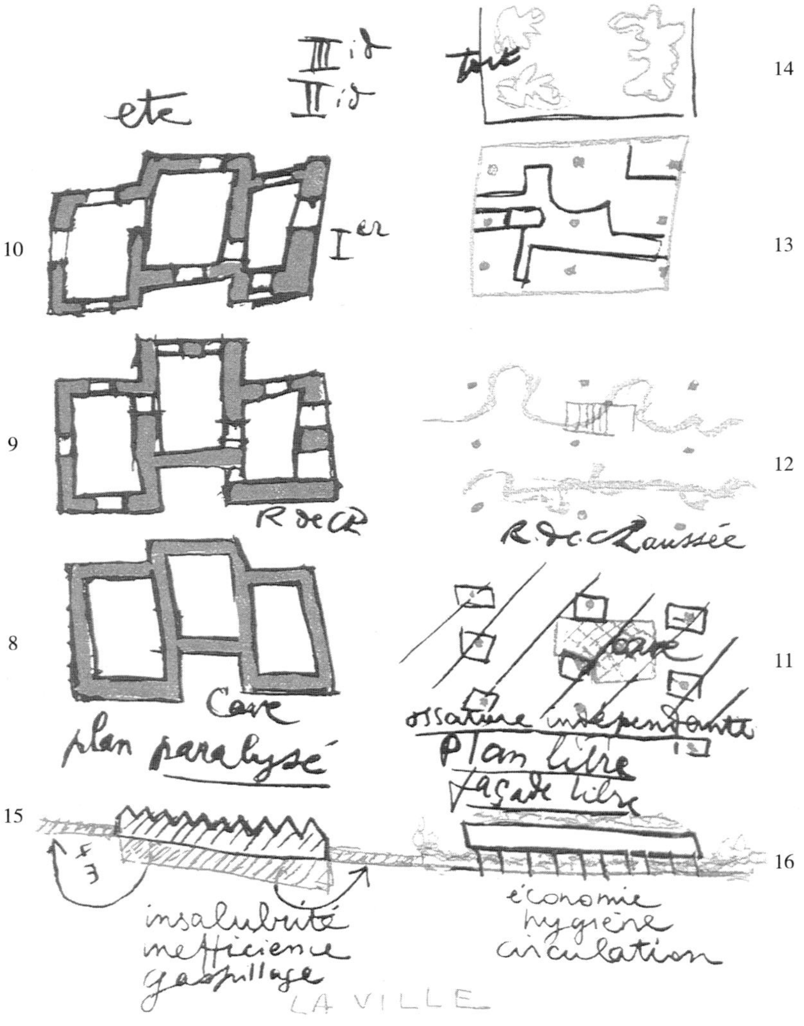

图 8 cave/地下室//plan paralysé/残废的平面；**图 9** R de Ch/首层；**图 10** etc/等等//Ⅲ id/四层一样//Ⅱ id/三层一样//Ier/二层；**图 11** cave/地下室//ossature indépendante/骨架结构//plan libre/自由平面//façade libre/自由立面；**图 12** R de chaussée/首层；**图 14** toit/屋顶；**图 15** insalubrité，inefficience，gaspillage/脏乱、低效率、浪费；**图 16** économie，hygiène，circulation/经济、卫生、交通//LA VILLE/城市

* 彩色图见彩色插页。——编者注

建设用地（地面损失）：………………………… 40%；

庭院预留用地：………………………………… 30%；

交通预留用地：………………………………… 30%，大概的数据。

但是现在我再画一张现代城市地面的图。

一条线：所有的土地都可利用（几乎100%），有一些纤细的架空底层的柱子（图16）。

在架空底层上，在新鲜的空气中，我们来建设城市。

在城市建筑的屋顶上，是屋顶花园。

100%的土地用以交通，包括行人、轻型和重型的机动车，40%的土地用来兴建花园、散步道和休闲广场。这才是现代的城市，我们都应该记住这点。

这些我所谓的“架空底层”是一项真正的现代科技带来的产物。你们必须承认在过去，那些“赤裸的人”，也就是我说的纯粹之人，全都无时无刻地在使用这项资源。然而到了今天，多少人以学院标准的名义对它进行抵制和谩骂。日内瓦政府的主席告诉我，就因为我的架空底层，我被踢出了国联的竞赛。相对于这样一场远没有此般透明的竞赛来说，这个解释倒也是出奇地简单（坦率又有特点）。我们在莫斯科中央局大厦（Centrosoyuz）的架空底层在苏维埃城市里掀起了轩然大波，但是主席简单地总结道：“我们要把自己的宫殿建在架空的底层上，这样才能把它们称作是伟大莫斯科的作品。”规划放到最后再谈，我们会涉及到那块领域的。

现在还是让我们把精力集中到建筑上。我在这里先画一栋位于塞纳河畔的布洛涅区（Boulogne - sur - Seine）的私人住宅的首层平面，里面运用了上文提及到的一些手法（图17）。

另外还有一栋响应卢舍尔（Loucheur）低成本住宅法令的建筑模型（图18）。其中有一堵砖砌的，石砌的，或者别的什么砌的隔墙，由于它联合了相互猜忌的当地的店主，所以被我称为是寒暄之墙。（下次有机会我会解释一下这个实验，它将最终带领我们走向与这些人之间寒暄的联合。）无论是墙的哪一边，几米开外的地方，都有两根钢柱承载房子的屋面和楼板。因此，房子以下从今开始将变成一个健康的场所，那是一片绝佳的遮蔽空间，人们可以工作、休憩、建立一个小作坊、在室

18

17

19

20

21

22

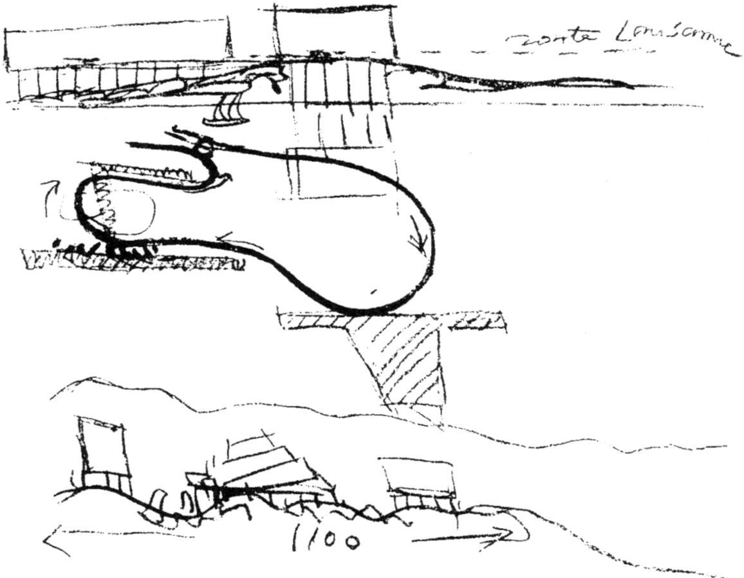

图 17　Boulogne/布洛涅区；**图 18**　Loucheur/卢舍尔；**图 19**　Moscou/莫斯科；
图 20　route Lausanne/洛桑大道

外洗洗衣服、栽培一个小花园。

紧接着是我们为莫斯科设计的中央局大厦：粮油合作部的办公大楼，共需容纳2500名员工（图19）。同时管制进出的人流在这个设计中是相当重要的。在冬季需要有某种形式的会场为这些进进出出、鞋上和毛皮大衣上落满积雪的人们服务。一组有效的衣帽间和围绕着衣帽间的交通组织便能轻松解决这个问题。最后，米亚涅兹卡（Miasnitzkaia）大街如果要停放一些正式的轿车则显得太窄了。我们设计了架空的底层完全覆盖场地，或者几乎完全覆盖了场地。这些架空柱廊承载着上面的办公楼，从二层开始建。在架空的首层上可以自由组织交通，室内室外都朝一个大空间开敞。在这个范围内安排两个入口，同时形成上文说到的“会场”感觉。电梯和“升降机”（在连续钢缆上运动的舱体）都从这个会场启程往上，巨大的螺旋坡道将取代楼梯，这将能更快地输送人流。门将开在最有用的地方，可能在房子下面，也可能在前面，或者离得很远。阳光将随意而至。其实分析相当明白了，这样的房子就是存在两方面的特点。一方面是毫无规律可循的人流，他们从地平的各个方向抵达：建筑就像是一个湖。另一方面是稳定、静态的工作，远离噪声和来往的人群，每个人都各司其职，各就各位。和上述相反，这时候的建筑成了一条河流，是实现交流的媒介，说的也就是办公室。

*交通*一词在莫斯科被我反复引用来解释我自己，用的次数太多了以至于最后苏维埃最高局的一些委员开始紧张起来了。但我还是保持我的观点。这是我的第二条基本主张:*建筑就是交通*。仔细想想吧，这不仅谴责了学院派的方法，同时还体现出“架空底层”的原则。

这张图是我们为国际联盟的国际竞赛所做的首轮场地设计方案（图20）。远处是通往洛桑的道路，大约离湖有300~400米的距离。人们先是踏上这片美丽的土地，接着穿过有许多百年大树的森林，最终抵达往下坡向湖面的草坪。场地的另一边是勃朗峰（Mont-Blanc），萨瓦山（Alps of Savoy）和萨莱沃山（Salève）。多美的景色！你一定这样对我说，好好利用洛桑大道旁的平地，避开山丘的缓坡，这样就只需要为你的建筑提供水平的交通组织。不过我要比这样更加诺曼底一些（不是吗，莱热?），我不仅想吃到我的蛋糕，还想同时拥有它。我保留这块天然的平地，不仅为了让我要建造的建筑与之脱离，同时也为了容纳某些时段蜂拥而至的人流。

接下来，在草坡的边上，我安排我的零标高。在零标高上我让秘书处和图书馆的这一翼面朝日内瓦，而把大集会厅朝向湖面布置。其余的大会议室、会议主席阁都在零标高上。我通过主席所在的那一层接近湖面，高高在其上。我避开了树林，洛桑大道上的噪声。我就像是浮在空气中，飘在天上，沉浸在十足的欢乐中，周围遍洒阳光。

承托这些跨在起伏的地面和湖面之上的楼层的是底层架空柱——最为经济的建造方法。

那样有人就可能会这样问我，你是不是要在这些柱廊之间或周围添上墙，以避免这么大尺度的架空建筑给人带来恐惧感呢？

噢，完全不会！我向你们展示的这些柱廊完全有承载能力，还能在水中产生倒影。它们允许阳光从建筑下面穿过，这样一来就完全粉碎了所有的“正面”和“背面”的概念。以往那些“背面”总是被深深的阴影覆盖，铺地的石块之间长满苔藓，我们也总是悄悄地穿过这块沮丧的地方。现在就不同了，现在我们有了大束大束的阳光，更棒的是有一片惊艳的景色正在等着我们：在柱廊下我能看到水面的倒影，我能看到美丽的小船过往，我还能看到阿尔卑斯山，都是一幅一幅的框景，就好像在博物馆里一样。

但是我还记得罗马圣彼得大教堂前面的柱廊，它什么也没承载，仅仅通过自身优美的椭圆的形态满足我们贪婪的视觉。为了替自己辩护，我同时也想到我的同僚奈诺特设计的柱廊，奈诺特最终中选建造这座宫殿。他的柱廊同样也不承载任何的东西，但是它却在其后方会议室的古典小窗上投下了死板的影子。这影子严重到尽管评委会选择了他的方案，却也不禁要问奈诺特先生：“您准备怎样为这柱廊后的房间照明呢？”

所以我们的那些*真正承载建筑*的柱廊，就好像大腿承载躯干一样，却反倒是一宗亵渎建筑的罪行，将我们送上了断头台。

正是在架空底层里大量的、自由的、有坡度的空间保障了整座建筑中行人的水平交通不会被打断，同时我还在里面解决了机动车完整的单向连续的交通问题和它们的停放问题，一处是在秘书处大楼下的开敞空间，另一处则是在图书馆下的封闭停车场（图 21）。国联组织的高层领导曾经这样说过："不行，秘书处的人员和与会人员绝对不能在小汽车的顶上工作。"

最后（图22），这是我们为日内瓦世界中心所设计的方案（除了国联外）。这些柱子蕴藏着一股强有力的诗意，以至于我觉得无法用一些简单的词汇将这种感受传达给一群新的听众。场地本身有点卫城的意思，从四面统领着地平线，其中的三面是不同的山脉，第四面则是一个湖。这片高地事实上位于起伏的农田中，四周环以大片有坡度的草坪，零星点缀着几棵大树，这也是日内瓦的骄傲。除了树，这儿那儿时不时还能看见聚拢的牛群。这幅充满活力的乡村景象唤起了我对罗素（Jean-Jacques Rousseau）饱含情感的作品的回忆，我实在是不想去打扰它。尽管如此，我还是为那些庞大的建筑物选择了场地，包括世界博物馆、世界图书馆、国际大学和国际组织。我甚至还为金融商务中心规划了两栋摩天楼、一座机场和一个大型的无线电信号传输接收中心。

从莫斯科的中央局大厦开始，我已经着手归纳我的个人信条了，其中非常重要的一项是：在地面层发生都是和交通有关的，是动态的；而在地面以上，在建筑内部发生的则和工作有关，是静态的。这将会成为当代城市规划的一条重要原则。我保留了草地、兽群、古树，还有引人入胜的曼妙景观。在这些事物之上，在某一个高度，在一条水平的混凝土板上，在架空的底层之上，我将树起透明纯净的建筑体块。我被更崇高的目标打动，我将仔细推敲透明体块和它周围空间的比例，我是在一种大环境下进行创作。所有的东西都应该算上，兽群、草地、人们脚下和眼前令人心醉的花朵、湖泊、阿尔卑斯山、天空……还有神圣的比例。

多亏了架空的底层，这片注定让人冥想、让人迸发才华的柱廊，才得以保留自然的地面，才得以保护其中完整的诗意。

你们意识到了和那些学院派的碉堡式的宫殿相比，这能省多少钱吗？

再多说一句：架空的底层是为了解决交通问题产生的，它们的优雅体现出现代社会对经济性的注重（纯属褒义）。柱廊：事先找出几个承受荷载的点，加以精确的计算，这样*一点也不会造成浪费*。

你们可以在一栋传统的房子建完以后去看看承建商的账单。

单是地下室和基础的费用就是很吓人的一大笔，如果你的房子建在了坡地上，很陡的那种（就像很多斯图加特的房子一样，我们在那儿都采用了架空底层），它们的费用直接就占了你预算的一大半。这时候，你的房子都还没开始建呢，要从首层才能算正式开始。我相信斯图加特的居民在为他们的房子建造基础和挡土墙上烧了很大一笔钱。那些都是堡垒般厚的墙，建筑师声称在其中发现了美，对我来说，根本就是那些建筑师随意地将建筑从一些本质问题上转移到一己私利上。除此以外，墙还会破坏场地。相反，架空底层的柱子沿着坡度下延，将会保持纯粹的形式，不费一毫一厘就能创造出可用的空间来。在这个空间中，树木和草坪都能自由生长。连绵不绝的植被将取代中世纪压抑的石头景观，在它们之上，人们只建造最纯粹的几何形的房子。多么雅致，多么惬意，多么经济啊！（图23）

*
* *

我们就这样一步一步地展开了建筑的当代革命。

到了这里我们面临窗户的问题，令人激动的窗户。

我一直在用那缺乏想像力的定论帮助我在建筑中去维尼奥拉化:*建筑是由照亮的楼板组成的*。维尼奥拉是文艺复兴时期的建筑师，他自觉需要为后代优化古希腊的艺术原则，当时的希腊艺术备受推崇。不过，他对于希腊建筑的了解是通过乏善可陈的罗马人的仿造品中取得的。理论上讲，当时的土耳其人根本就是将前考古学家们钉在了尖桩上，而他们本可以去亲眼见证，进而用他们的圆规去测量雅典卫城上菲迪亚斯（Phidias）、伊克蒂诺（Ictinos）和卡里克瑞兹（Callicrates）的杰作。这样一来，维尼奥拉先生只能是充满勇气地优化了建筑中仅能表达人类精神崇高的那些原则，一劳永逸（学院派的信仰表达）。这些原则是虚假的，你绝对无法想像它们虚假的程度，它们就像是一个惊世大笑话。我亲自参观过雅典的卫城！我在那儿充满感情地呆了一整个月，被它无处不在的精确、比例和*超人类的创造*所震撼。你们能看出来，我尊重希腊的艺术，我有我的理由。但要是让我去理解维尼奥拉先生自命不凡的任何创造的话，我举双手投降。我知道所有的人都会认为我错了，我的那些严正声明说得太多了。我们的潘拉丹（Saar Peladan），尽管他是一名有智慧、有热情的希腊文化研究者，也曾经对我说过：“我若是国王的话，要是今天谁胆敢重画或是重建希腊的楣沟的话，我就把他们通通斩了!”我的这条声明是很理论化的，因为维尼奥拉先生已经变成了公共的、政府的和国际的道德（国际联盟）的一部分了。什么东西都是希腊的，从美国的煤气灯（多立克的）到欧洲的（科林斯的），到剧场、议会、国联大厦、远洋轮船的内部装饰，还有那些迅速布置的房间陈设。人们通常把这种艺术叫做路易十四的，把它重新粉饰了一下。天哪，这个被依法斩了脑袋的皇帝活得也太长了吧！其实我也承认路易十四风格是很漂亮的，与众不同，很好地展示了 18 世纪末期文化的高度发展。但是现在我是在演讲。请允许我为你奉献另一块美玉：1 月的时候，一位巴黎美术学院的教授来看望我，主要是为了谈谈我们两个在日内瓦共同投的一些的反对票（我和他的理由完全不同……）。他说：“很高兴能和您谈谈。您看吧，其实我们要比看上去的相似得多。我也有我的一些原则。在美术学院里，我开始先向初学者教授‘柱式’。第一年教他们‘多立克’柱式，因为多立克最简单。然后等他们学会怎么用铅笔了，我就教他们‘爱奥尼’柱式。爱奥尼要复杂得多，主要是有那些涡形纹样。最后，当他们都已经准备好了，我才教他们‘科林斯’柱式，它是最难的一种。我相信这种原则!”噢，菲迪亚斯，你居然像一个初学者那样停住了，在帕提农神庙中用了多立克柱式！从上述的这些，人们能理解学生们都已经准备好对付机器时代的问题了。

维尼奥拉先生不关心窗户，他关心的是“窗户之间”（壁柱和圆柱）。我就要用我的“建筑是照亮的楼板”来去维尼奥拉化。

我用一系列窗户的草图来证明我自己，这一系列的窗户反映了建筑的发展历史。就像我在前文中已经说过的，窗户的目的就是要在承载楼板的墙上开洞，引进外部的光线来照亮室内。这一矛盾的职责（*在承重的墙上开洞*）标志出了整段历史发展过程中建造者们的努力，同时也给了各个时期的建筑自己的特点。

这有一个古代的小窗（图 24）；接着是一个庞培时期大开口，没有玻璃，没有东西封堵；然后是漂亮的罗马风时期的窗户；哥特时期对于光的追求最后导致了*尖拱券*的产生，还有它的拱座，它大胆的静力系统，包括窗间墙、尖塔、扶壁、飞扶壁等等。还有一点需要指出的是在中世纪，人们兴建他们挑在狭窄道路上方的木头小屋的时候，他们*尽可能地装玻璃*，使用了木材的各种资源。根特（Ghent），鲁汶和布鲁塞尔大广场（Grand Place of Brussels）的那些技艺娴熟的佛兰芒人，在传统的基础上，建造出了迷幻的玻璃立面，至今仍让人赞不绝口。再往后就是文艺复兴时期的石棂窗，为了照亮室内的各种艺术品，窗户本身尽可能地大。接下来是太阳王路易十四，总想着让他的庇护者，太阳，更多地照进自己的房子里，来卖弄炫耀。这时候的石块建筑也最终成型了。在路易十五和路易十六时期，路易大帝以壮观瞻的尺度终于被缩小，被人性化了。人们想要住得舒适，要有私密性。建筑也停止了前进的脚步。窗户被规定死了，已经是成品了。尽管如此，在奥斯曼时期，在一批用钢大师才露锋芒之际，房屋租赁成了一项新的业务。因而人们需要充分挖掘房子里面的每一平方米。人们必须在一条立面上安排尽可能多的卧室。人们向极限靠拢。停住！不能再有洞了，否则整个房子就要塌了。这已经是终点了。但是我对这种开发平面的最终方法，就是开启竖向的长窗，几乎都要碰到它的邻居的做法持保留态度。*问题是已经提出来了*，但是解决方法需要仰赖新的技术才会出现。

让我们迅速看一眼路易时期或者奥斯曼时期的砌体建筑的外立面吧，它从一定程度上体现出了建筑的停滞。它其实就是一个打满了整齐孔洞的表面，这些孔洞相互之间尽量靠近。设计看上去挺朴素的，*这就是砌体的建筑，它是某种建造体系最纯粹的表达*（图 25）。

女士们、先生们，我们要加快速度了。请看我开始时画的剖面和平面，钢或者钢筋混凝土的房子。我画了水平窗，*长条的连续带窗。它们不受任何限制*，可以一直延伸到 10 米、100 米、1000 米长。柱子藏在它们后面，在室内，离开立面 1.25 米，或者 2.5 米，或者 3 米。在这连续开口的后面——我当然首先要用水平推拉窗把它们封起来，窗扇能相互重叠——用一种孩子气的方法就能很简单地竖一道隔墙，顶着这些开口，从外面也看不见。它们都不用一层层上下对齐，如果有谁觉得自己的视觉被这种方式干扰了，我只能鄙视他了（图 26）。

还有那些水平窗户之间的墙面就能充当窗台了，最终还能充当过梁，它们是*由楼板承载的*！我已经说过这点了。

你们不得不承认这样的转变不仅从经济的角度给人留下深刻的印

象，从美学上来讲也是感人至深的。我们几个世纪以来养成的传统，建筑上习以为常的景象都不复存在了。那么是不是仅仅为了遵从学院派所提倡的美，我们就要放弃这些条形窗，这些能给室内带来最好光照的，允许各层任意划分的条形窗呢？

现在既然已经谈到这里了，我还有几句话要说。

对第一个剖面的研究，也就是被我称为当代建筑革命的*标志性剖面*，引发出我全新的创意。一些相关的想法都从我的脑子里冒了出来。我已经造了许多这样的“条形窗”了，我的注意力一直集中在那些对我来说还不够坦诚的窗台和依旧昂贵的过梁上。现在的房子还是太贵了，尽管我们的已经比那些传统的房子便宜得多了。我对这条经济性的原则十分痴迷，还赋予了它除了钱以外的其他意义。我的搭档，皮埃尔·让纳雷（Pierre Jeanneret）比我还要关注这个经济的问题。除了省下钱，他还想给人提供舒适。他读过福特的东西，他是一个福特主义者！有这么一天，一条真理蹦了出来：窗户是用来采光的，*不是用来通风的*。如果要通风，让我们用通风的设备，那就是一些机械的、物理的东西了。再进一步说，窗户是整个房子里面最贵的部分。除了它的框，还有各种各样的粉刷和装修，极其昂贵。通常窗框都是钢或者木头制成的，也就是说，是一些相当精致、做工考究的东西。是不是有可能用一种更简单的东西来替代窗户，但是同时又能保证照亮楼板呢？

我的标志性剖面的实验进行到最后，将整个*立面*减少到只剩一些30厘米高的横条。好，让我们先不要管它们，*绕到它们前面去*。用一些支架我们就可以在这些混凝土的横条上挂起竖直的钢架，仔细调整，使它们绝对竖直，脱开混凝土表面25厘米。然后在这些竖直的钢架的前面或者后面再支起水平的钢架，相互的距离则按照市面上能买到的玻璃尺寸来定。这样在立面前就有了一堵“玻璃墙”。整个立面就变成了玻璃墙。由于不需要把一栋房子的四个面都做成玻璃的，我就同时使用玻璃墙（图27）、石材贴面（胶合板、砖、人工水泥板和其他的一些材料，图28）和混合墙面（在石材贴面上点缀一些小窗户或玻璃片，就像舷窗那样，图29）。

这个想法最先是在1925年的新精神馆里发展出来的。1926～1927年之间，我们为国联秘书处的办公室设计了双条窗，为它的走廊设计了单条窗。主集会厅的外墙已经是玻璃墙了，用厚的玻璃板砌筑。1927 年在莫斯科，我们面临了严酷的气温问题：零下 42℃。2500 名员工在窗户后面工作，外面大风呼啸。所以窗户是没必要的。我们需要的是交接处密不透风的玻璃墙。通风怎么办，我们等会儿说这个问题。

对我来说似乎我已经走到了这条逻辑的终点了，似乎我已经找到真理的本质了：建筑师重新组合新的词汇。我们会看到的！①

但是无论如何，不惜任何代价，我都不会给你们留下疑问。我已经确定了水平窗（在玻璃墙之前）要比垂直窗带进更多的光照。这是我在实践中观察得出的。尽管如此，我还是身陷剧烈的矛盾中。总有一些概念朝我砸过来，举个例子，比如“一扇窗就是一个直立的人”。行啊，如果要玩字面游戏的话。但是最近我在照相师的曝光器械中发现了两张照片。我不再是在我个人的观察中徘徊，得出一些大概的结论。我面对的是对光线有敏锐反应的照相底片。

表格得出了以下的结论：对于同样面积的一块玻璃来说，一间由水平窗户照亮的房间——同时接触到两边的侧墙（这是重点：光波的折射）——有两块不同的照明区域：照明条件非常好的一区和照明条件好的二区（图 30）。另一方面，一间由两扇垂直窗户照亮的房间——窗户间有窗间墙——有四块不同的照明区域：照明条件非常好的一区（两块很小的部分），照明条件好的二区（一小块），照明条件差的三区（很大一块）和昏暗的四区（一大块）（图 31）。表格还附加指出：*“如果要得到同样的效果，在第一间房间里面你可以少用 4 倍曝光时间。”*

敏锐的底片都说话了。就是这样的！

女士们、先生们，让我们来解读一下我们现在在建筑和城市规划版图上的处境吧。

我们已经离开了属于学院派的维尼奥拉的海岸。我们现在在大海中，在今晚分手前我们需要确定出自己的位置来。

首先，建筑：

架空的底层托起了上层的建筑，建筑脱离了地面飘浮在空气中。建筑有很明确的视觉界限，与地面没有任何联系。这样你就能明白对于架

① 另外，这些词汇被 19 世纪法国的那些用钢材的建造者们玩出了炫目的时尚。1914 年的科隆，格罗皮乌斯在现代建筑语言中重新采用了这些词汇。

23

24

25 26

27 29～28

30 31

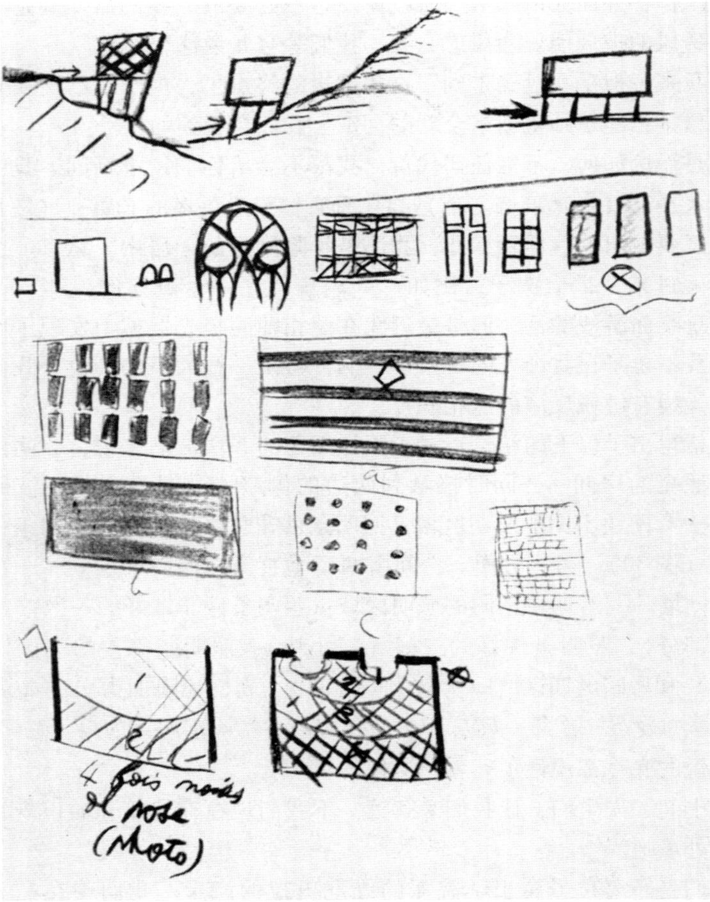

图 30 4 fois moins de pose（photo）/4 倍的速度（照片）

在柱子上的立方体来说，比例和尺度是多么重要了吧。建筑的重心（图32）被抬高了，它再也不是原来的那种古老的砌体建筑了，不像它们总会在视觉上产生与地面的联系（图33）。

屋顶花园又是一件新的带给人愉悦的工具，室内房间的用途完全可以反转，住户们将享受到新的欢乐。水平窗，发展到后来的“窗墙”将我们带入与过去完全不同的处境中。由于窗墙的产生，*建筑的尺度就发生了变化*。新的组合方法是崭新的，老实说，*似乎*有点简单，差不多简单到什么都没有了。这很可怕，有人甚至就会说：“*那建筑向哪儿发展呢？*”

新的技艺为我们带来了新的语汇，它让我们无力抗拒，刺激着我们的想像力（图33a）。

当面临莫斯科的问题时，建筑做些什么呢？我们被要求利用所有划时代的进步科技，我们从功能的角度出发提取出建筑的精华来。这就是我们怎样在建筑中使用新语汇的：

我先画出建筑的中翼（图34），厚度恰好能满足白天的光照。这一翼包含了小组工作用的大房间，两边都是窗墙。端墙是不透明的，由两片很薄的火成岩组成。稍后我会解释空气如何在中间的空腔内循环。

我同时勾出其他的两栋办公翼楼，一面是窗墙，走廊一面则是混合墙面（石材和玻璃），在端部完全使用石材贴面。

这种建筑组合的精髓在于这三条立方体的尺度：无论在平面还是剖面上，它们都是经过精心设计的，为了创造出两个不同的方面：一是陡峭的，正交的；二是能形成一个欢迎状的口。中间的翼楼要比两边的翼楼低一层，这点非常重要。

整组建筑群都被底层架空柱抬起，与地面脱离。

你们应该意识到建筑中这点全新的、极其重要的价值：*建筑下侧清晰的线条*。建筑就像是放在展览平台上的橱窗，*一目了然*。

架空的底层带来了大量的圆柱体，光影交错，同时在精神上给人以紧绷的感觉。在主体建筑下面，光形成了最富有想像力的效果。在天空的背景下，水晶立方体的边缘更显得完美无瑕，在屋顶上环绕有一圈火山岩的女儿墙。干净的外形是现代科技进步带来的最可敬的征服（压制了原有的屋顶和檐口）。

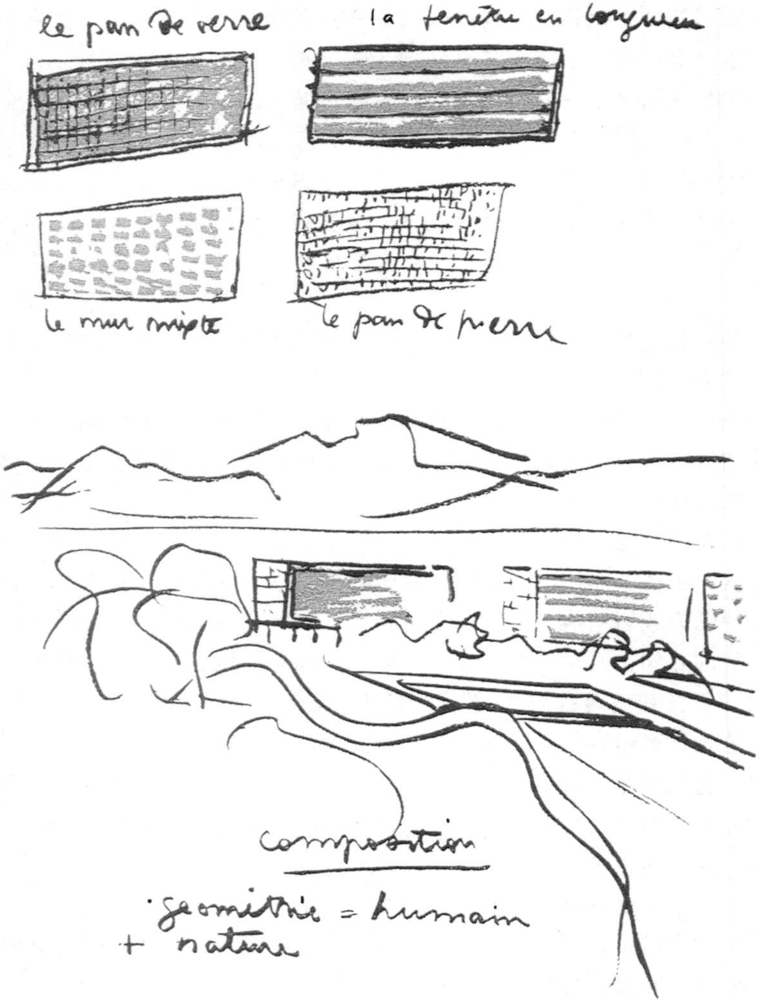

33*a*

图 33a　le pan de verre/窗墙//le fenêtre en longueur/条形窗//le murmixte/混合墙面//le pan de pierre/不承重的砌块或者是砌块贴面//composition：géometrie + nature = humain/组合：几何 + 自然 = 人性

* 彩色图见彩色插页。——编者注

作为这曲建筑交响乐的结尾：从建筑一路到街道，都采用了人性化的亲和尺度，为了庇护进出的车辆，还建了混凝土或者是石材贴面的门廊。这儿有一些用来创建空间和立面和谐关系的物体：各家合作社的旗杆，一些钢的或者青铜的基座，在我脑子里是用来摆放当代雕塑的［利普希兹*、布朗库西**、劳伦斯***的大作（the Lipschitzes、the Brancusis、the Laurenses）］，它们在整组建筑交响乐中会扮演一个耀眼的角色。在组合中会有一些数学的点，如重心。这些点控制一个空间。如今再也不是像芒萨尔（Mansart）****时期那样了，“雕刻师会在门楣上雕出一些杰作来”。现在有的是一群视觉艺术家，他们的作品像炽热的星辰，又像暗夜的灯塔，他们在适当的距离，心怀尊敬捧着这些最伟大、最纯粹、最静谧的水晶和石材的立方体。

面对如此清澈的立面，今年冬天我们可能要栽种一些俊朗的树木，它们的枝条将大大丰富这组建筑。同时，我们学习建筑和规划越多，就越是发现自己对树木的喜爱。在城市景观中引入树木可能是当代钢和水泥的建筑让人最为感激的一点了。树，是非凡的，总为人所爱。

我的双眼又一次（它们总是）转向了自然。为了再一次让人想起日内瓦宫，我重新勾勒出这幅内容丰富的草图：这里是湖面的水平线。这里是山丘的起伏，这里是山脉凹入天际的轮廓线。还有，这里是我们人类的创作：几何体。几何让人联想到一丝毕达哥拉斯（Pythagoras）的精神。超越物质的享受，相互之间的比例。一会儿是狭窄的垂直体，一会儿又是连续的表面。所有的一切都在水中形成了倒影。建筑情感的基础就存在于这些事情中（图35）。

---

* 立陶宛－美国雕塑家，1891—1973年。1922年加入了“新精神”组织，其成员包括柯布西耶和奥赞方。利普希兹赋予雕塑发挥的广度和深度，同时也赋予其与现代最佳绘画作品特性完全相反的一种严肃和激情。——译者注

** 罗马尼亚雕塑家，1876—1957年，是20世纪用整块石料创作的最杰出的一位雕塑家。布朗库西通过揭露基本形状蕴含矛盾的特质暗示出一切生命的神秘和统一感。其审美观不仅影响雕塑界，对其他设计领域都造成了不可低估的影响力。——译者注

*** 法国雕塑家、画家和插图画家，1885—1954年。其最主要的成就在于证明了雕塑的结构和表现不需要依赖人作为模特才能获得。——译者注

**** 17世纪中叶法国巴洛克建筑风格时期建立古典主义风格的主要建筑师。其作品以精致、优美、和谐著称，是法兰西国王路易十四的建筑师和城市规划师，完成了凡尔赛宫的设计。——译者注

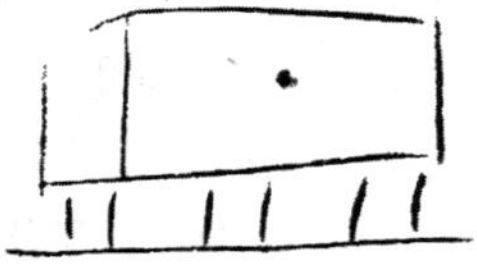
32

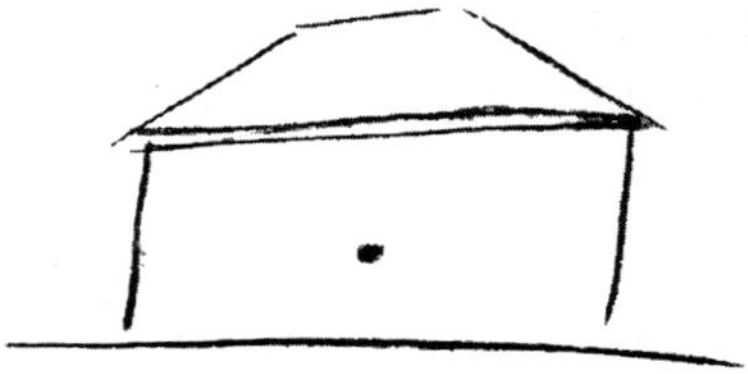
33

34

35

出于对上帝的爱，我们应该怎样处理装修工的目录册呢？最伟大的艺术创作都是用最简单手段实现的。这就是游戏的一切：不用任何东西，去准备一个奇迹！

现在是城市规划：

这里是一条传统的街道，一条牛径，两边还有些房子，牢牢扎根在地面上（图36）。

想像一下现代交通带来的问题吧，你顿时就找不着方向了。

然而这里却有现代的用钢和钢筋混凝土建造的房子，柱子承载楼板，5层、10层、20层甚至50层。在房子的顶上是屋顶花园，可以散步休闲，保持身体健康。在房子的下面则是架空底层的柱廊。地面是100%自由的，各个方向上都是！这还没完，在架空底层上的每一个住宅单元都向外突出一个阳台。各家阳台的正面都能和周围邻居的水平对齐，有时还能连成一体，这样阳台就成为第二街道，供人和一些轻型交通工具往来。大卡车是在下面通行的。整座城市的交通都能见，能感知，眼手皆可及（图37）。

还有一些别的东西。这是一组200米高巨型摩天楼（图38）。它们的底部依然留给交通和流动的空气。为了能真正像建筑一样有功能性，这些摩天楼规则地排开，相距400米。它们拔地而起，形成空间和光的宏伟体量。街道？确切地说不再有街道了，取而代之的是交通的河流。我们研究得出哪儿需要它，它就流到哪儿。它还有支流，在摩天楼下有停车的港口。我还要多说一句，到时候就会有无处不在的绿树了（图39）。

现在我又要抛出一条关于规划的蛮横声明了，我马上会给你们做详细的解释：*交通是在水平面上进行的，和上面发生的事情无关。街道从建筑中独立出来了*。街道从建筑中独立出来了。好好想想吧。

我接着发展我的想法，它引向了将要发生的事实。这是一幅远洋轮船的剖面，夹在两座位于协和广场（Place de la Concorde）的宫殿之间（图40）。

我来画一张远洋轮船的背立面。为了更好地说明问题，我从上往下依次对它进行分析。一艘船上共有2000～2500人，它就是一栋大房子。这里不存在模棱两可，只有清晰的秩序。人们在某个地方吃，某个地方睡，某个地方跳舞，某个地方社交，某个地方散步。地球上所有的人无一例外地对远洋轮船赞许有嘉。*我们正面临建筑中的一种新尺度*（图41）。

36

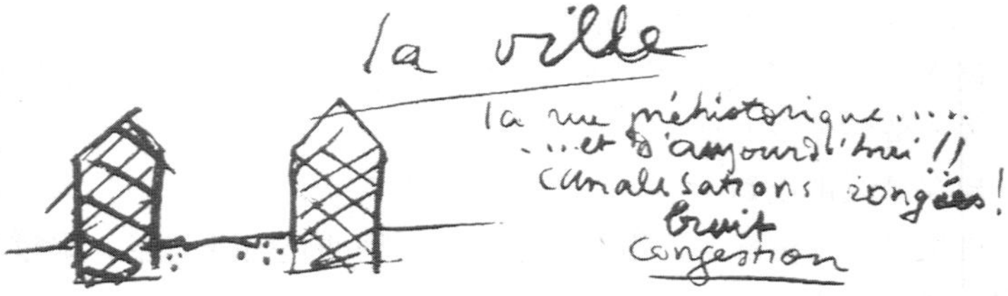

37

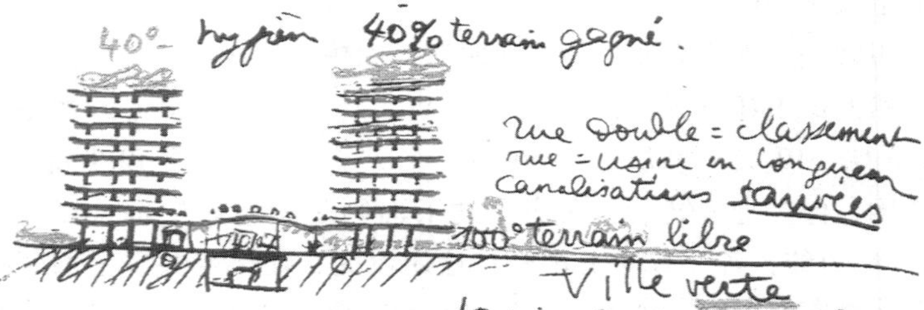

38

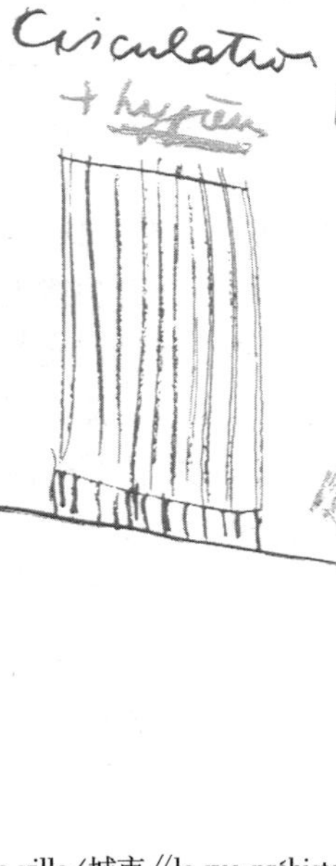

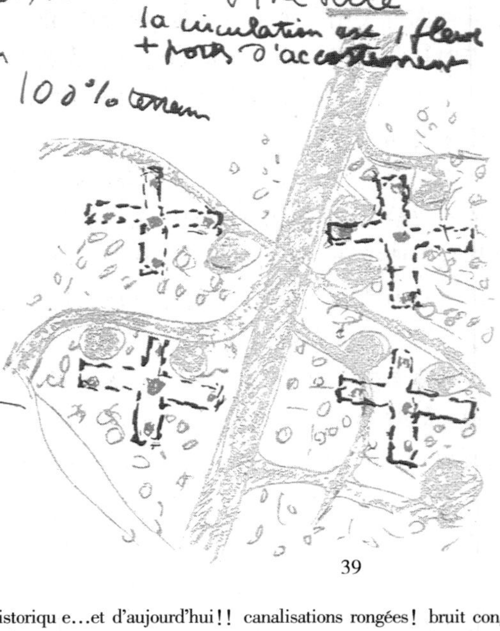

39

图 36 la ville/城市//la rue préhistoriqu e…et d'aujourd'hui!! canalisations rongées! bruit congestion/史前时期和今日的街道!! 脏水横流! 嘈杂、拥堵; **图 37** hygiène 40% terrain gagné/卫生，重获 40% 的地表//rue double-classement/两层道路分区//rue = usine en longueur/街道 = 两旁的工厂//canalisations sauvées/预埋下水管道//100% terrain libre/地面 100% 自由//ville verte/绿色城市//la dirculation est l fleuve + ports d'accostement/交通就是一条河流外加上停靠的港口; **图 38** circulation + hygiène/交通 + 卫生//100% terrain/100% 地面

* 彩色图见彩色插页。——编者注

我再来画底层架空的国联大厦，我画它一层层的楼板，它们都有绝佳的采光。人们漫步其上，心情甚是愉悦（图 42）。

我还要画一栋美国的摩天楼。我们正面临建筑中的一种崭新的尺度（图 43）。

因而，我们需要做一些决定。

我想你们说起过要把窗户做得密不透风。我们还需要谈谈许多其他的事情，例如如何组织现代的日常生活，从我们的骨肉里面拔出那根掏空了我们钱包里的钱、吞噬了我们的时间、让我们伤心不已的刺来，我是说我们休息的时间和我们在机械化的进程下被迫工作的时间完全不成比例。

我们那三个装满了技艺（材料的阻抗：我们已经走到新大道的新阶段了。物理和化学：我立刻会为你们展现新的希望。社会学：我们应该要准备好去面对一场剧烈的变革，一场迫在眉梢的反抗。经济：我们必须降低成本）的盘子以它们所提供的丰富资源和解决方案将我们引向一个决定，这个决定将标志出给建筑工业带来最大影响的改变。这种尺度的变化意味着杰作的诞生。目前的房子还只有 10 米、20 米或 30 米长，它属于 X 先生（Mr. X）。马上将要来临的房子将有 1 公里、2 公里甚至 5 公里长，如果它们现在看起来还太大，那正是缘于城市规划问题的紧迫性，相当紧迫。速度已经产生了变化，是全新的。*当伟大之作*诞生之时（交通、自由的居家生活、低成本、美丽和精神的和谐），在同一时刻，所有的问题都会被安静地、正常地解决掉。

为了帮助想像这些将要来临的事实，这里有一条对于我曾经谈到过的“如何”以及“为何”问题的解答。

一栋房子：一层照亮的楼板。

用来干什么？用来住。

生活的基础是什么？*呼吸*。

呼吸什么？热的，冷的，干的，潮的？

呼吸纯净的，常温常湿的空气。

但是四季不同，有时温暖有时寒冷，时而干燥时而潮湿。有些国家在温带，有些在寒带，有些则在热带。有些地方的“赤裸的人”身着皮草（在伦敦夹克发明之前），有些地方什么都不穿，光着身子走来走去。

40

41

42

43

图 40 le navire/轮船//le palais/宫殿；**图 41** le paquebot/远洋轮船；**图 42** SDN/League of Nations/SDN/国际联盟；**图 43** le gratte ciel/摩天楼//la colline artificielle/人造土坡

还有一条精确性：泰罗制式（Taylorism）（一种影响深远的仁慈的工作方式，完全不残忍）的根本就在于将影响任务的因素都保持在一种稳定状态。从经验得出的结论是，如果工人太热或者太冷，那么他们的生产效率就会降低。如果他们对这种条件产生了反应，那么他们很快就会劳累，迅速超负。

每个国家都按照本国的气候条件来建造自己的房子。

在这个世界科技广泛传播的关头，我提议，为所有的国家建同一种房子，*精确呼吸*的房子。

我现在画一些楼板，以及它们的横剖面（图44）和纵剖面（图45），我设好*生产精确空气的工厂*。这是一个小型工程，只占用很小的一些空间。我按照不同的季节需要生产18℃加湿的空气。通过一个鼓风机，我将生产出的空气吹入仔细安放的风管中。事先就已经为空气膨胀想好了出路。最后，空气流出。这套18℃的系统将成为我们的动脉系统，同时我也设计好了静脉系统。利用第二个鼓风机我就能吸入同等数量的空气。这样便形成了一个回路。吸入和呼出的空气重新回到工厂，在那儿通过一定的钾处理除去其中的碳元素，接着通过一个臭氧处理机再生。最后这些空气经过压缩机降温，在经过了众多住户的肺以后原来的空气已经被加热了许多。

我不再需要加热我的屋子了，甚至都不用加热空气。一股连续不断的、纯净的空气以80升/人·分钟的速度循环流动。

下面是操作的第二个阶段：

你一定会问，当空气从工厂出来的时候是18℃，但是当室外40℃或-40℃的时候，怎么能保证在流动的过程中空气自身保持18℃不变呢？

答案：*中和墙*（我们的发明）能够保证这股空气不受任何外界因素的影响。我们已经知道这些中和墙是玻璃的，或者石头的，或者两者皆有。它们由两片隔膜组成，中间有几厘米的空间。在另一张草图上我画出了这种环绕我的房子，在架空底层之下，立面上，屋面上，无处不在的空腔（图46）。

另外还建有一个小型的热学工厂，用以加热或者冷却空气。两个鼓风机，一个吹，一个吸。如果在莫斯科的话，就往这两层隔膜之间的狭缝中

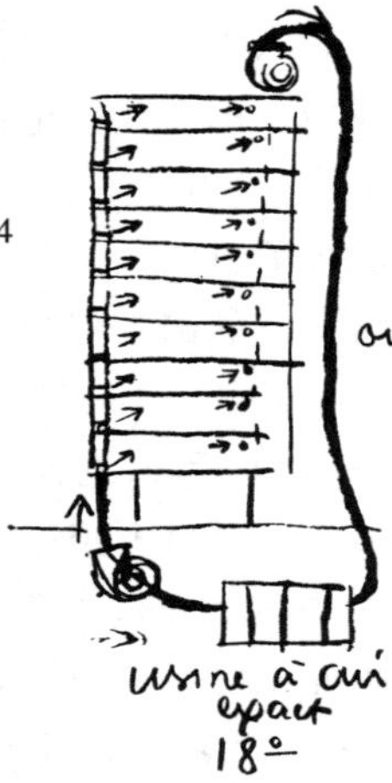

44

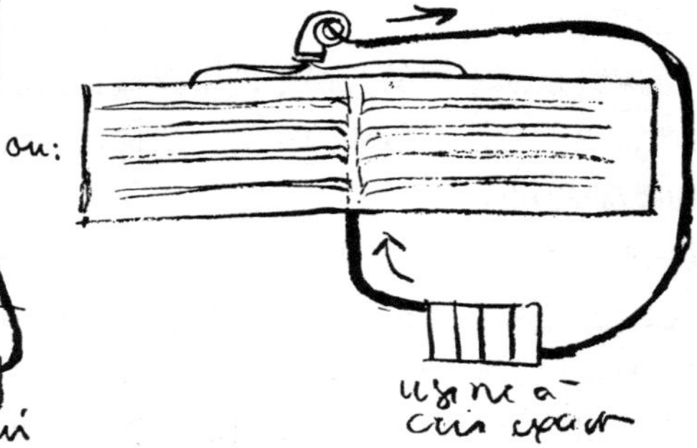

45

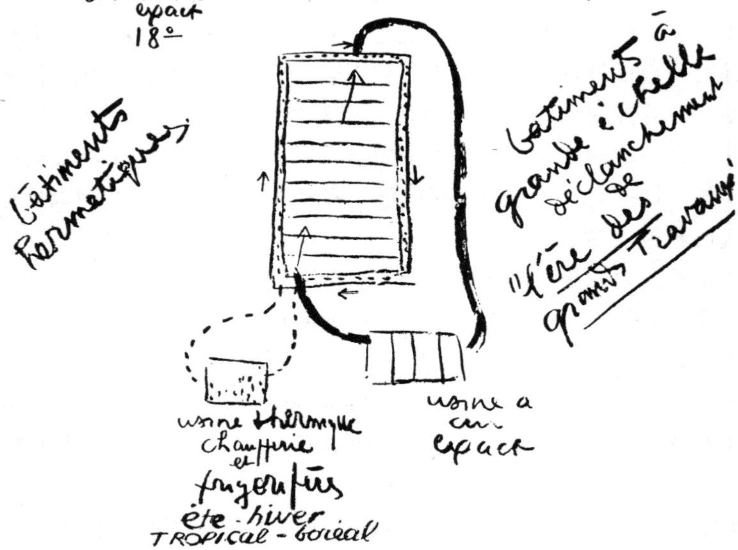

46

图 44　usine à air exact/空调工厂；**图 45**　ou/或者//usine àair exact/空调工厂；**图 46**　bàtiments hermétiques/密闭建筑//bàtiments à grand échelle，déclanchement de“l'ère des grands travaux”/大尺度建筑，“大作品纪元”的开端//usine thermique，chaufferie et frigorifère，été，hiver，tropical. boréal/加热和冷却工厂，夏季，冬季，热带，北极//usine à air exact/空调工厂

鼓入热空气，如果在达喀尔（Dakar）就鼓入冷空气。结果：通过这种方法，人们就能把建筑内表面、内墙的温度控制在18℃。这就行了！

无论是俄罗斯的房子还是巴黎的房子，无论是在苏伊士还是在布宜诺斯艾利斯，环绕赤道一圈都会被死死地密封起来。内部冬暖夏凉，这意味着无论何时都能有*正好18℃的干净空气*。

房子迅速被封了起来！不会有灰进去。也不会有苍蝇和蚊子。更没有噪声！

*
* *

女士们、先生们，这就是新的技艺将给我们带来的。你们难道不认为我的炭条和彩色粉笔勾画出了一首动人的诗篇：现代的诗篇吗？

第三场讲座
1929 年 10 月 8 日，星期二
精密科学学院

建筑无处不在，城市规划无处不在

台下的听众中有很多都是建筑系的学生。

我需要仔细推敲我的用词，并且要选择谈一些和建筑感知关系最密切的要素。前几天我们谈及了有机结构的生长。今天轮到了有机美学。不久以后，我们还将讲到有机生物。

我马上要讲的内容可能会让许多年轻人大吃一惊，他们正处在摇摆不定的时期。我在 20 岁时听到的一些言论给我留下至今都无法磨灭的印象。

哎，这样深远地去影响一所学院里的年轻人，会不会和我的为人处世自相矛盾呢？

让我们先为今天的主题下一个明确的定义。我保证经过了第一场讲座的总结归纳，我已经变得绝对客观了。这样做的目的不仅仅只是为了要机械化、实用化和功利化。我把建筑放在我内心最感性、最温柔的地方。最后，我只相信美，美才是欢乐真正的起因。

艺术作为理性和感性平衡的产物，对我来说是人类欢乐的伊甸园。

但是什么才是艺术呢？我肯定人造之物包围着我们，它拘役我们。我无法容忍人造之物：它掩饰了愚蠢、懒惰和利益熏心的低劣品德。

*
* *

我现在画一些人人都知道的东西：这里有一扇文艺复兴时期的窗户，两侧壁柱，顶上是一根位于中间挖空的三角山花之下的过梁；还有一座希腊的神庙，陶立克柱头；还有一个艾奥尼的柱头和另一个柯林斯的柱头。最后，正如你们所见，形成了这样的一种“组合”，它在很长一段时间里，在许多国家都被广泛用于各种功能类型的建筑上（图 47）。

我拿起一根红粉笔，在所有的东西上都打上一个叉。我把这些东西全都扔出我的工具箱。我不用它们，它们不出现在我的图画板上。

我非常坚定地写下：*这不是建筑。这些都只是风格。*

为了避免有人断章取义，为了避免言不由衷，我又写道：

起初充满活力，让人激动不已，

如今它们都只是死亡的躯体。

或者是女人的蜡像！

***

建筑是一种意志力的自觉体现。

创造建筑，*就是创造秩序*。

创造什么的秩序？功能和目标。用房子和道路撑满空间。创造庇护人的容器和抵达这些容器的道路。以聪敏的解答按照我们的思想行动，以提出的形式和需要行进的距离按照我们的感觉行动。以我们敏感且无法遁逃的体验前行。空间、尺度和形式、室内空间和室内形式、室内的通道和室外的形式还有室外的空间——数量、重量、距离、氛围，这些才是我们赖以行动的因素。其中牵涉到的事件也是如此。

从这里开始，我将建筑和城市规划一起看作是一个统一的概念。建筑无处不在，城市规划无处不在。

***

这种意志力的行为也出现在城市的创造中。特别是在美洲，这儿做决定就是为了要*落实*到*行动*上，其实已经落实了，城市都是几何地创造出来的，因为几何赋予人特点（图 48）。

我马上向你们展示建筑中的情感是怎样产生的：对于几何体的反应。

我先画一个长方体（图 49），

另外画一个立方体（图 50）。

47

图 47　ceci n'est pas l'architecture/这不是建筑//ce sont les styles/这些是风格//vivants et magnifiques à leur origine，ce ne sont plus que des cadavres/起初充满活力，让人激动不已，如今它们都只是死亡的躯体

* 彩色图见彩色插页。——编者注

我肯定这就已经为建筑情感定下了的基本调调。其实已经产生了心理的波动。你们都说了，就按这个长方体的比例把它转换成空间，“*我就是这么干的*”。

如果这个立方体变得更瘦一点，更高一点，另一个长方体更扁平一点，向四周扩展，你就能体会得更加明确。你将面临*个性*，你创造了个性（图 51）。

然后无论你往里面加入什么，典雅或是伟岸，复杂或是明晰，所有的一切都已经定下了，你再也不能改变最先的情感了。

你们必须承认花了那么大的力气搞明白这个事实还是相当值得的。在我们的铅笔画出任何我们中意的过往样式之前，让我们重复这句话：“*我已经为我的作品定性了*。”在我们走得更远以前，让我们首先确认，调整，权衡和定义。

我们接着说建筑情感是如何继续作用于我们的精神和内心之上的：

我画一扇门，一扇窗和另一扇窗（图 52）。

发生了什么？我不得不开门、开窗，这是我的责任，是很实际的问题。但是从建筑的角度来说发生了什么？我们创造了几何的场所，我们还提出了平衡的概念。所以要小心！假如我们的平衡是虚无的，无法解决的，我是指假如我们在窗户和门的定位上失败到没有任何*真实*的东西——数学上的真实——能继续存在于这些孔洞和它们造就的表面之间了呢？

看看米开朗基罗在罗马设计的卡比多广场（Capitol）吧（图 53）。首先我们觉察到一个立方体，接着是两翼，中心和楼梯。请别忘了*和谐统领着这些不同的元素*。所谓和谐，就是关系——*整体*。但不是说同一，相反，是对比。是一种数学上的统一。这就是为什么卡比多广场是一项杰作。

我是以真正的热情来摆弄这些建筑情感中的基本元素的。看一看确定加歇别墅（Garches）中各项比例的示意图（图 54）吧。*比例的引入*，虚实的选择，通过受场地限制的建筑的宽而确定出建筑的高，这都引发出诗意的创造：*这才是厚积薄发的创造，是知识、经验和强有力的个人创造力的积淀。紧接着，充满好奇和渴望的大脑就开始解读这项原始创作的内心，它的命运早就已经被刻在了作品之上*。下面就是解读的结果，以及一些相

48

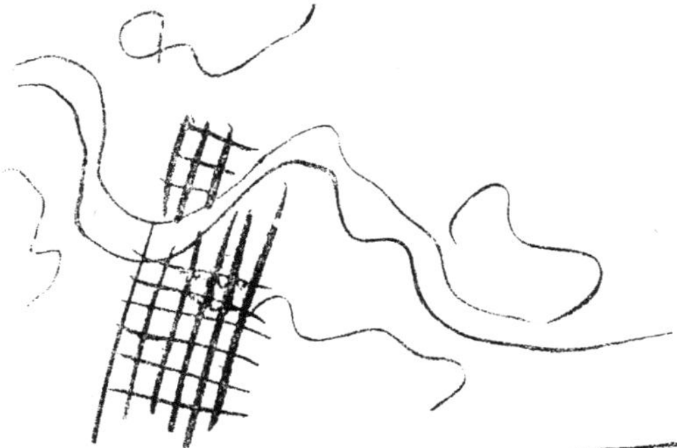

49

50

51

52

53

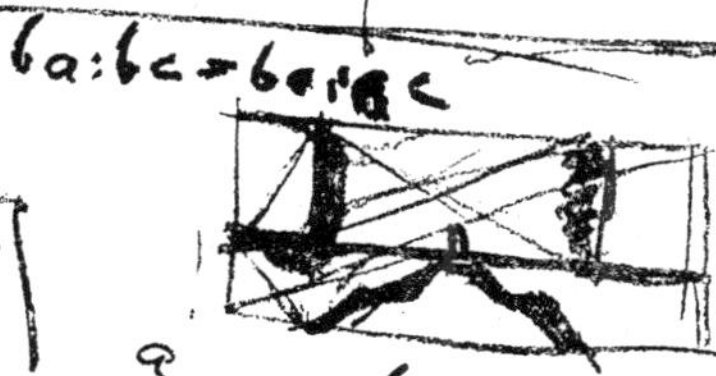

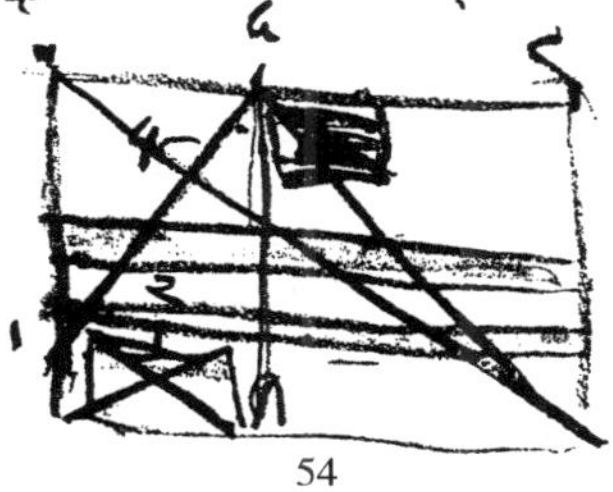

54

ba∶bc = bc∶ac

关的修正：建立在某种秩序（算术的或者几何的）之上的组合，这种秩序的基础可以是“黄金分割”，垂直正交，算术关系，水平间距为1、2、4，等等。因此这个立面的各个部分之间都是和谐的。精确性创造出确定的、清晰的、真实的、不可改变的、永恒的事物，它正是*建筑的时刻*。这种建筑时刻吸引我们的注意力，掌控我们的精神，它主宰，强迫，征服。这就是所谓的建筑之辩。为了引起注意，为了有力地占据空间，首先需要有一个形式完美的表面，紧接着在平整的表面上加上凸起或凹进的洞口，形成一种前后的运动。然后，通过窗户的开口（窗户形成的孔洞是解读建筑创作的基本要素之一），第二个层次的表面开始起作用，它释放出建筑中的韵律、尺度和节拍。

建筑的韵律、尺度和节拍既存在于室内，同时也存在于室外。

出于一种职业上的忠诚，我们觉得有义务把自己的全部精力都放到建筑的室内。当人们进入的时候，他会大吃一惊，这就是第一印象。我们为房间设计的一个接一个的尺寸，一种接一种的形式会给人留下深刻的印象（图55）。这就是建筑！

根据你进入房间的不同方式，也就是说根据门在墙上的不同位置，你的感觉将完全不同。这就是建筑！

但是你如何接受一种建筑情感呢？通过你感受到的关系。这些关系是由谁提供的？由那些物体，那些你看到的表面所提供。你之所以能看见它们，是因为它们被*照亮*了。更进一步讲，阳光对于人类的影响深深地植根于人类这种物种的特性上（图56）。

考虑到窗户的位置尤其重要，你们需要知道室内的墙壁是怎么接受阳光的（图57）。这是建筑中非常重要的一个方面，整栋建筑给人的感觉都仰赖于它。你们明白了这不再是形式的问题或是装饰的问题了。想像一下初春的时节，空中满是云彩，云随风动，你在室内，一片云遮住天空，你该多么忧郁啊！忽然一阵风把云给吹走了，太阳光透过窗户射了进来，你该多么高兴啊！接着又来了新的云彩把你困在阴影之中。在这样的春天你该多么热忱地盼望夏天的到来，夏天将给你整日的阳光！

阳光结合形式，特定的光照强度，连续的体量，都会在我们的情感上起作用，唤醒我们物理的生理的感受，科学家已经对这些进行了描述、分类和深入研究。水平的或垂直的，突兀的锯齿线和柔缓的波浪线，封闭的

55

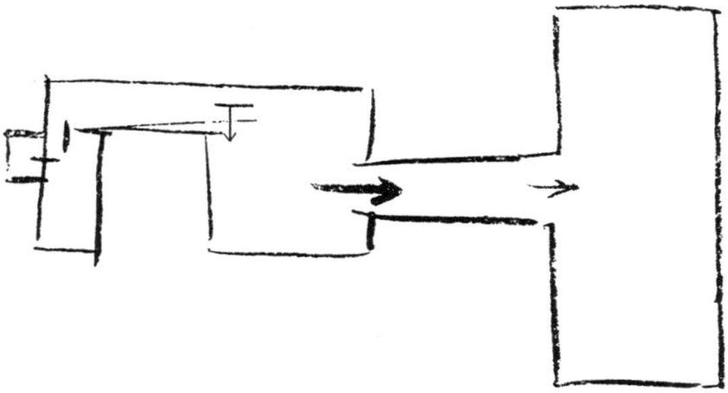

56

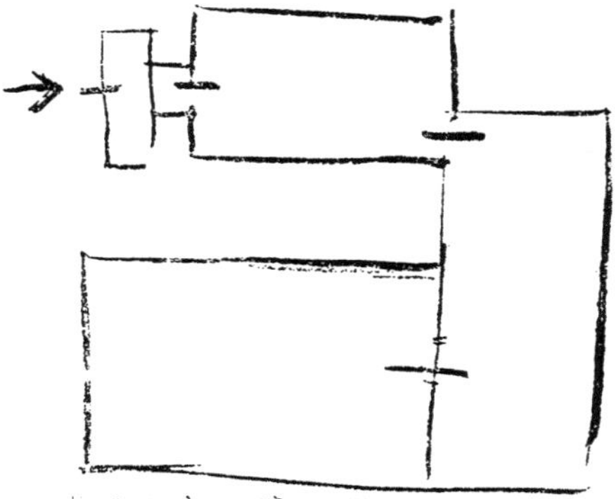

57

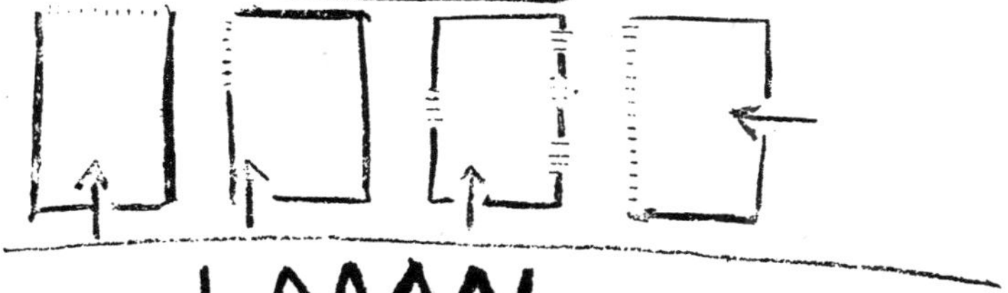

58

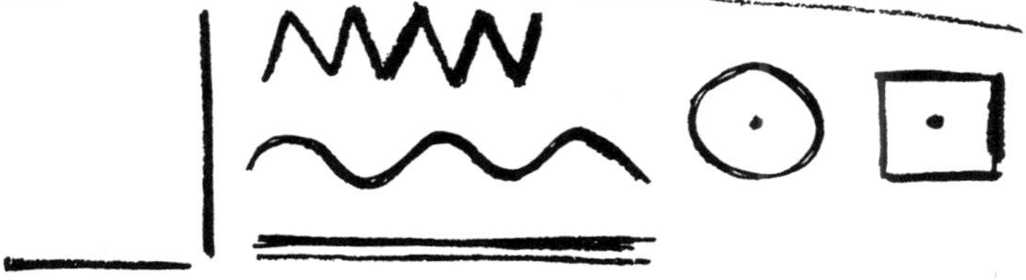

集中几何形式，圆的或方的，无不深刻地对我们起着作用，影响我们的设计，左右我们的感觉。韵律（图 58），分化或同一，连续或不连续，美妙或失望的惊喜，光明带来的心惊动魄或黑暗带来的不寒而栗，明亮的居室带来的安稳感受或满是黑黢黢的角落的房间带来的痛苦不安，热情或沮丧，这些都是刚才我画的那些东西造成的结果，它们以无人能敌的一系列印象左右我们的情感。

我真是应该好好让你们去欣赏线条的魅力，这样从今天起你们的脑子里就不会满是细小琐碎的装饰了，更重要的是，能在你们将来的建筑中建立起真正的年表来，也就是建立起*等级*来，而正是等级才能彰显出事物的本质。你们会意识到建筑的精髓在于你们选择的成败，在于你们精神的力量，而不在于材料的奢华，不在于是大理石还是稀有木材，也不在于那些装饰，装饰是在用尽一切手段后才会诉诸的，也就是说，装饰其实没多大用处。

我现在要引领你们去体会人类在他最佳的时刻所创造出的最让人惊叹的东西，我称之为*一切尺度之本*。它是这样的：

我现在身处布列塔尼（Brittany），这条线就是海洋和天空的交界线，一个巨大的水平面朝我伸展开来（图 59）。我充分享受着这片修心养性的美丽景色。右边有一些石头。那片平缓蜿蜒的沙滩让我心情愉快。我漫步其上。忽然我停住了。在我的眼睛和水平线之间，忽然出现了让人心惊的东西，一块屹立的石头，花岗石，就在那儿，直立着，就像一块纪念碑，它的竖直和水平线之间形成了绝佳的角度。这正是这片场所的焦点，需要驻足的点，因为在这里有完整的交响，有伟大的关系，有高尚。竖直给了水平以存在的意义。正是由于对方的存在自己才变得富有活力。这就是综合的力量。

我很好奇。为什么我会这么受影响？为什么这种感情曾经也出现在其他的场合，其他的形式中呢？

我想起了帕提农神庙，它伟大的柱楣有着如此震撼的力量（图 60）。恰恰相反，与这些极富感情但似乎还没完成的作品相比，鲁昂的巴特塔（Butter Tower，图 61），哥特时期炫目的拱券，虽然也有大量天才参与，但都“未尽其用”，最终是无法企及希腊卫城上帕提农神庙的辉煌成就（图 62）。

59

60

61～62

63

图 63　le lieu de toutes les mesures／一切尺度之本

所以我只用两条线就能画出*一切尺度之本*，在脑中比较了无数人类的作品后，我说，“就是它了，这足够了。”

多么贫瘠，多么痛苦，多么极端的限制！所有的一切都包含在内了，它就是通往建筑诗篇的钥匙。水平，垂直。它足够了（图63）。

你们明白我在说什么吗？

水平，垂直！我正在探索更伟大的建筑真理。我觉察到我们所设计的建筑既不是单独的也不是孤立的，围绕四周的空气组成了其他的表面，其他的地面，其他的顶棚，那种在布列塔尼让我猛然驻足的和谐存在着，它能无时无刻、无处不在地存在着。周围的一切将我包容在内，正似一间房间。和谐源于远方，存在于万物之中。我们和“风格”以及纸上漂亮的图画离得多远啊！

你们将看到同样的房子——这个简单的长方体：

我们现在在一个平原上，宽广的平原上。你们能看见这片场地是怎样与我一同设计的吗（图64）？

我们现在来到了都兰（Touraine）长满树木的小山丘上。同样的房子却又是不同的（图65）。

它又在这里出现了，衬托出阿尔卑斯山旷野的轮廓线（图66）！

我们敏感的内心是怎样去一次次体会不同的珍宝的呢？

这些固有的现实情况决定了建筑的氛围，对那些知道如何去观察，希冀从中发掘出财宝的人来说，它们一直是存在的。

还是同样的房子——立方体——它现在位于十字路口，受到周遭建筑物的影响（图67）。

它又来到了两排白杨的尽端，摆着有点一本正经的态度（图68）。

在这儿，这个房子位于一条光秃秃的道路的尽端，和它左右的树篱齐平（图69）。

最后，它忽然地，出其不意地出现在街道的尽端。一个人经过，他的动作就好像舞台上的演员一般，立即与决定建筑立面的“人性尺度”发生了密切联系（图70）。

* * *

继续*探索建筑*，我们就到达了简洁的地盘。伟大的艺术都是通过简

64

65

66

67

图 64　le dehors est toujours un dedans/外部始终是某种内部

68

69

70

洁的手段实现的，我们需要反复强调这点。

历史向我们昭示人类思维向简洁发展的趋势。简洁是判断、选择的结果，它标志着融会贯通。一个人若将自己扯出复杂的纠缠，就会发明出一种标识着清醒状态的手法。一套精神的系统会通过可见的形式变化昭然若揭。它将变成一种*肯定*，是从迷糊跨向几何清晰性的重要一步。在现代的晨曦中，在经历了中世纪的人们稳定了其社会和政治形式后，一种恰如其分的平静激发出对精神之光的渴望。文艺复兴时期的大檐口是根据场地上的种种比例推算得出的，坚决要顶着天空停住（图71）。模棱两可的坡屋顶备受指责（图72）。在路易和拿破仑时期，把“关系点”搞明白的决心愈发强烈（图73）。

这是古典主义时期，现在它又在一批知识分子享乐主义的影响下进一步得到了加强。因为过分关注于建筑外部符号的净化，它离哥特时期的虔诚越来越远。平面和剖面都开始堕落，死亡的终点即将来临。我们被它绊倒在地：学院主义。

钢筋混凝土带来了屋顶平台（图74），雨水向内聚拢（还有许多其他的建造革命）。人们真的不能再继续描画檐口了，它变成了没有生命的建筑构件，它的功能已经不复存在了。但是建筑顶部锋利纯净的线条却由此应运而生。

最后，这是设计师牢牢抓住的有用的部分：架空底层的柱廊。它绝妙地把建筑托在空中，从四边都能看见，“关系点”，“一切尺度之本”——这个被托起的立方体是这样地清晰易读，便于丈量，仿佛建筑以前就从未能被读解过。这是钢筋混凝土，钢材的恩惠啊（图75）。

所以说*简洁不代表简陋*，简洁是一种选择，一种决定，是纯粹的结晶。简洁是一种浓缩。

不再是一些尖尖的立方体的堆砌了，不再是一种不受控制的现象了，它将是有条理，完全有意识的行为，是精神的现象。

再说一句吧，为了约束一下那些天马行空的创造，实则却是小马的一顿乱蹬，我现在勾勒一下我们学术旅途的路上看到的一座美丽的城市（图76）。这儿是一个穹窿，那儿是一座钟楼或是钟塔，这儿又是一座统治者的方形宫殿。我已经为你们展示了*城市的剪影*。我们对待建筑是不是也要好似这座城市的剪影般缺乏比例，不顾后果呢（图77）？如果

72 71

73 74～75

76 77

78 79

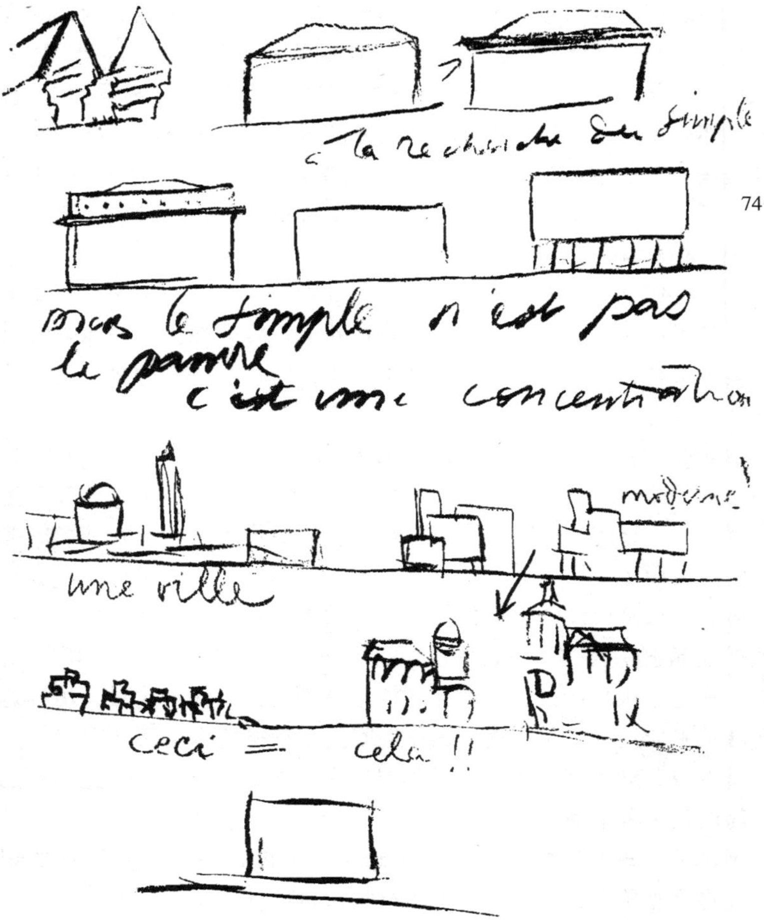

图 71、图 72 à la recherche du simple／寻找简洁；**图 73** mais le simple n'est le pauvre, c'est une concentration／但是简洁不是简陋，它是一种浓缩；**图 76** une ville／一座城市；**图 77** moderne／现代；**图 78、图 79** ceci = cela!!／这个 = 那个!!

我把建筑也搞得这样不成形，无论是在街道还是在城市里，效果都会不堪忍受：喧嚣的、杂乱的、完全不和谐（图78）。这样的话在那些缺少约束、原本出于好意而造成的后果，与现在充斥着布宜诺斯艾利斯的街道，就像许多欧洲城市一样的那些日常的、满是懒散之风和学院派的装腔作势的市场之间又能有什么区别呢（图79）？

*
* *

让我们将那些必不可少的多样性留给知识分子们，待到城市的交响准备完毕时再用。当代大量的城市和规划的问题会给城市带来新尺度的元素，不仅体现在广度上，还体现在高度上。整体将存于细部，喧哗将止于统一。

*
* *

我让建筑周围的空间开始介入，我把它的广度和长出地面的部分都计算在内：尺度、时间、耐久性、体量、韵律、数量，建筑如此，城市规划也如此。

规划无处不在。建筑无处不在。理性和热情的统一造就了鼓舞人心的作品。

理性探索方式。

热情指明道路。

从居住的机器的平面——城市或者房子——建筑的作品走入了情感的领域。

我们被打动了。

请允许我引用我最新的作品——《一栋住宅，一座宫殿》——中的一段话来结束这次的报告：

正由于建筑是一项当之无愧的事件，在创作中乘风破浪，所以原本被结构的牢固和舒适的需求所占据的精神，发现了自己在一种更高目标的指引下得到了提升，而不仅仅只是简单地去服务，它试图彰显那股鼓舞我们，给予我们欢乐的诗般的力量。

第四场讲座
1929 年 10 月 10 日，星期四
精密科学学院

人性化尺度的住所

目前所有的国家都面临这样一个问题，工业革命把人群集中到了城市里，但却没有足够的房子给他们住。无须多费唇舌：事实就摆在眼前，住宅数量不够的问题显而易见。另外，节约自然是必需的，我们都已经知道其中的原因。

但是却只有建筑得以抽身于工业化之外。解释如下：学校里的教育都被学院派把持着。他们经营过去。政府将一种只求倒退的建筑理念和建筑认证强加在公众之上，使其至今仍在全身心关注除了检验当下信仰外的其他一些事情。公众只能一味地接受，至少它有很强的容忍力。专家们建造房子，从中衍生出一系列相关产业，它们给议会和部长们施加重压。部长依赖于研究院（神圣的权威），给出官方的委托——这自然不会让你感到讶异——它决定了价值取向和标准，地方市政厅的、学校的、无处不在的建筑指导原则。这种恶性循环牢不可破。这就像是佛祖在凝视自己的肚脐。

阿，请容我打断一下，现在问题是人们没房子住！正是由于这种建筑的教条和实践，*导致了不可能造得出当下的国家经济条件允许的房子来*。这一点我也无需多说。

经济体制这样回应研究院："不，我没有什么大笔的秘密款项给你!"

我们已经走到死胡同里了，必须找到一条出路。如若不然？革命。

我们可能倒也是应该在建筑中掀起一场革命来了。

*
* *

事实上，这就是一个人人有居屋的问题。大体上就是家的问题。

要安置一个人就是要保证他能拥有一些必要的元素，这和文艺复兴时期的维尼奥拉先生，和希腊人，和诺曼底的诺曼人都没关系。它是要保证：

1）照明良好的地板；

2）庇护和隔绝人群、解决过冷、过热的问题，等等；

3）房子里面不同部分之间最快的交通联系；

4）顺应于我们这个时代的一些居家事物的选择。

这些不同的元素构成了一个有机的物质结构，在1921年被我浓缩地称作“居住的机器”（《新精神》杂志）。这个称法立刻招来非议，今天我被左右夹攻：一边当然是*学院派*（可怕，我亲爱的同僚们，真是让人又怕又憎）；另一边是（是误解，因为我发现他们的指责在假设上就存有错误）先锋派（“这个人已经玩起了表面功夫，背叛了居住的机器”）。但是这都没关系，这不重要。

如果这个说法会让人不满，那是因为它包含了“机器”这个词。“机器”在人们心中不可避免地代表了功能化、效率、工作和生产。而“居住的”这三个字，则准确地表达了道德规范、社会标准和现有组织，这也是引起最多非议的部分。

在这个世界上，社会的各个阶层对于*居住的原因*的阐述是不尽相同的。

这样叫人怎么能在规定的时间内把这个问题讲透彻呢？不可能。尽管如此，这却是最吸引人的话题。我在先前的几次讲座中已经涉及到它了（往后的几次也一样）。当我的十次讲座都结束以后，你们相加便能得出我在这个问题上的看法。

在今天的这次讲座中，为了系统地寻找人性化尺度的住所，我将作一些案例分析。通过这些案例我们可能会得到一些启发。

我以我在远洋轮船上的生活作为开始：从波尔多（Bordeaux）到布宜诺斯艾利斯的十五天里，我与其余世界之间的联系全被切断了，和我的理发师、我的洗衣女工、我的面包师、我的蔬菜水果商、还有我的屠夫都断了联系。我打开我的箱子，住在我的房间里，我现在是一个租了一间小房子的绅士。

这个就是我的床，看着像是抬起的沙发。我是要睡在上面的，当我们穿越热带的时候我要在上面小憩。这儿还有一个床位，不过就我一个人。这儿有一个衣柜和一面镜子［这是学院派的人们——像是维尼奥拉先生——的日常生活中也要用到的一件家具，大抵不过是一个时代错误。然而在这里，法布·圣安东尼的制造商们（Faubourg St. Antoine）却不得不在限定的尺寸中设计，因为我们在海上……房间贵得很］。这个衣柜远可以设计地更好，不过它却相当实用。对着它在两张床之间有一张桌子（如果愿意的话也可以把它当作梳妆台），有三个宝贵的抽屉。地上铺的地毯让人可以光脚在上面走（光脚走非常舒服）。我穿过一扇小门，后面是一个很大的洗脸盆、一个放内衣的柜子、几张放洁具用品的抽屉、几面镜子、大量钩子和各种电灯。

我再穿过第二道门，里面有一个浴缸、一个坐浴盆、一个坐便器和一个淋浴喷头，地漏就直接安在地面上。

我还有一部电话，从床上和桌子边都能够得着。

这就是全部了。尺寸：卧室 3 米 ×3. 10 米。一共是 5. 25 米 ×3 米 = 15. 75 平方米。记住这些数据。

这些就是提供给一些重要人士旅行时居住的所谓“豪华”住所。

一个人在这样的环境中依然能过得很愉快，他可以干一切平时干的事情，睡觉，洗漱，写作，阅读，邀请朋友过来坐坐，都在这 15 平方米里解决了。你们可能会打断我说：“那好，吃饭呢？厨房呢？厨子，贴身的男仆女仆呢？”我正等着你们这样问呢！事实上，这正是我马上要说的问题。

食物？这个我不担心。这是餐厅的工作，他们那儿有冷藏库、厨房、炊具、洗碗机等等，还会有一大批雇员来帮忙完成这项任务。在这艘船上差不多有 1500 ~ 2000 人。我们假设厨房里有 50 个人在工作，那么为我服务的，属于我的人数是 50 ÷ 2000 =*1/40 个厨子*。女士们、先生们，我只雇用了 1/40 个厨子，我找了让 1/40 个厨子来为我提供我想要的服务的法子。噢，佣人危机就这样被解决了！但是这问题还没完：*我都不需要去为我的厨子操心，我和他一点关系都没有，我既不向他发号施令也不用给他钱让他去市场买菜*。我甚至可以，如果你们愿意的

话，在讲座完了以后邀请你们一起去用晚餐，你们能品尝到莫斯科的鱼子酱，阿根廷的putchero，布雷斯（Bresse）的鸡肉，能喝到黑啤酒或慕尼黑啤酒，还能开一些富利堡的香槟（Veuve Cliquot）！这对我来说都不成问题！

每天早上7点钟，我那位彬彬有礼，非常能干的贴身男仆首先把我叫醒；然后他替我拉起百叶，打开窗户；接着，他会给我端来一份巧克力。这时候，我或是读些闲书，或是写点东西，有时候还要出去伸个懒腰，散散步。而与此同时，我的男仆已经将我的卧房、卫生间和浴室整理得干干净净了。到了下午，他会为我递上一杯暖茶和一份当天的船报。晚上7点，他准时熨好我的晚宴礼服。而当我酒足饭饱回来的时候，他已经铺好了我的床，为我点上了夜灯。这一切都不用我去操心。天呐，生活多么简单！

我的贴身男仆同样服务大约20名旅客。所以我所占用的只是*1/20个男仆*。生活的成本迅速降低！这种情况下我们真的可以负担得起佣人。直到目前为止，我只雇用了1/40个厨子和1/20个贴身男仆，总计是3/40个佣人！生活的成本多么低啊，我要重复一次，向我自己重复。我重复的次数太多了以至于我总是会去仔细思考这个问题，有时候甚至能感受到克里斯托弗·哥伦布鸡蛋*的白白的圆圆的顶。

让我们继续我们的发现：“约翰，这儿有一些我的衣服，后天帮我拿去洗了吧，还有等会儿我去理发的时候，替我把裤子熨一下。”

云云，云云。我还能和你们说些其他的，不过你们已经有了大体的印象了。

旅客们对公司提供的种种便利相当满意，我的房间即使归入“豪华”的等级也只有15平方米。我雇佣了3/40个佣人。我不用担心他的生计。我不用去知道约翰是不是吸烟，是不是爱读书，还是想去看电影。凌晨两点的时候，我给约翰打电话，电话那头会说：“约翰睡

---

* 哥伦布从西班牙出发，历尽千辛万苦终于发现美洲新大陆。他于1493年返回西班牙后，受到群众的欢迎和王室的优待，但也招来了一些贵族和大臣的嫉妒。有一次宴会上，有人大声宣称：“那个地方没什么了不起，只要有船，谁都能去。”哥伦布没有正面回答，他手拿一个熟鸡蛋说：“谁能把鸡蛋用小的那一头竖起来？”许多人试了以后都说不可能。哥伦布将鸡蛋放在桌子上轻轻敲一个小洞就竖了起来。于是有人又说：“这谁不会？”哥伦布说：“在别人没做之前，谁都不知道怎样做。一旦别人做了以后，却又认为谁都可以做。”——译者注

了，我给您派另一个人过来吧。”于是保罗出现了。“保罗，要好好地……”

那儿有冷藏库，有厨房，有加热设备。那儿有大量的冷水和热水。我的保温瓶里还有冰水。那儿有一间人们身着盛装赴宴的豪华餐厅。不过对我来说很无聊，所以大多数的时候我和另一些志同道合的人在一间小餐厅里进餐。那儿有数不尽的领班，侍者，斟酒的侍者，他们当你是新娘子一样服务。那儿有一间洗衣房和若干熨衣间。那儿有一部很大的电话总机，回复你的每一个请求，为你指派服务人员。那儿有一间邮政电报局……

在这艘7~10层，总共装有2000人的轮船上，我还注意到了一些其他重要的事情：从上述的私人房间出来，经过一条小小的私人走廊就能走到一片很大的步行区域上，*类似于林荫大道的*甲板。

在甲板上人们会彼此邂逅，这就好像在林荫大道上，或者就像是在你们的城市的佛罗里达大道（Florida Street）上一样（图89）。另外在船顶还有一条林荫大道（塞满了货真价实的救生船），这就好像城市建筑顶上的一个巨大的屋顶平台。在轮船内部，有许多街道，每层有两条，被命名为里约热内卢、布宜诺斯艾利斯、蒙得维的亚，街道两旁的舱门上则标有一系列的数字，这就和平常见到的城市里的房子一模一样。这些不在地面上的道路让我非常愉快，它们和我创造出的，尽管是受到另一种思维启发的“架空街道”有同样的内涵。

我现在告诉你们的真是再寻常不过的了，无论在地上的还是海上的旅馆里面都很常见。但是一想到我们的居家生活就会*让人大吃一惊*，想要把上文提及的这些东西融入到那些身在现代，但却依然被困在工业革命前的房子里的人的日常生活中去真是痴人说梦。

所以，尽管自*由出现*在我们这些奴隶面前，解决的办法就近在咫尺，经济学、社会学、政治、城市规划和建筑都把我们推向它，我还是不得不承认有些严肃的傻子（我坚持要用这个词组）对这些建议愤慨不已。他们叫嚣着人权，他们居然还引用“*自由*”!!!

我已经向你们解释过公共服务的问题了。一间人性化尺度的住所：15平方米。现在让我们占用一块10倍大的地盘，显得不那么紧张：150平方米。然后我们拿掉里面所有不需要的东西。

一些过时的理念使我们的生活条件越发虚伪，我们给自己的房子套上了虚伪的假面，我们把租金抬高了 2～5 倍。除了这些，我们还要支付佣人的薪金，还有一些他们引发的连带支出。在家里我们是不是有一位面包师为我们烘烤面包，一位点心师为我们做蛋糕呢？这些例子正好能用在我上文的论证中。我们其实没有认真思考，我们还没有顺应时代，我们依然保持了前工业时代的学院派的思维和习惯。

现在我们要讨论公共服务的核心问题了。现代的城市规划和居住建筑正是建立在其精确的组织上。建筑问题的尺度会发生变化。如果是一栋私人的房子，它的立面有 10 米、20 米或者 30 米的话，那它就是个怪物了。这意味着把钱投到让人不愉快的环境中（先不说外观的问题），这意味着固执地增加一些我们其后时代再也用不到的低效手段。

与此相反，住宅、办公建筑、车间、工厂（可以被归到照亮地面空间的类别中的建筑）将采用新的建筑形式，将运用标准化、工业化和高效率的建筑手段。我们要减小建筑的体量，降低住宅和办公建筑昂贵的成本，这样我们就能减少一半的建造成本。通过这个方法，我们能在城市规划中解决交通问题［这就像是一组河网，或是一套动脉系统，一方面有小溪、小河、河口，另一方面还有一些沿着河岸可随意停靠的港口（停车）］。从建筑的角度来说，就是要给城市留下最大最宏伟的景观，遍植最美最实用的植被。顺着我们的思路走下去，我们需要把现有的建筑工业从它的前工业时期中拉扯出来。建筑将不再是一个季节性的工业，不会受到坏天气的影响。我们造的房子将由标准的构建组装而成，这些构建都在工厂预制，通过工业化生产臻于完美，就好像汽车的车身，只需要一些*工人*现场拼装，无需什么砌工、木工、钢板工、屋面工、石膏匠、连接匠、电工，等等，等等……

啊，不过那些商会会怎么想呢？

*人性化尺度的住所*是这场演进过程中的基础。

现在让我为你们解释将要用到的方法。通过 20 年孜孜不倦的研究，我们已经得到了一些确凿的答案。

对我来说这一系列的研究可以一直追溯到我 1907 年时造访的佛罗伦萨附近的爱玛天主修道院（the Carthusian monastery of Ema）。在托斯卡纳（Tuscany）如画的风景中，我看到山顶居然有一座*现代城市*，像一顶王冠般地覆盖在山头。这片风景里面最伟大的剪影就是修道士们一间间住所的屋顶，像一顶顶王冠般连绵不绝。每间住所都在平地上有良好的景观，同时面向低地的封闭花园开敞。我想我还从没见过住宅也能表达出此般快乐。每间住所的背面都有一扇小门，面向一条环形走廊，而这条走廊其实是有屋顶的拱廊。修道院就通过这种方式运转——祷告、造访、食物、葬礼。

“现代城市”从15世纪开始就已经存在了。

它辐射状的形态始终伴随着我不曾远离。

1910年，当我从雅典回来时，我又一次在爱玛驻足。

1922年的某一天，我向我的合作伙伴皮埃尔谈起这个问题，我们在一张餐厅菜单的背后画出了*别墅公寓*（联排住宅），这个想法就这样应运而生了。几个月后我们在秋季沙龙（Salon d'Automne）的城市规划部分展示了更为详细的平面（“一座300万人的当代城市”）。紧接着，在1923~1924年间，我们又进一步深化了这个想法。我在《城市规划》（Urbanisme）一书中解释了什么叫机械化，住宅已经机械化地集合为城市社区了。人们对空中花园提出了一些反对意见，主要是它们缺乏阳光，等等。1925年，在“装饰艺术展”（Decorative Arts exhibition）上，尽管受到政府的反对，尽管遭遇到展览方为我们设下重重陷阱，我们还是为自己的别墅公寓建造了一个*1:1*的单元，也就是新精神馆，它以其在城市规划方面的全面涵盖（300万人的城市的透视图和被称为瓦赞规划的巴黎中心的透视图），挑起了对展览本身（装饰艺术）的宣战，同时为大城市即将来临的危机提出了解决的方案。在干完了这项工作后，我们再次深化我们的研究，我们“加速发动机”，从我们的解决方案中提取本质，将问题转化成我们一直梦想的领域：*预制住宅*。1927年，作为国联竞赛厮杀的结果，一位年轻富有活力的日内瓦商人，华纳先生（Mr. Wanner），想让我们帮助他将我们“住宅”中的原则运用到工厂里去，耐心谨慎地推动事物的运转，最终创造出一项对得起机器时代的产物来。

一个想法需要时间，提出想法的人则需要坚持和顽强：1907~1927年！

在此期间，在1914年佛兰德斯（Flanders）的第一次破坏中，我在当代住宅的问题上形成了比较清晰的看法。问题如下：战争将持续3个月（因为战争的手段使它不可能持续更长时间。政府看得很明白！）重建工作在6个月以内就能完成。在这之后生活又会重返正轨！

为了回应这个项目，在这个除了劳埃德·赖特（Lloyd Wright）伟大的美学发明和奥古斯特·佩雷（Auguste Perret）健康的良性创造以外，建筑美学企图在传统的建造方法中找寻不稳定的革新的时刻，我构想出一些全新的东西，它是作为一个整体酝酿的，在社会的、工业的、美学的层次上全方面起作用，它提出的几项原则在之前的讲座“技艺是诗篇的基石”中已经有所提及。不过我还是要向你们坦白，我对于这个系统的完全认识是最近才形成的，正是受到我们自己提出的种种问题的影响，村落、租赁房、别墅公寓、国联大楼、莫斯科的中央局大厦、世界城，都把我们引向一条通用的理论，“建筑整体性研究”（《一栋住宅，一座宫殿》的副标题）。这又是一段很长的时期：1914～1929年。

这是我1914年提出的解决方案，“多米诺住宅”（the Dom-Ino Houses）。我仔细研究了佛兰德斯一些著名的历史住宅建筑；画了些草图；我发现它们都是玻璃房子：15、16、17世纪（图80）。然后我幻想这个场景：施工单位利用高超的现场工艺，不费一钉一铆就能浇筑出整栋房子的框架来：6根柱子，3层楼板，以及楼梯。尺寸：6米×9米。标准柱的4米柱网，悬条楼板的上下两面都有出挑，高度是4∶4＝1米。这难道不是一种恰如其分的表皮吗（图81）？

在这些结构框架中，我尝试了无数种平面组合。一切都有可能（图82）。

这样很自然地我就发明出了带形窗和窗墙（图83），不过我自己还没有意识到。

事情紧接着会这样发展：一旦施工单位浇筑完了结构骨架，那些无家可归的人们就可以以自己的想法，用被烧坏的材料来装饰自己的家。他们将从建造公司购买标准的组合窗、衣柜（图84）、组合抽屉、门，其模数化的尺寸将能在各个方面形成数不尽的组合。这将是一种全新的局面：门和窗不再是塞入到砌块的开口中去了。不，以后的门、窗、衣柜，凭借标准的柱网和层高，将很容易地从一开始就定好位置。当这些元素各就各位以后，*才围绕它们*砌墙，也就是说，墙是填充的。

80 81 82 83 84

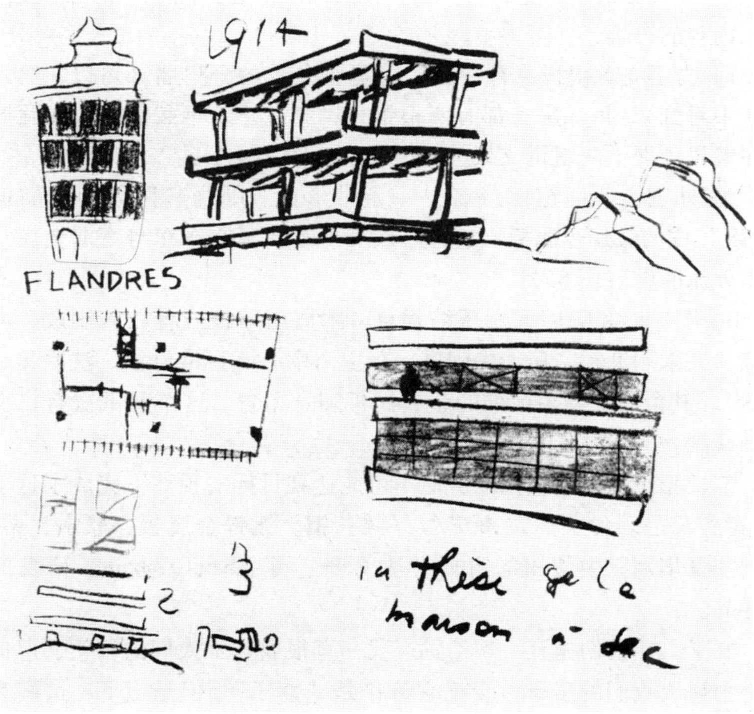

图 80　1914/1914 年//FLANDRES/佛兰德斯；**图 84**　la thèse de la maison à sec/住宅由标准构件拼装而成的假设

咳，15 年后的今天，我们终于能彻底实现这种以标准结构和自由平面为基础的大规模生产的房屋住宅。我还没有意识到这一点，主要是因为我们同时还陷在其他一些棘手的项目中。

今天，我们踏上了正轨。1928 年，劳工部部长卢舍尔先生委托我们研究 45 平方米的小住宅，“卢舍尔［低成本住宅］法令”的样板房。

内容的分类：

1）为了支承楼板：有一面“冠冕堂皇”的分户墙（可以在第二次讲座中看到）；每栋房子都有两根钢柱，穿过建筑承载屋顶。泥瓦匠已经在墙里预埋了两组钢支架，每组两个（图 84a）。

2）外墙：一面窗墙或者是一条带形窗。围绕其四周的是类似于“蜥蜴”皮的镀锌金属板，它曾经成功地解决了汽车车身弯曲金属片的雨水分流问题（图 85）。

3）围护墙和隔墙采用压缩稻草、木屑压缩板或者软木制成，内表面和顶棚采用夹板。房子中间有一个卫浴中心（标准淋浴、洗脸盆、坐便器）。其余的部分用标准的金属橱柜随意布置，这个我下次有机会会详细谈到。

部长相当高兴。我们在看似不可能达到目标的预算下完成了这项任务。*我们只是采用了少量昂贵的材料*：钢、镀锌金属板、软木、夹板；我们在豪华别墅中使用的窗户是圣戈班公司（Saint-Gobain）研发的专利样品。

好了，让我们抛弃一切幻觉。我一直很欣赏工人们的精明，但他们一定会讨厌我们的房子，会把它称作是“盒子”。但是当下，这些为了响应卢舍尔法令（Loucheur Law），通过拼装框架（图 86）建成的“低成本住宅”是造给贵族和知识分子使用的。我们不能省略循序渐进的发展步骤，我们需要看一看我用来解释社会等级的本质时采用的金字塔，尽管总爆发革命，但是这个金字塔是不会变的（图 87）。金字塔的底部是广大的好人，当前他们正被包围在最典型的浪漫主义之中，它所谓的质量是建立在 1900 年之前的那一代人所认为的奢侈的形式之上的。现在依然存在的大量的亨利二世餐柜，带镜子的衣柜都是为这一批人所生产的。这些旧时代的庞然大物甚至连我们房子的门都进不了。现代住宅依然在等着那些伯乐们的出现。

84a

85

86

87

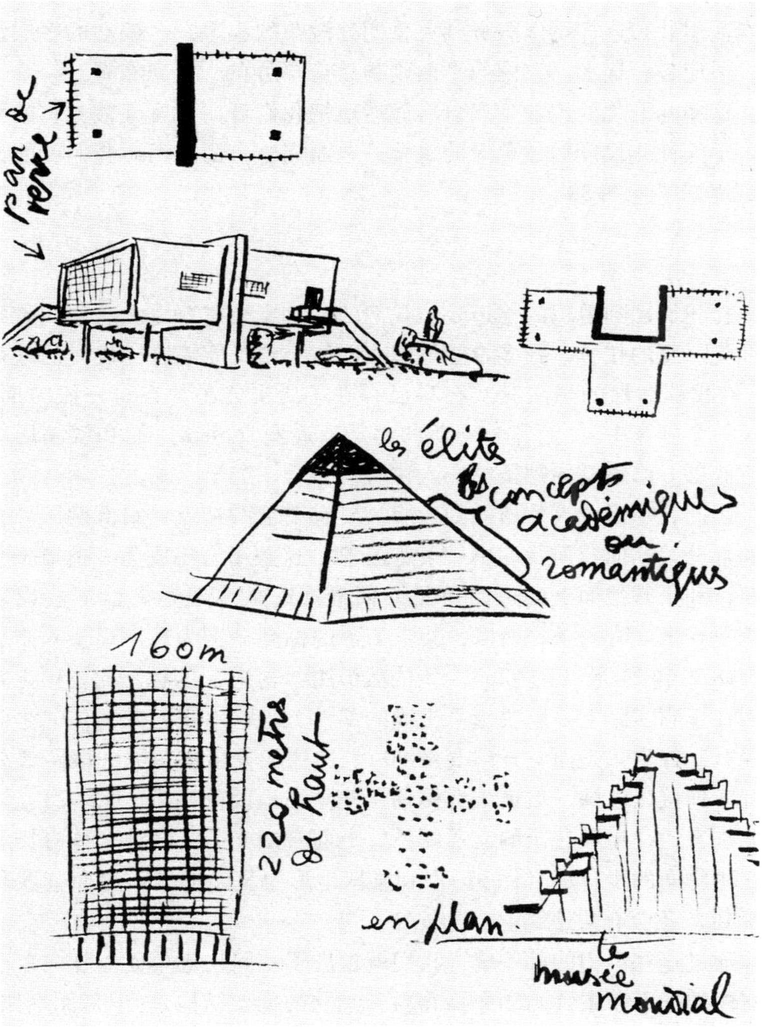

88

图 84a　pan de verre／窗墙；**图 87**　les élites／精英∥les concepts académiques ou romantiques／学院主义的或是浪漫主义的概念；**图 88**　160 meters／160 米∥220 mètres de haut／220 米高∥en plan／平面∥le musée mondial／世界博物馆

在我撕了这页纸之前，请再一次注意我们已经达到的阶段：工厂生产的房子、标准化、大量生产、高效率。它们通过铁路运往*四面八方*，由专人组装。这样可以服务到大量四处散布的小客户。架空的底层让它可以适应各种地形。室内的平面则是*完全自由*的，任意布置。

这些标准化的工业生产自然而然地把我们带向了摩天楼：它的形式取决于人性化尺度居住单元的重叠。地面完全自由。稍后我们就能谈到城市规划了（图 88）。

*
* *

让我们回到爱玛的修道院和我们的“别墅公寓”中去，它们是两种人性化尺度的住所。我多希望你们也能体会当我能够这样说时的兴奋之情：“我革命性的想法其实在早已存在于历史之中，在每一段时期内，在每一个国家中。”［佛兰德斯的房子，暹罗（Siam）的和滨湖居民的架空底层，修道院内神圣的个人住所］

因此我想像个人住所的剖面应该要有以下的特点：它有两层。在较低的部分，朝向背面我切出一条*街道*来。这条街道将成为一条架于空中的路，和平常地面上的道路不是一回事。这条“架空街道”会反复出现，每 6 米就有一条，所以，架空街道的标高分别为地面以上 6 米、12 米、18 米和 24 米（图 92a）。我依然沿用“街道”的称法而不用走廊的原因在于它实际上是解决水平交通的部件，与它串联起来的住宅之间完全脱开，住宅只是向它开门（图 90）。这些架空街道每隔一段距离就被断开，连接以电梯、坡道或者楼梯，建立与地面的联系（图 92）。同时那儿也有通往屋顶花园的交通联系，上面有阳光、游泳池、体育场和穿插在植物间的步行道（图 91）。在某些地形很复杂的城市里面（我稍后会提到）还会有快速路。

通过这些门中的某一扇，我们就走进了一间住宅单元。住户自己选择室内的平面布置（自由平面得益于独立的框架结构）。但是无论如何，在前立面上，人们总是会遭遇一面窗墙。而当起居区和就餐区相互重叠的时候，通过微妙的组合就能产生出一个在双重标高上的视角。

对这个居住单元来说最为重要的一点是有一扇门可以通向一个花园。这个花园是在“空中”的。它的三个面都封闭。我们已经在 1925 年所建

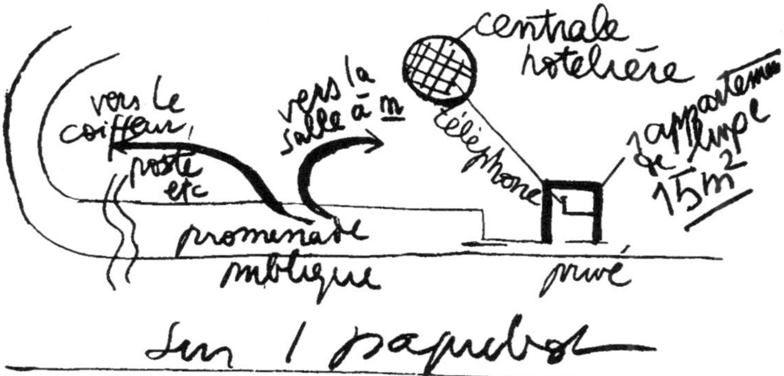

89

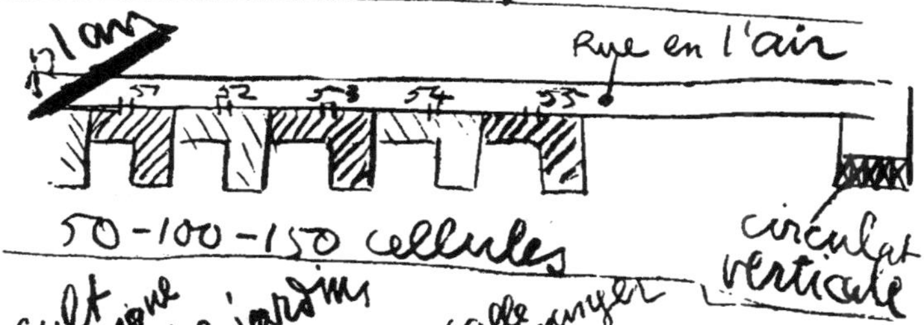

90

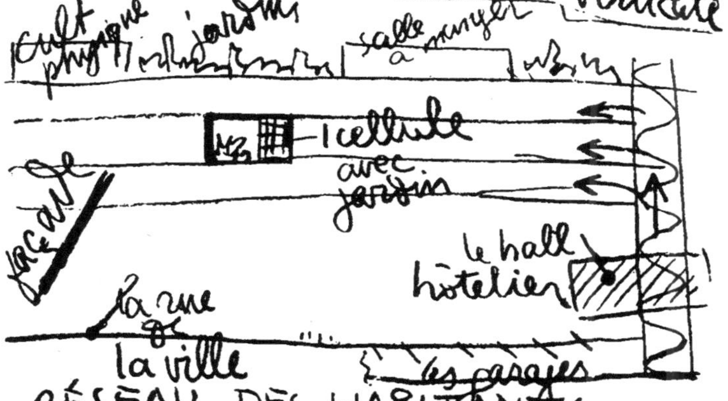

91

图 89　vers le coiffeur, poste etc. /朝理发店、邮电局，等等//vers la salle à m. /朝餐厅//promenade/散步甲板//centrale hôtelière/中央酒店服务//téléphone/电话//1 appartement de luxe $15m^2$/一间豪华客房，15 平方米//publique/公共//privé/私密//sur 1 paquebot/在一艘远洋轮船上；**图 90**　plan/平面//rue en l'air/架空街道//50 – 100 – 150 cellules/50 – 100 – 150 住宅//circulation verticale/垂直交通；**图 91**　cult. physique/体育馆//jardins/花园//salle à manger/餐厅//façade/立面//1 cellule avec jardin/一间带花园的住宅//le hall hôtelier/酒店大堂//la rue de la ville/城市街道//les garages/停车场//RÉSEAU DES HABITANTS/住户网络

的新精神馆中表现过这种花园的伟大之处了。我坚持：空中花园对我来说就是一种呼吸新鲜空气的现代手段，这是一个家庭日常生活的核心。人们可以光脚走在上面，避免得风湿，同时头顶上还有庇护，免遭阳光直射和雨淋。作为实证，我们在加歇和普瓦西（Poissy）的住宅中都造了一个类似的花园。那是一个很实用的花园，也不需要维护。这个用来*呼吸新鲜空气*的花园，将会反复出现在庞大的住宅体块上，事实上就是一块真正的空气海绵。

花园把一个住宅单元和它的左邻右舍相隔开。让我们再重复一次一个住宅单元的标准元素。在立面上，你们能看见窗墙垂直拼接；其旁是打断窗墙的水平隔墙所造成的强有力的建筑效果。

现在让我们画一下剖面。绿色的粉笔代表花园，红色的是居住部分，黄色的是架空街道，其上有步行道相连接，一直通向垂直交通核再向下抵达大型的公共服务大厅。继续往下是停车场，每个人都能找到自己的车（图 92、图 92a）。

在同一张剖面图上，让我们来研究一下另外一块黄色的部分，也就是公共服务的部分。我们沿着它的长向重新再画一张剖面图（图 93）。*公共服务车间*。我已经向你们描述过远洋轮船上的优势了。你们应该能理解我的想法！让我们用紫色来代表将这些服务传送到每一个住宅单元的垂直交通。

我想我们应该就此打住了，但是请注意这一点：在这样的房子里面，一种新的模数决定了整个立面。这些被花园的大开口（6 米）所丰富的窗墙带来一种全新的建筑景观。整座城市的面貌都会得到改观，城市规划的尺度将会建立在建筑的 6 米模数上，而不是现在的 3 米。

请你们今天都记住这些重要的事实，因为以后我会向你们展示我们在规划一座大城市的时候怎么能通过增加地皮价值来挣钱（而不是花钱），怎么能找到解决一座地形复杂的大城市的交通问题的方法，最终怎么能通过这种方法创造出不曾期冀的自然与建筑之间了不起的关系来。

我们已经提到过，是不是建筑业必须放弃*小型*的私人建造，才能在其方法和机器时代的精神之间建立起和谐的关系来。住宅不应该是以米来建造的，*而是应该以千米*。

92　　92a

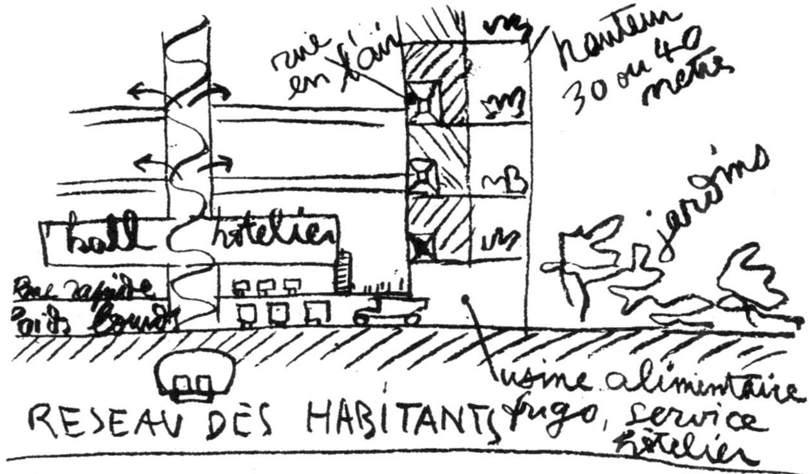

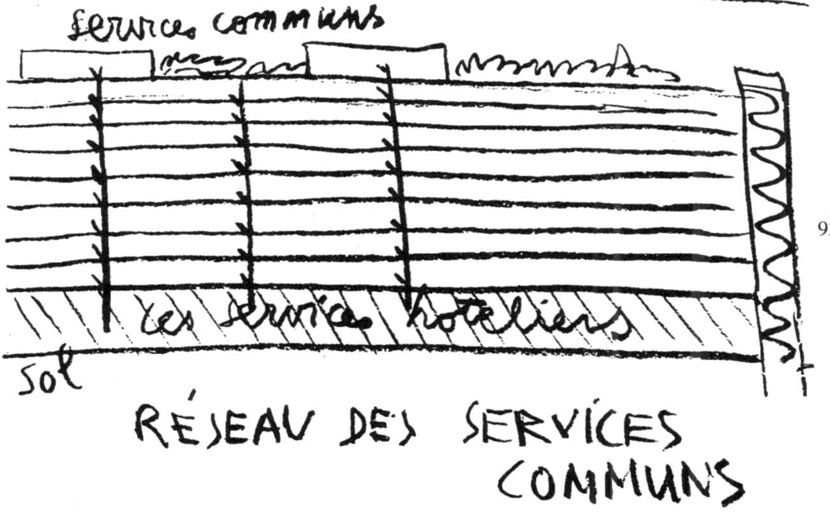

93

图92、图92a　rue en l'air/驾空街道//hauteur 30 ou 40 mètres/30 或 40 米高//hall hôtelier/酒店大堂//rue rapide, poids lourds/高速路、卡车//jardins/花园//usine alimentaire frigo, service hôtelier/食品工厂、冷藏库、酒店服务//RÉSEAU DES HABITANTS/住户网络；**图93**　services communs/公共服务//les services hôteliers/酒店服务//sol/地面//RÉSEAU DES SERVICES COMMUNS/公共服务网

*
* *

在标准的住宅设计中对于经济的终极追求将我们引向超越仅仅是建造一间庇护所。这样的住宅必须能大量组合，此项责任把我们带往一个从未想到过的解决方法。我们要生存，要能在“照亮的地面”上活动，要能在“呼吸新鲜空气”的花园里呼吸，要能在配有集中服务的住宅中生活，要能在“架空街道”上快速有效地解决交通问题，这些与当下的状态相比早已是巨大的进步了。

现代生活——办公室和工厂——由于其久坐的工作制度，以及缺乏一定量的物理锻炼，不仅削弱了器官的功能，同时也造成神经系统的退化。于是乎自发地产生了体育运动。虽说体育占据了多数人的精神世界，实际上却只有一小部分人在实际运动。老实说，它算是什么呢？答案是相当有趣的：体育，就现在来说，是5万个贫血的人，在身体条件极差的情况下，一起纠集到体育场，观看20名强汉锻炼自己的二头肌和小腿肌：这就是体育场所扮演的角色。当一座城市修建了一个体育场后，其领导人就会宣布：“现在我们为体育作出应有的贡献了。”

体育应该是经常性的，每天的，或者至少是每周两次的运动。如果我们不想规避这个紧迫的事实的话，那我们就必须*在住宅的底部安排运动的场地*。除此以外我们还会发现，通过对现代规划的研究，一座健康的城市需要配有巨大的交通网。现代技术，通过建造高层或者是“公里”长的建筑，为我们提供了完全自由的地面，同时通过逐渐增加人口密度，还能缩短各部分之间距离。

我们需要新的想法，可变的，独具匠心的。下面是我比较喜欢的一种，因为它从社会的视角给我们带了许多值得称赞的可能性：

我画一个400平方米的正方形，就像规划师在一座新的花园城市中通常会划拨给每一栋房子的地块一样（图94）。这些地块通常会沿着笔直的或者弯曲的道路布置，小房子就是大量红色的点。由于其混乱无序，我把它称作是霰弹式发展（shrapnel development，图95）。不过稍后绿化挽救了一切，我们又重拾信心了。政府委员会满意地说：“我们完成了一项充满爱心的工作。”至少他们是这样认为的。

严重的错误，纯粹的幻想：工人和他的妻子被迫受苦。他们的花园？那意味着额外的工作，对他们的身体来说是相当沉重的负担。这种

94　96　96a

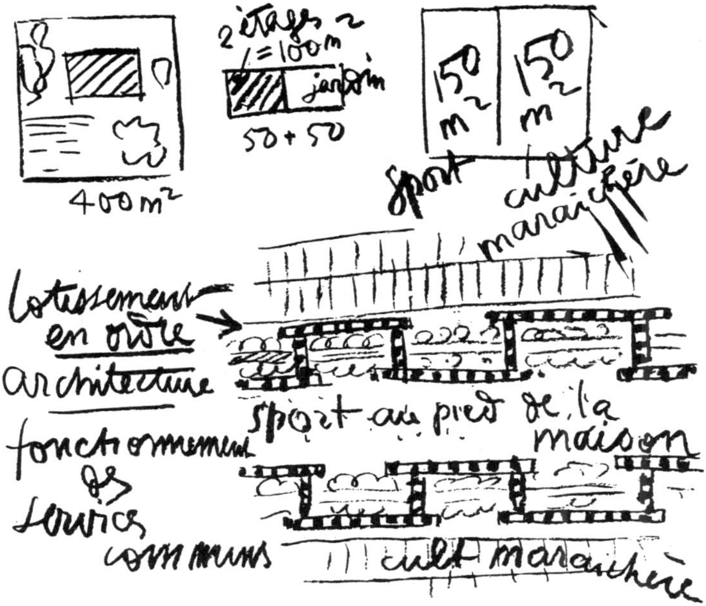

97

97a

95

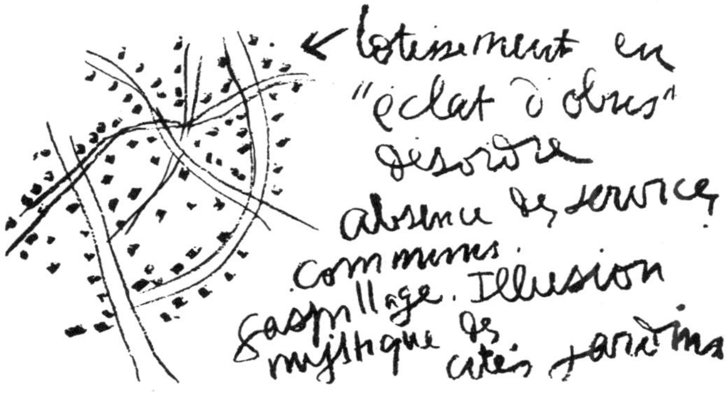

图 95　lotissement en“éclat d'obus” désordre, absence de service communs, gasspillage, Illusion mystique des cités jardins/“霰弹式”的总平面，无序，没有公共服务，浪费。花园城市的奇妙幻影；**图 96**　2 étages/两层//jardin/花园；**图 96a**　sport/体育//culture maraichère/公摊花园；**图 97、图 97a**　lotissement en ordre/有序的总平面//architecture/建筑//fonctionnement des services communs/公共服务的运转//sport au pied de la maison/在住宅底部运动//cult. maraichère/公摊花园

造园的举措是相当*蹩脚*的。花园反而导致身体虚脱。“好好照料你的花园！”有许多的相关书籍和顺带的生意。众多色彩艳丽的海报和传单，漂亮的书籍和精妙的讲座，都是在努力维持这场虚幻和风湿病。

住宅应该依托于*公共服务*，同时体育应该成为日常的活动。这里有一套方案，能实现位于*架空街道*上的住宅和它们呼吸空气的花园：我假设住宅部分是50平方米（两层=100平方米），空中花园也是50平方米（图96）。我把住宅和它们的花园一个一个叠起来，叠到30米高。在剩下的300平方米里面，让我们划出150平方米给体育运动。把这些原本属于各家各户的150平方米组合在一起对体育运动来说大有好处（图96a），这让我们能够*在建筑的底部*布置一系列不受干扰、连续的运动场地。一名工人回到家中，他换上自己的运动服，在家门前找到自己的团队和教练，他的妻子和孩子也一样。在这些花园住宅单元之间的大道上逐一安排足球场、网球场、篮球场和孩子们玩耍的活动场地（图97）。

同样地，另外剩下的150平方米组合在一起成为一个大花园，分属于每家每户。雇佣一位农民来管理一百家或者是一千家的地，用拖拉机耕地，施肥，通过开启一组阀门自动播种。这个花园能生产作物。工人在锻炼了他们的肌肉和肺部以后，可以在那里采摘粉红的萝卜和胡萝卜。最重要的是，通过这种方式，*最终*他们将收获一份乐观的生活态度。

*
* *

我所称的寻找“人性化尺度的住所”意味着忘掉所有现存的房子，所有的房屋法规，所有的习惯和传统。它意味着不留情面地研究我们得以继续生存的各种新的环境。它意味着勇于分析，得出结论。它意味着去感受现代科技在背后的支持，去面对建筑工业不可避免地朝向更加智能的方法进化。它意味着立志去安抚机器时代人们的内心，而不是纵容一些“旧屋顶”的浪漫主义。在他们瞎胡闹而自身却都还没有意识到的时候，见证了一个人的崩塌，一座城市的挫败，一个国家的死亡。

第十场讲座
1929 年 10 月 19 日，星期六
艺术之友

家具制造业

如果不去考虑家具的问题，那么现代建筑中的新式平面将得不到最有效的贯彻。这是一个戈耳迪之结（Gordian knot）。我们必须切断它，如若不然，所有在现代主义中的努力都将付诸流水。我们必须“用力转动船桨”：一个机器的时代已经超越了前机器时代，一种新的精神已经取代了旧有的精神。

*
* *

让我们选择某一天到某一栋房子里面——比如说我们自己的家中——仔细检查一下我们周围的环境，追问我们自己“如何”及“为何”的问题，决意要去了*解这些都意味着什么*。

基本上来说，我们会发现自己所*面临的是一堆让人无法理解的废话*。

如果我们能及时对此进行一番思索，我们就会恍然大悟，下定决心要抛掉身上的枷锁，下定决心要抹煞那些能够证明我们被迫经历可笑历程的一切证据。我们将不能自已，将追问自身：“这一切怎么可能呢？它怎么能*在我不曾意识的情况下*就悄然发生了呢？毕竟我还没疯啊，等等，等等。”

有了这样的感触，我们就应该准备好开始行动了……

但是不行！我们将在正常生活的魔力下悄然失败，受到舆论的压力，被全能的习俗所约束。在这样一个处处都是规范的社会中我们倒也不是一无是处的：我们被别人的思想所控制。要去反抗？那就独自反抗，追随你的大脑和内心最为诚挚的冲动。这是件很严肃的事情。它需要若干条件才能完成。

听着：*一个新的时代已经开始了，它受到一种新的精神的启迪*。

现在正是绝佳的时机。已经清空了一切。在这个空隙里让我们创造出一些新的东西来吧，那些受到一种新精神的启迪应运而生的。

今天，我们看得明白！

***

今天的讲座讲的什么？讲的是*我们的家具*，*我们的那些小玩意儿*，*我们的艺术品*。

习俗、风尚和一百年的资产阶级生活为我们铺陈了大量虚假的预设。我们正身陷一个主观和客观都在折中的处境之中。还是学院派的问题！

新的欢乐正等我们，真正精神上的愉悦。让我们重拾我们自由的意志。让我们创建出一个让男人和女人都能兴致盎然、激动万分的家园吧。

***

女人们已经领先我们一步了。她们已经开始改变自己的衣着了。她们曾经发现自己陷入了一个死胡同中：要追随时尚就是要放弃所有现代科技和现代生活的优势。她们必须放弃体育。还有一个更加实际的问题，她们无法担任任何工作，因而不能成为当代社会生产中的一分子，也就无法*自力更生*。要追随时尚：她们无法和汽车发生一点儿关系，她们不能搭乘地铁和公交车，不能在办公室和商店里面自由行动。如果要每天都精心“打扮”一番，弄弄头发，套上靴子，穿上裙子，她们就根本不可能有时间睡觉了。

所以女人们剪短了她们的头发、她们的衬衫、她们的袖子。她们出门不戴帽子，裸露臂膀和大腿。她们能在5分钟内就穿戴完毕，而且依旧那么漂亮。她们用自己优雅的气质来吸引我们，这点早就已经被设计师们占尽先机了。

女人们在衣着革命中表现出的勇气、活力和创新的精神是新时代的奇迹。谢谢你们!

我们男人呢?这是一个悲哀的问题!在正装上，我们穿戴烫浆的领子，向大军的将领们看齐。而在休闲装上，我们也没能放松。我们需要随身携带纸张和一些小工具。口袋，口袋应该成为现代衣装的核心。试着携带所有你需要的东西：那你就毁了你那身行头挺括的感觉了。你就不再是“正统”的了。一个人必须在工作和优雅之间选择其一。

然而我们所穿的英式西服在某些重要的地方还是有所突破的。它让我们变得*中立化*。在城里，一幅中立的外表还是相当有用的。重要的标志不是继续存在于帽子的鸵鸟羽毛里面了，它存在于我们的眼睛中。这已经足够了。巴黎的沃夫先生（Monsieur Waleffe），受尽英国人的鄙夷，鼓吹一场轰轰烈烈的改革：丝绸的裤子和长袜，带扣的鞋子，“法式”的优雅，拉丁的天才！还有各种小牛皮的样品！它失败了，大家都笑了。

在圣莫里茨（Saint-Moritz）的雪地上，现代的人们都紧跟潮流。在勒瓦卢瓦－佩雷（Levallois-Perret），在汽车工业的总部，技工们都是先驱者。我们这些办公室的工人们在女人们面前真是一败涂地。

所以说，改革的精神才刚刚开始。它还将持续燃烧，直到渗入生活的各个方面中去。

***

那么家具又是什么呢?

“它是我们用以表彰自己社会地位的手段。”这非常准确地表达了国王们的想法：路易十四将它发挥得淋漓尽致。我们都想成为路易十四吗?那将产生无数的路易十四了。如果这个地球上有数以百万计的路易十四的话，那就再也没有惟一的太阳王了。

说真的，我们真想成为太阳王吗?

家具就是，

用来工作和就餐的桌子，

用来就餐和工作的椅子，

满足不同休息方式的各种扶手椅，

用来储藏我们平时使用的各种物品的*格柜*。

家具就是工具，

同时也是仆人，

家具满足我们的需要，

我们的需要是日常的，普遍的，总是共通的。是的，总是共通的。

我们的家具呼应这种*稳定的，日常的，普遍的功能*。

所有的人都有相同的需求，在相同的时候，日复一日，一生都是如此。

这些呼应上述功能的工具很好定义。进步为我们带来新的工艺，带来钢管、弯折的金属板、焊接，这些都让我们能比过去更加完善更加有效地实现它们。

房子的室内再也不会去模仿路易十四的样式了。

这就是我们的探索。

*
* *

我们的需求就是人类的需求。我们都有相同的四肢，数量相同，模样相同，尺寸也相同。如果说这最后一点存有一些差异的话，我们很容易能找一个平均值。

标准的功能，

标准的需求，

标准的目标，

标准的尺寸。

这个*标准化*的问题实际上已经取得了长足的进步。它和这个世界一样久远，塑造出我们每一个文明的模样。混乱的19世纪已经过去了：奥麦先生（Monsieur Homais）。关于现代标准化的问题已经取得了进展，只是我们选择去忽视它罢了。

整个世界都已经在信纸的样式和尺寸上达成了一致。办公家具产业就是建立在*信纸的格式*上的。

机器时代的精神非常聪明地进行着探索。在汽车上做过的事情现在又发生到了办公家具上。它已经掀起了一场革命，制作柜子的作坊都关门大吉了，而在城镇的其他地方，钢铁家具产业则欣欣向荣。

形式和线条中的精确、效率以及纯净得到了发展。

你们去找一个银行家问问，看看他对自己的办公家具感到自豪吗？

*
* *

他当然是感到相当自豪的。

而当他回到家的时候，他受到一组足以引发理智爆炸的古董的簇拥，多么希望有人能缓解一下我们脑壳中的思想压力啊。在家里，他不再需要工作，他不再生产创造，他可以尽情挥霍时间，磨损自己的意志。这些都无关紧要，因为他在休息，他没有竞争者……当然除了有时他会愿意在自己一些路易十四的朋友中自诩为路易十五，以此来显示自己更高的地位。

*
* *

我现在画一张家居布置的平面图和一间传统卧室的剖面图（图98）。那种巨大的诺曼底衣柜，旧式的抽屉箱只能提供普普通通的储藏空间。使用者浪费了时间，房间则浪费了空间。大件的家具，在城堡或者乡村的房子中是可以理解的，但是对于现代的住宅来说则是一个大灾难。

现在我再画一张现代住宅的平面图和剖面图：窗户，隔墙，嵌入式橱柜。我已经省下了一大块空间了，人在里面可以非常方便地自由活动，各种动作都是快速准确的，还有自动储藏。这些都为我们*节省了时间*，*每天*都能省下一点，宝贵的时间啊（图99）。

我还要说明一点，除了椅子和桌子，家具基本上就是些柜子。但是大多数情况下这些柜子的尺寸都很不合理，用起来非常不方便，在此我要公开谴责这种浪费。我要逼迫敌人们撤退，探索家具到底是用来干什么的。我可以坚定地说，伴随着新型木材和金属工业，人们可以建造出非常好用的柜子来，尺寸不是一个约莫的数字而是准确无误的。我还能进一步得出这样的结论，现在的那些家具和商人们根本没有好好考虑我们的需求，那都是些笨重的没人要的残羹冷炙，它们强迫我们造一些大而无当的房子，它们阻止我们进行有条理的居家整理，反而把我们的生活搞得一团糟，所以说它们是又不经济又没效率的东西。最终它们*只剩下一个美学的目标*。但是如果一个原本实用的东西现在已经不再有任何

98

99

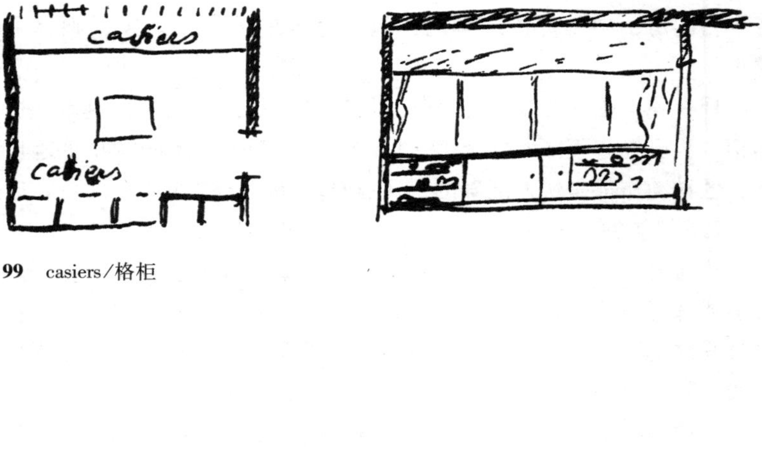

图 99　casiers/格柜

功能，空余美学的趣味，那它就成了一条寄生虫，完全可以抛弃了。我们马上会看到去哪儿寻找适合我们的美学形式，我们会探索究竟什么东西才能满足现代人们的内心和情感。

让我们坦诚一点吧：

我现在画一块放玻璃杯的搁板，另一块放碟子、汤碟等的搁板，还有一块放瓶子、罐子等等。我再画一个自动储藏银器的抽屉。以上就是餐饮时用得到的各种器具了（图100）。

我画一块放衣服、被褥、毛巾等等的搁板，另一块放内衣，还有一个储藏女性贴身内衣和长袜的抽屉。

我画一块放鞋子的搁板，另一块放帽子。

我画一件挂在衣架上的衣服，和一条裙子（图101）。

这就是全部了。

这些就是我们日常生活中所有用得到的物品了。

这些物品和我们的四肢之间是有一定的比例关系的，它们适应我们的各种行为。它们都有一个*共同的尺寸*，它们能符合一个模数。如果我仔细研究这个问题，20年来我一直对家具之间的差异深感着迷（早年我通过为别人布置房间维持生计），我能找到一个共有的尺寸。我找到了一种能够非常有效地容纳上述物品的格柜。

我现在画出这种格柜（图102）。它75厘米宽，37.5～50厘米深，也就是说正立面尺寸是150厘米×75厘米，37.5～75厘米深。格柜深度的变化缘于对格柜内部不同的安排和布置。

在1913年时候，因为必须要设计一种可拆卸的装置，以满足装饰艺术的一次巡展（装饰艺术意味着从餐具间内的锅碗瓢盆一直到沙龙和化妆间内的所有东西），我找到了这个75厘米和150厘米的模数。然后我彻底忘了这件事。

1924年当我们在为新精神馆做准备的时候——同时我们还想证明家具中的功能主义原则和一栋住宅的美学目标——在经过了近距离的分析后，我们再一次找回了这些尺寸。

1925年的新精神馆似乎在这个问题上显露出一丝曙光，不过在当时却被认为是野蛮的。

最终在1928年的时候，我们的合伙人，负责住宅室内设备的佩瑞昂

100

101

图 101　c'est tout/这就是全部了

夫人（Charlotte Perriand），同样得出了一致的尺寸。当我现在在布宜诺斯艾利斯给你作报告的时候，我们在巴黎的秋季沙龙中有一个很大的展台，正用一种无懈可击的方式，借以标准的格柜来展示“现代住宅的设备”的原则。

说到这儿了，现在我有一条建设性的结论，不仅是建筑方面的，同样也关乎经济和工业：现在正是时候大规模地生产这种格柜和*容器*，卖给自己装修房子的私人客户或者是绘制平面图的建筑师们。前者会把这些格柜挨着自己卧室的墙放，或者把它们做成高高低低的隔墙（参见 1925 年的新精神馆），后者则会在砌墙的时候把整个柜子都砌到墙里面去。

我们还是要好好地装配一下这些格柜的内部。用来装配的东西可以从最简单的当下流行的办公家具一直到最精致的构件。由于在建成后它会被安放到标准的容器里面，所以应该在百货商店（Bazar de l'Hotel de Ville）或者在香榭丽舍大街（Champs-Elysees）上出售（图 103）。

当整栋房子都完工的时候，正如画家开始画最后一件衣服之时，在住户们把他们的书和箱子搬入新居的前一天晚上，他们就可以根据自己的需要往柜子里面塞入各种配件：金属板做的滑板，或者是夹板做的、大理石的、平板玻璃的、铝的，等等，等等，都可以。任你选择简约还是豪华。

如果这栋房子是预制的，你们会意识到这种操作将变得多么简单。

想像一下新的住宅。每间房间都缩小到它能满足使用要求的*最小*尺寸，同时保证有充足的光照（不是通过带形窗就是通过窗墙）。其形状根据目的而来，门扇的开启能保证人们自由的活动。在卧室、图书馆、起居室、餐厅和厨房的近手位置，都有能上下活动的百叶和左右活动的屏风。其后是隔间，按照内部存放的东西有所不同。所有的物品都好像是放在珠宝盒里面，有些装置上有滑轮，你的衣服可以一直跑到你的跟前，等等（图 104）。

所以，以后房子里再也不会有工匠们手工制作的柜子了！想到这些工艺精湛的工匠们我感到很抱歉，但是我认为一个人应该要能够适应现代生活中的新局面才行。

将家具一直减少到用格柜充当墙体的这种状态同样也能用钢筋混凝土施工中的一些基本的方法达到：

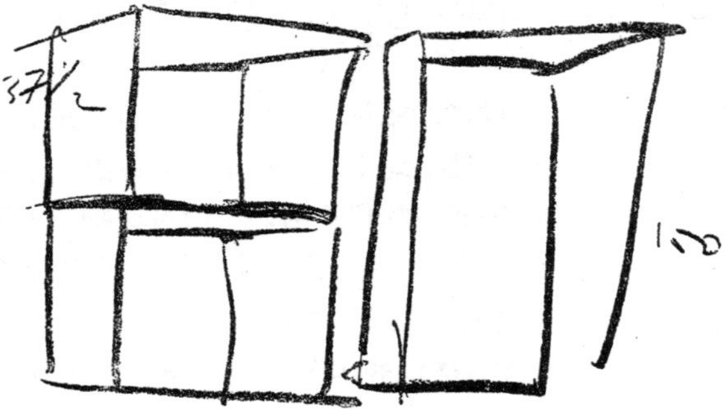

102

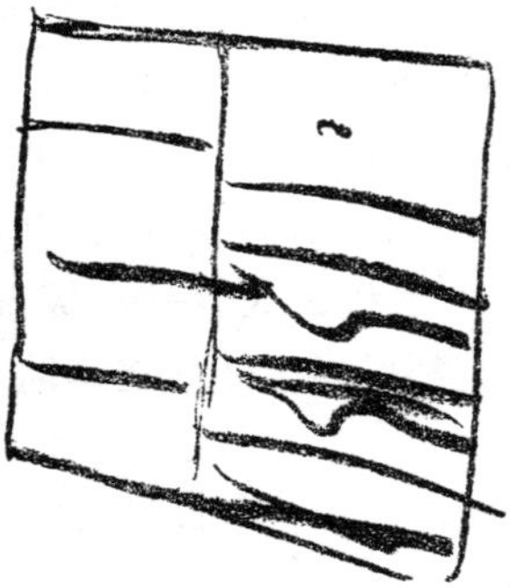

103

104

我现在画一层楼的顶棚和地面，然后把它从高度上分成四份，用来分隔的是三块几厘米厚的钢筋混凝土板，从一面墙开始一直到另一面墙，或者中途断开。我把我的架子的随便哪一面用砌块封住，按照需要来。在每个架子的上下都有一条小小的U型钢轨，其间安装金属板制成的滑门，可以是铝的，也可以是平板玻璃的，木头的，或者大理石的。现在你拥有了伟大的柜子隔墙，可以用和上文提及到的相同的材料进行装配（图105、图106）。

在第二张图中，你看到的是一栋豪华别墅中的封闭式书架，在经济上节约至极，而在建筑上，我向你们保证，是相当难忘的（图107）。现在我们的思想已经从家具的大杂烩中解放出来了。我们已经准备好了，可以在这个异常平静的建筑环境下，把能够使我们深思，诱发我们冥想的艺术品带回家中了。

这些方法让我们能够实现在中央局大厦（莫斯科合作办公大楼）内的办公室样板间。把办公室和走廊分开的隔墙就是这么设计的：从房子的一头到另一头，每间办公室的背面都有储物柜设计。同样的设计也运用在了日内瓦国联办公楼的竞赛设计中（图108）。

无论是办公室还是起居室，餐具间或者化妆间，时时刻刻，无处不在，标准精确的功能全都得到了实现和满足。事物都在共通的尺寸下以人类的尺度摆放归位。再见了，昨日的家具们！

古玩家具工会的人们会怎么想呢？正是他们在大量生产有“钉眼”，“古色古香”的路易十六的家具！［见Cres et Cie出版的“新精神系列丛书”中的《今日的装饰艺术》（Decorative Art of Today）一书中的第五章“一场飓风”］

*
* *

桌子？

我会用一项非常简单的提议来为我自己作解释，我们为什么不在自己的公寓里面多放几张桌子呢（2～3张可组装的）？至于用什么材料就由个人喜欢了。桌子的支撑结构是焊接的钢管，这样它就能与上部的台面之间用一套自动的扣夹系统相连接。你有很多客人？马上拿几张桌子出来，台面和钢管结构都垂直地通过门扇运进房间。一切都变得很简

105 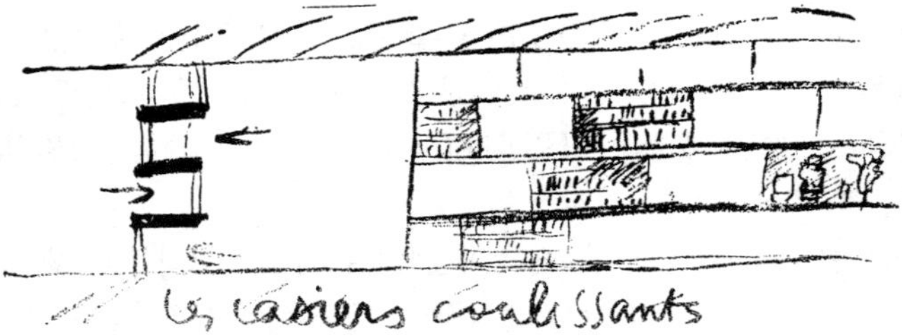 106

107 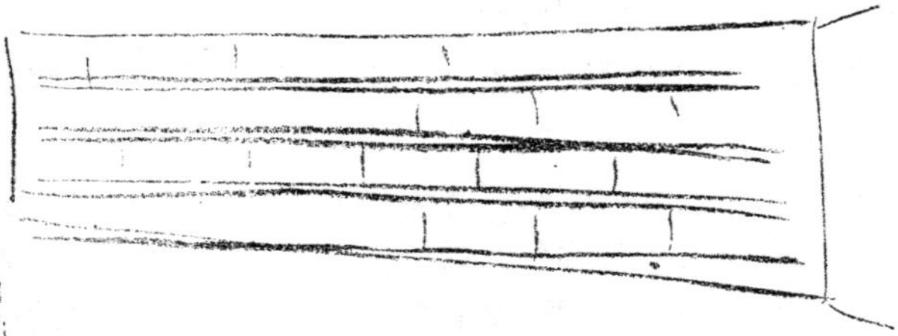

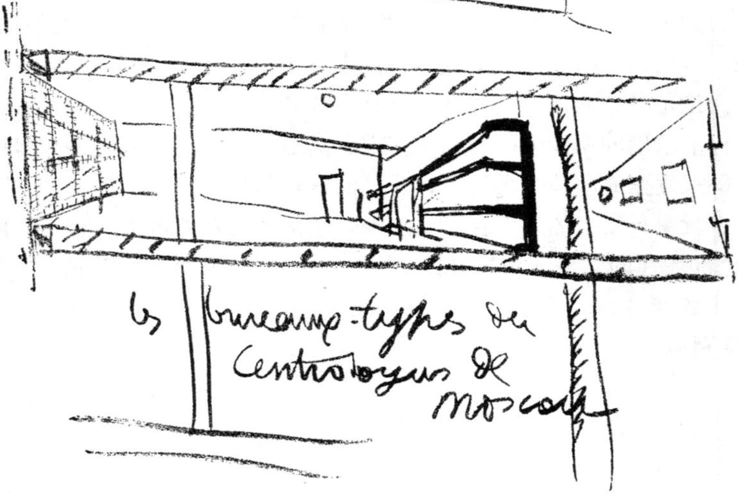 108

图 105、图 106 les casiers coulissants/有滑门的格柜；**图 108** les bureaux-types du Centrosoyus de Moscou/莫斯科中央局大厦中的标准办公室

单（图 109）。谁说你一定要有一间餐厅的?

*
* *

椅子?

我们又要抛出另外一项惊人的宣言了:*椅子就是用来休息的*。

我不会去大谈什么“风格”，只要人们不是按照这种“风格”来休息的!

而另一方面我注意到，根据一天中时间的不同，一个人行为的不同，他在起居室里面位置的不同（我们一晚上要换上 4 ~ 5 次），就会产生很多不同的就座方式。人们“积极”地坐着工作。椅子就是一件折磨你、让你保持清醒的工具。在我工作的时候，我需要一张椅子。

我坐下说话：一张扶手椅能赋予我某种庄重的、彬彬有礼的坐姿。我“积极”地坐下开始滔滔不绝，证明一个假说，提出某种看法：这种高凳多么符合我的状态啊！我乐观地坐着，很放松。这个伊斯坦布尔 *cavedjis* 的土耳其凳子，直径 30 厘米，高 30 厘米，简直就是一个奇迹。我可以*连坐*几个小时都不会感到疲倦。如果我们一下子有 15 人挤到一间小屋子里去，也没什么大不了的，我们的女主人可以从容地从柜子里面拿出 15 个相叠在一起的凳子来。我还要继续去探索一种更加舒服的*状态*。我记得瓦赞汽车公司（Voisin Automobile）车身部分的负责人努尔（Noel）为他 14 马力的跑车安了一个缓冲弹簧，我驾驶他的车连续不停前行 500 公里都没感觉到累，在装修自己的起居室的时候我想起了这件事（图 110）。但是这是休息的机器。我们用自行车管搭建，然后盖上一张漂亮的小马皮。它的分量相当轻，用脚就能踢动，连小孩子都能随意摆弄。我又想到了西部的牛仔，一边抽着烟斗，一边把脚抬得比头还高，靠在壁炉旁：完全放松（图 110a）。我们的躺椅能摆成各种角度，我一个人的重量就可以保证它固定在选定的角度不动，无需任何辅助机械。这是一部真正的休息的机器，等等，等等。

现代的妇女剪短了她们的头发。我们的双眼已经熟悉了她们双腿的样子。束腰的衣服已经淘汰了。“礼节”已经淘汰掉了。礼节是在宫廷里面诞生的。只有少数几个特定的人有资格坐着，而且还是以一定坐姿坐着。然后到了 19 世纪的时候，资产阶级当上了国王，他要求自己的扶

109

110

110a

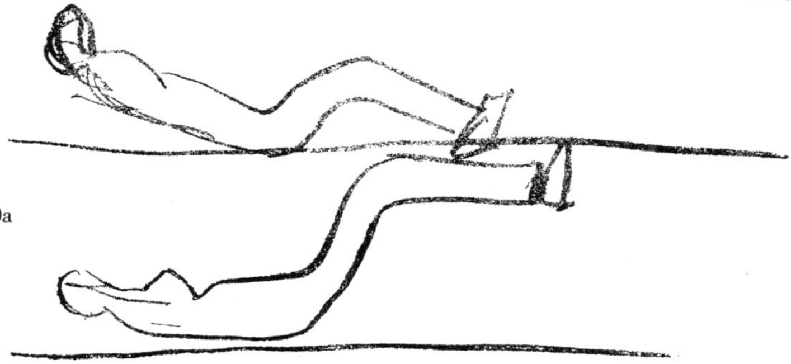

手椅比先前皇族的王子有更多的雕刻，镀更多的金子。在修道院里面教授“良好的礼节”。但是，今天，所有的这一切都让我们觉得很乏味。一个杰出的人无论何时都不会失去了他的锋芒，即使在狂欢节的时候也如此。现在我们很有信心！

更重要的是，现在我们坐得更舒服了！

整间房子里面都已经看不见家具了。

空间和光四溢。

人们无论是移动，行动，都迅速得很。

也许当我们在家里休息放松的时候，也应该能享受一些思考带来的乐趣？

这是万物的基石，*思考*。

思考比例形成的和谐，

或是一些机器的诗意，古代或是现代人们生活中的诗意，亦或是韵律的诗篇，

或是一些音乐，

或是一件雕塑，一幅绘画，

一张图片，

还是一张表现某种简单有力的现象的照片，不多见的，与众不同的。

生命中充满了收获可以用来*思考的事物*的机会：

这粒海边的卵石，

这颗了不起的松果，

这群蝴蝶，这些甲虫，

这根从机器上拆下来的抛光了的钢杆，

又或者是这块矿石。

上帝？是我们的精神从地球上的万物中赋予了上帝以形式。

*
* *

历程？噢，对了，家具的历程。事情发生了些变化，*家具的概念消失了。它被一种新的说法取代了：“居家装备”。*①

① 见《格柜艺术》（Cahiers d'Art），1926，no. 3。

第五场讲座
1929 年 10 月 11 日，星期五
艺术之友

现代住宅的平面设计

现在我们已经拥有解决现代住宅平面设计问题的工具了，前提是我们愿意去寻找它。

让我先来帮你们回忆一下砌体建筑中的“残废平面”，以及我们靠钢和混凝土所能达到的：

自由平面，
自由立面，
独立结构，
带形窗或窗墙，
架空底层，
屋顶花园，
以及用格柜装修的室内，摒弃原有拥挤繁缛的家具。

* * *

我们从一些简单的生物学开始：
用来*支承*的骨架
用来*运动*的肌肉
用来*维系生命*、*使机体运转*的内脏（图 111）。
一些简单的汽车工程：
一套框架
一组车身
一个带有各种补给和排放部件的发动机（图 112）。

113

114

111

112

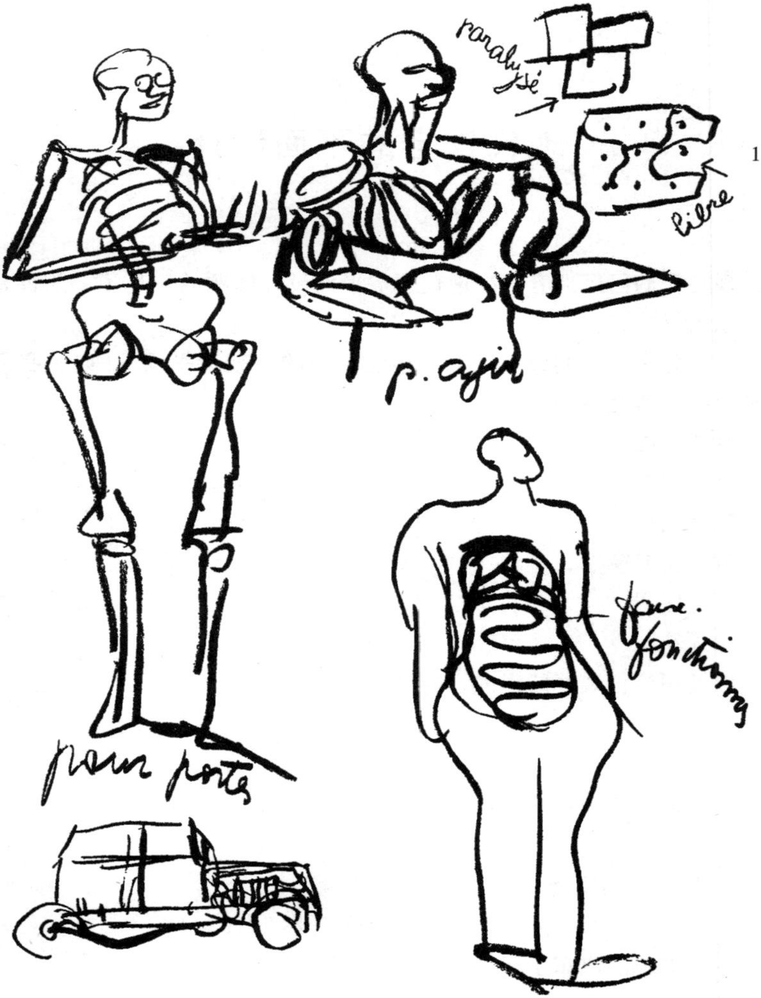

图 111　pour porter/承载//p. agir/运动//pour fonctionner/运转；**图 113**　paralysé/瘫痪的；**图 114**　libre/自由的

请注意，在最后的这个例子中，电线、汽油管和排气管在刚硬的部件——发动机、框架和车身等等周围表现出的灵活性。

在右上角的这张草图里面，砌体建筑中的各个元素都非常僵硬，极受限制地一层层叠加在一起（图 113），而在它们的旁边，现代建筑充分表现出其灵活性，它的独立结构保障了室内自由的平面，每层都有自己的独立性（图 114）。

***

如何利用这些新的自由呢?

用来为*经济*着想，

为*效率*着想，

解决无数现代功能，

同时为*审美着想*。

建筑的革命——它是一场真正的革命——包括了种种行动：

1）分类

2）量化

3）交通

4）组合

5）比例

Ⅰ分类

有两个现存的、并发的、同步的、紧密相连的、无法拆分的因素：

a）一种生物的现象

b）一种美学的现象

生物的现象是建议采用的结尾，是陈述的问题，是此项事业中的基本功能。

美学的现象则是一种生理上的情感，一种“印象”，感觉的压力，是一次冲动。

生物的现象影响我们的基本感觉。

美学的现象则影响我们的理智与情感。

这两种在感觉中同时出现的统一现象诱发出了建筑的*情感*——好的或是坏的。

所以一个人必须识别出一栋房子里面的每一个*部件*，把它们罗列出来，并加以分类；

他必须定下什么才是有用的序列，然后按照这些部件的正常次序依次启动其运转。

对于每一个目的，都要这样追问自己：

加热：它是什么？

通风或者空气流动：它是什么？

日照：它是什么？

人工照明：它是什么？

竖向联系、电梯、坡道、楼梯、梯子、水平联系（交通）：它们都是什么？

在这些问题上的一场冷血的检验，将给出一个能够在建筑工业领域掀起一场革命的解决方案。

一场革命？是的，因为在当前的实践中，我们连续发明创造了无数的新事物，但是这些事物中却缺少相应的思考，所有的一切都是在无序和困惑中积聚，而这种困惑则*把我们引向了浪费*。（几百个例子中的一个：如果我已经发现了靠3/40个佣人生活的可能性，难道我没有权力去想像靠1/10或者1/100个炉子来取暖吗？）

Ⅱ 量化

我说的是住宅中房间的尺寸。

直到目前为止，这个问题都是草草了事，主要是因为砌体结构要求上下的房间对齐，阻碍了一切创新，与我们现在当做基础追求的经济最大化相抵触。

*今天，我们可以按自己的喜欢，在一栋房子里面最大程度地体现房间类型的多样性，不需要考虑楼层之间的对齐；*我已经证实了这一点了。

现在，让我们来分析一下这些尺寸，仔细计算一番。这是一次理性化的过程，类似工厂中的空间分配。一间厕所的面积不会超过8平方米，一间卧室也不会再和一间餐厅有同样的形状和饰面，只是因为某种简单的原因——非常不合理——那就是仅仅由于卧室在餐厅的正上方。

我将用我手上的炭条和粉笔，为你们展示在一栋莱芒湖（Lake Leman）边上的小房子的建造过程中起到支配作用的一系列举措。

我知道在我们拟建房子的区域里面包含有10～15公里沿湖的山丘。一个不变的因素：湖；另一个便是正对湖面壮观的景色；还有一个是要争取南朝向（图115）。

我们是不是应该先定出场地来，然后再根据它来设计平面呢？这是通常的做法。

但我觉得更好的办法是先根据使用者提出的功能要求和上述的三个要点画出一个精确的平面。等干完这个活后，再拿着平面出去找一个合适的场地。

请注意这个看似矛盾的过程，它才是现代居住问题中的核心，即根据合理功能之间的逻辑关系来设计一栋住宅。然后再为这栋住宅选址，我在之前已经向你们展示过了，现代建筑中的新元素可以让它适应各种条件的场地。

我们得出了如下的计算结果（图116）：

入口	$3m^2$
卫生间	$1m^2$
餐厅	$9m^2$
起居室	$12m^2$
客房/小起居室	$9m^2$
卧室	$9m^2$
浴室	$3m^2$
衣柜	$3m^2$
厨房	$4m^2$
洗衣房	$4m^2$
总计	$57m^2$

Ⅲ 交通

这是一条相当重要的现代语汇。在建筑和城市规划中，交通就是一切。

115

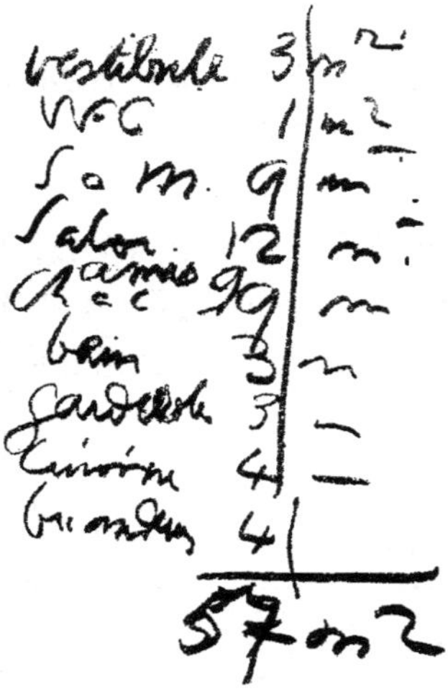

116

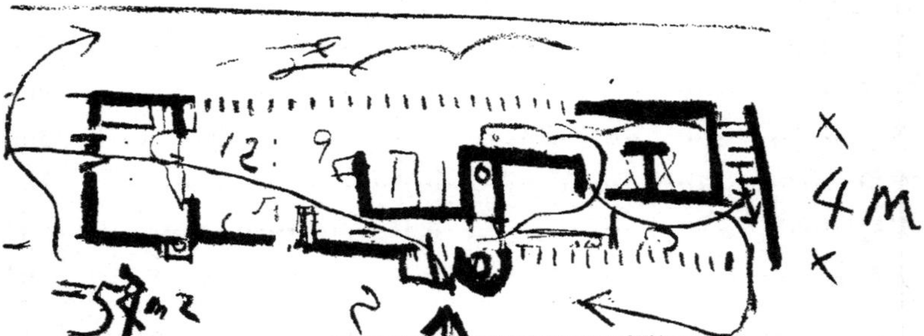

117

图 116 vestibule/入口//w. c. /卫生间//s a m/餐厅//salon/起居室//ch amis/客房、小起居室//ch a c/卧室//bain/浴室//garde-robe/衣柜//cuisine/厨房//buanderie/洗衣房

一栋房子是用来干吗的？

一个人进来，

安排一系列有组织的功能。

工人的房子、别墅、别墅公寓、国际联盟宫、莫斯科中央局大厦、世界城、巴黎规划，在上述这些中，*交通就是一切*。

我们可以把一栋房子中的功能元素排成一圈，给出尺寸，决定哪些元素之间是必须紧邻的。

我画出（图 117）：

一个入口，向左通往接待区域，向右通往服务区域。

餐厅和起居室结合在一起，不过餐具柜（混凝土的）还是形成了隔开它们的分界线。

小起居室很容易就能转换成客房，只要在地上铺几张床垫，加上藏在滑门后的壁柜和室外的洗脸盆就行了。

在入口和它左边的花园之间有直达的交通联系，花园四周有围墙，重要是当夏日起居室用。

在就餐区域的右边是睡卧区域，靠近浴室和卫生间。

一条 11 米长的窗户整合、照亮了所有的元素，把场地上壮观的景色引入室内：湖泊和它微微波动的表面，阿尔卑斯山和它奇异的光芒。

入口的右边是厨房和洗衣房、通往地窖的楼梯和朝铺装庭院开启的服务用门；另一方面是穿过更衣室通往卧室的联系，第二条“服务”流线。

所有的门不是 75 厘米就是 55 厘米宽。整栋房子 4 米深。在室内，这套总共才 57 平方米的房子提供了 14 米长的视野！11 米长的窗户带进了室外的广阔天地，一整片湖面，时而阴风怒号，时而波澜不惊。

这里真是一平方厘米都没有浪费，而且那不是一项小工程！

美？这可是发明所有这些手段最基本的出发点啊。

现在我的口袋里装着平面，我出去为它找一块场地。我发现了一段很短的海岸，要不是在我口袋里的平面图告诉我它的大小已经足够了，我是连买的念头都不会有的。

现在让我们把注意力转移到另一个体现了现代住宅内部流线的例子上去。设计反映了某种特定的生活态度：我现在只画出卧室层的平面来（图 118）。

118

119

120

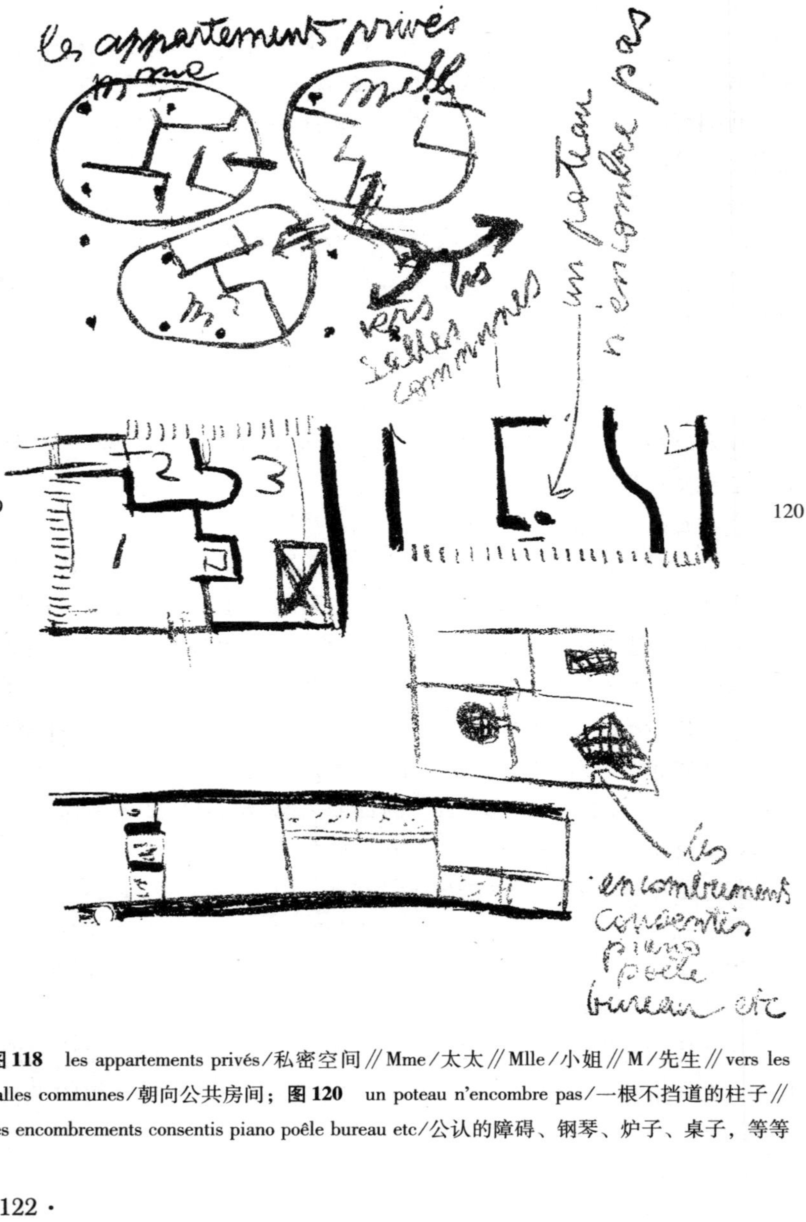

图 118 les appartements privés/私密空间//Mme/太太//Mlle/小姐//M/先生//vers les salles communes/朝向公共房间；**图 120** un poteau n'encombre pas/一根不挡道的柱子//les encombrements consentis piano poêle bureau etc/公认的障碍、钢琴、炉子、桌子，等等

先生会有他自己的*单元*，太太也是，还有小姐也一样。每一间单元都有自己的地面和顶棚，靠自由独立的柱子支撑。每间单元都朝向一条串联三间单元的走道开门。走进这扇门以后，就等于置身于一个完全独立的单元了，它包括一个入口、一间更衣室（储藏内衣、床单桌布和衣服），一间健身房、一间化妆室或办公室、一间浴室和一张床。用格柜或者别的物体充当半高或者通高的隔断，划分空间，但是顶棚能够贯通。每个人似乎都生活在属于自己的小房子里面。

我还要向你们展示如何利用简单易建的曲线隔断（图 119），在原本只能得到一间传统房间的情况下如何获取两间卧室，还带浴室。

再一次，我会用那种被我们称作为“三角钢琴”的曲线隔断，在通常只能有两间房间的情况下得到三间（图 120）。

很容易重复举出一些类似的例子来，这些都来自于日常生活中的问题，只要我们养成手拿铅笔来回踱步的习惯，仔细思考出能让住户住在房子里面感到愉快的功能来。

IV 组合

让我们把建筑师的个人品德也列入考虑的范围内。

用某些特定的现存事物来说服自己是相当有力的，在众多要素中，这一项尤为重要，我也已经提到过了：

我先画一个人（图 121）。我让他走进一栋房子里面。他立刻会觉察到某个特定的尺度，房间特定的形状，或是通过一扇窗、窗墙进入房间的特定的阳光。他继续前行：另外一个体量，另外一束阳光。再往前，又是另一种光源。接着前行，忽然阳光泄入屋内，在它的边上就是半阴影，等等。

这个人把这一系列照明不同的体量*呼吸了进去*：它们同时也鼓励了呼吸。

我经常喜欢引用布鲁斯（Brousse）绿清真寺的剖面，它的体量和光照使它成为一项韵律的杰作（图 122）。

正如你们所想的，我非常自由地运用光线。光对我来说是建筑的基础。*我用光来组合*。

121

122

图 122　mosquée verte/绿清真寺

但是有些人会担心。阳光这般泛滥，特别是这些窗墙引发了纷纷的议论，在布宜诺斯艾利斯、里约热内卢，无论是什么地方，他们都说，太阳光太厉害了。（无论是取暖还是制冷，我都已经做过解释了。）当你买了一架相机以后，你既可以拍摄巴黎的晨曦，又可以拍摄绿洲中闪闪发亮的沙子，你怎么操作的？*你用一个光圈* 来解决这个问题。你的窗墙，你的水平窗随时准备着按你的意愿充当光圈的角色。你可以在你喜欢的地方让阳光照进来。你的窗墙可以是透明玻璃做的，也可以是特殊的玻璃（我们和圣戈班的实验室一同研究过），这种玻璃拥有厚墙的隔热效果，能够阻挡太阳的光线，还可以是加固玻璃、半透明玻璃、玻璃砖。窗墙、光圈，这些都是建筑语言中新的语汇。

V 比例

对我们的眼睛来说，万物都是几何形的（生物是以组织存在的，必须通过学习，大脑才能理解它）。*建筑的组合是几何的*，从本质上来说是关乎*视觉* 的事情，它暗示了数量和关系上的判断，是对*比例* 的欣赏。比例能唤起情感，一连串的情感就像是音乐中的旋律。埃里克·萨蒂（Eric Satie）曾经说过：旋律是思想，和谐（音乐中的）是实现这种思想的手段和工具，是对这种思想的表达。

建筑的*思想*完全是个人的现象，这是无法剥夺的。把某种思想推向纯粹是件好事，我已经解释过控制图表了。我还说过，简洁源于丰富，是通过选择和浓缩达成的。

我们每一个人对某种思想都有属于自己的个人表达：个人的诗篇。每个人都有权去观察自己、判断自己、了解自己，看清楚之后再去行动。我们，皮埃尔和我，一起造了不少房子。通过研究我们自己的成果，我成功地发现了决定我们作品发展趋势的基本要素。用于*分类*、*量化*、*交通*、*组合和比例*相似的手法，至今为止，我们已经在四种不同的平面形式上作出了努力，每种都表达出独特的思想和关注点。

第一种形式表现为每个部分都在其左邻右舍边上发展，这里面蕴含着一条有机的理由：“内部需要放松，所以向外凸出不同的形状。”这项原则引发出一种“金字塔形”的组合，一不小心，就会导致混乱［欧特伊（Auteuil），图 123］。

第二种形式表现为将所有的部分都压缩到一个刚硬的外壳之中，绝对纯粹。一个棘手的问题是精神上的愉悦，需要在自我强加的限制内发挥精神的力量［加歇（Garches），图 124］。

第三种形式提供了一套可见的框架（骨架结构）、一张简单的表皮，清晰、透明，类似于网状物。它允许不同楼层的房间在形式和数量上有差异。这种独具匠心的形式能适应于各种气候条件，组合也相当容易，充满了可能性［突尼斯（Tunis），图 125］。

第四种形式在外表上保持了第二种形式的纯粹，而在内部，它又有第一种和第三种形式的优点和特色。这是一种非常纯粹的形式，内涵丰富，同样也充满了各种可能性［普瓦西（Poissy），图 126］。

我要重复一遍，持续解读自己的作品不是一无是处的。从中得到的领悟是通往进步的跳板。

*
* *

作为总结，让我们分析一下现在正在巴黎附近的普瓦西进行的建筑

123

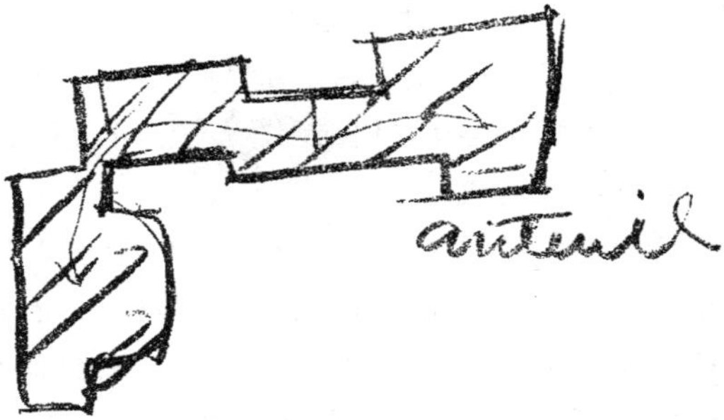

124

125

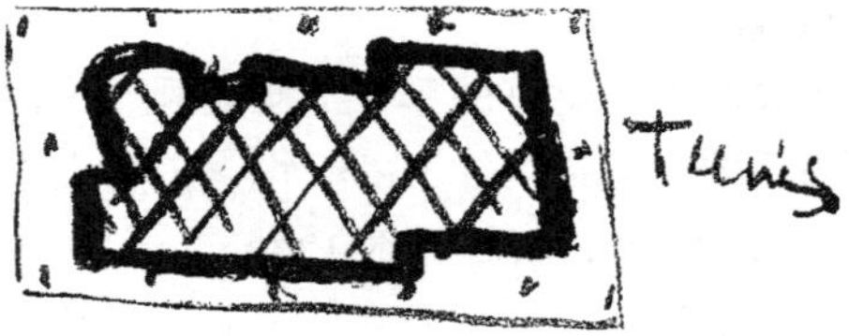

126

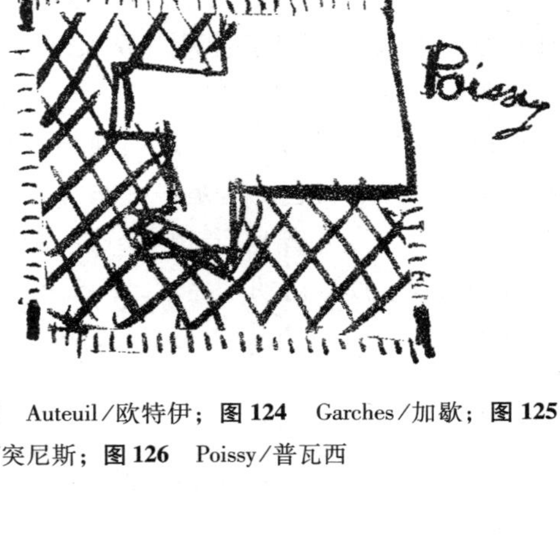

图 123 Auteuil/欧特伊；**图 124** Garches/加歇；**图 125** Tunis/突尼斯；**图 126** Poissy/普瓦西

工程。

前去参观的人至今仍在屋子里面打转，一圈又一圈，反复追问自己究竟发生了什么，他们难以理解所看到的和感受到的，他们找不到任何可以称之为“房子”的东西。他们觉得自己置身于某种全新的事物中。还有……他们不觉得无聊，我相信是这样的！

场地：一片大草坪，中间稍有隆起。主要的景观是北向，所以和日照方向相反。房子的正立面通常会反转过来（图 127）。

整栋房子就是从地面上抬起的一个盒子，四周都有开洞，是一条长长的、不间断的水平窗。不再有建筑中的那些虚实手法的犹豫。盒子位于场地的中间，俯瞰整片果园（图 128）。

在盒子底下，一条车道穿过架空底层，折成发卡形，它的弧线包含了架空底层内的大门、入口、车库和服务部分（洗衣房、床单桌布储藏室、仆佣中心）。汽车在房子下发动，停放或者开走（图 129）。

从入口进屋以后，一条坡道轻易地，几乎不被察觉地把人引向一层，上面主要是一些住户平时的日常生活：接待、卧室等等。各个房间主要从环绕盒子的开口获取景观和阳光，它们都以一个空中花园为中心，花园本身就像是适量阳光和日照的分配者。

正是在这个空中花园里面，沙龙和其他一些房间的滑动玻璃墙能自由开敞：因而太阳在整栋房子的心脏地带无处不在（图 130）。

从空中花园开始，坡道跑到了室外，它将人们引向屋顶的日光浴场（图 131）。

一个 3 层高的旋转楼梯同时也连接上述的这些部分，它向下一直通到地窖，地窖是从架空底层的地面继续往下挖形成的。这架旋转楼梯，作为纯粹的竖向元素，自由地插入水平的组合体中。

作为结束，请看一下剖面（图 132）：空气四处流动，每一点上都有阳光，它渗透进每个地方。交通给建筑留下了如此多样化的印象，以至于它们使那些对现代技术带来的建筑自由一无所知的参观者惴惴不安。建筑底层简单的柱子，以它们合理的安排，匀质地框出了周围的景观，同时也淡化了建筑中所有“正面”、“背面”或者“侧面”的概念。

平面是纯粹的，它精确地满足需求。它在普瓦西的乡村景色中恰如其分地站在了自己应有的位置上（图 133）。

127

128

129~130

131

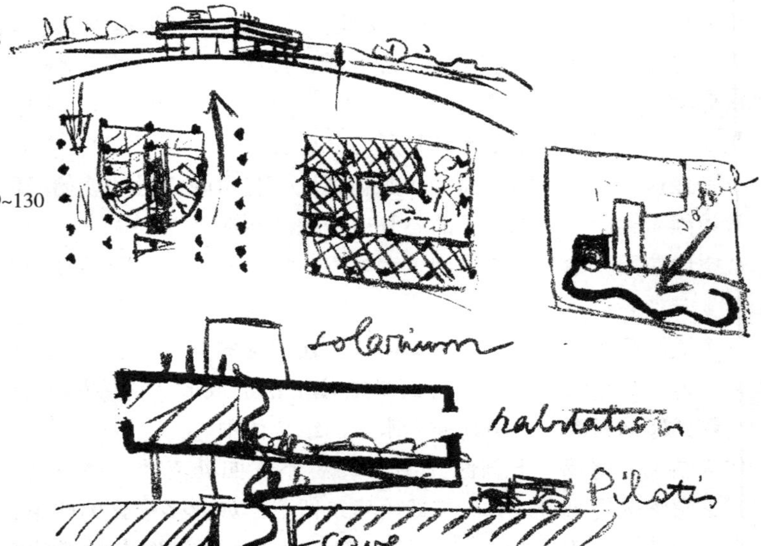

132

图 127　pelouse/草坪//vue/景观//midi/南//nord/北//soleil/太阳；**图 132**　solarium/日光浴场//habitation/住宅//pilotis/架空底层//cave/地窖

133

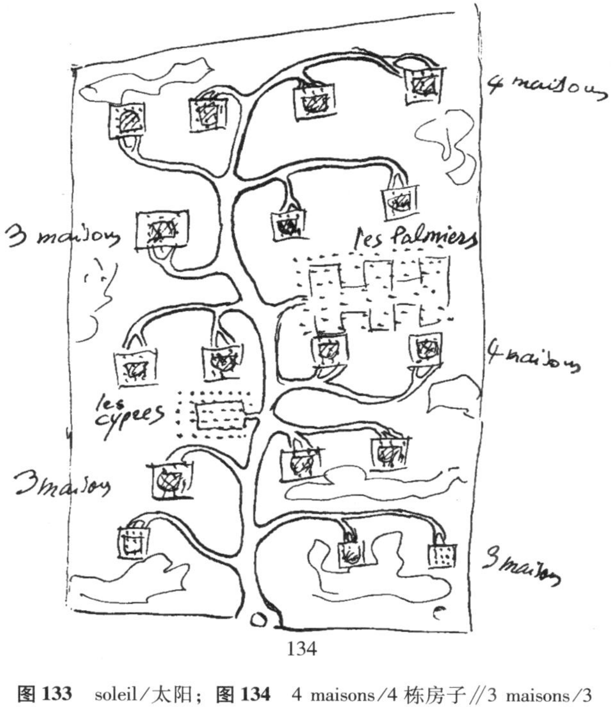

134

图 133　soleil/太阳；**图 134**　4 maisons/4 栋房子//3 maisons/3 栋房子//les palmiers/棕榈树//les cyprès/柏树

但是要在比亚里兹（Biarritz）的话，这栋建筑就会变得无比壮观。如果景观是在别的地方，在另一边，如果朝向不同，那么空中花园只要简单地转个方向就行了。

同样的房子，我应该把它安到阿根廷美丽的乡村的某个角落上，我们应该在一片果园的高处安上 20 栋这样的房子，周围能随意放牧，不受干扰。不像通常的做法，把它们沿着讨厌的花园城市的街道布置，这往往最终会毁了整块场地，我们建立一套漂亮的交通系统，用混凝土浇筑，但是完全没入草坪中，与大自然融为一体。草会沿着道路的边缘生长，谁都不会受到影响，无论是树、花还是动物。被这派美丽的*乡村景象*所吸引而来的居民们能从他们的空中花园，或者透过四面的长窗凝视这片未受侵扰的土地。他们的将生活在一个维吉尔般（Virgilian）的美梦之中（图 134）。

我希望你们不会反对我，就因为我最后在你们眼皮底下大谈这个*享有自由*的例子。这些自由之所以被享有正是因为有人已经*得到*了它们，它们从现代材料的资源中破茧而出。诗篇，赞歌都是技艺带来的。

第六场讲座
1929 年 10 月 14 日，星期一
城市之友

一个人 = 一栋住宅；多栋住宅 = 一座城市

一座 300 万人的当代城市
布宜诺斯艾利斯是一座现代城市吗？

到了该解释“回转法则”的时候了。大城市都已经陷入无处可藏的困境中。正是机械化把它们推了进去。现在是危机四伏。一千零一个小的提议只会把局面搞得更加糟糕，另外，它们实在太昂贵，根本无法实现。尽管如此，依然发生了一个奇迹。罪魁祸首自身为我们提供了现象间的*关联*和它的解决方案，所有的困难都消融殆尽，解答应运而生，简单、有效。奇迹？还称不上！罪魁祸首，也就是机械化本身为我们提供了建造和重建的要素。脓疮已经被刺破了，前方的道路已经清楚了一切障碍。这是回转给我们带来的教训，超越自己的胜利，是宽慰的一课。这就是“*回转法则*”：

我画一条河（图 135）。目标非常明确：从一点到另一点：无论是河还是思想都一样。这时候发生了一个小的意外事件，精神上的意外：马上，就产生了一个微小的弯曲，几乎注意不到。河里的水被甩向左边，它侵蚀了一点河岸；就在那儿，由于反作用力，它又被甩向了右边。于是笔直的线条不见了。一会儿向左，一会儿向右，河水总是侵蚀

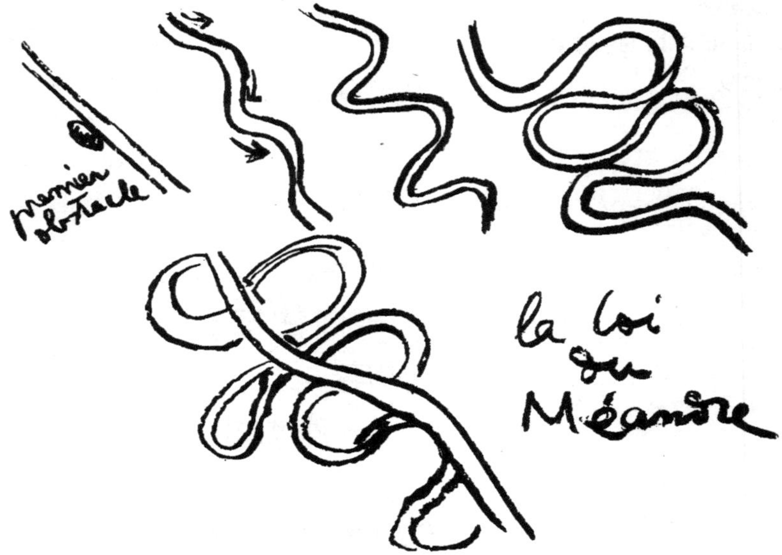

135

图 135 premier obstacle/首次的障碍//la loi du méandre/往复定律

得更深，挖得、切得更深；思想则从更广阔的范围内找寻自己的出路。笔直的线条变得蜿蜒曲折，一种思想遭遇了各种意外。这种蜿蜒曲折成了一种特点，回转产生了，思想向四周探出枝节。很快，解答就变得极为复杂，让人惶恐，它变得自相矛盾。机器在运转，但是速度很慢，它的机械装置变得愈发精致和难用。我们尊重目标，我们向着终点前行，然而是沿着怎样的一条路啊！

回转的圈创造出了一些类似于 8 的东西，这是很愚蠢的。忽然间，就在最绝望的时候，它们触及到了曲线的最远端！奇迹！河流笔直奔流！一种纯粹的思想破茧而出，一个解答应运而生。一个新的阶段来临了。生活又会变得美好、正常……维系很短暂的一段时间。然而原先蜿蜒的河道依旧，迟钝的，未开化的，沼泽般的，停滞不前的：灌木侵占了它们的河岸。社会、心理和机械的有机体依然保持一种寄生的、过时的、瘫痪的状态。

所以说思想遵循回转的法则。“简洁”的时刻是解开复杂问题中重要危机的关键。

*
* *

这些城市，这些世界大都市都在缺乏指导原则的环境下成长。我已经给当下指导原则的基础做出了定义（我指的当下是一段足够长的时间，可能是一代人的时间，比如20年）。我们应该明确往哪儿前行，因为我们已经知道了曾经去过的地方。

现如今的城市规划主要还是偏美学的——城市美化运动，花园城市。这就好像在房子失火的时候“玩堆沙丘的游戏”。

我用“设备”一词来取代“城市化”。我先前已经用“设备”取代过“家具”一词了。这种执著充分地表明了我们仅仅是，只不过是工作的工具罢了，因为我们将在美化城市中修剪漂亮的花圃面前死于饥荒。

*
* *

我们不知道该往哪儿去，因为我们不知道去过哪儿。我们需要一次诊断和一根控制线。

1922 年时候，我试图进行一些深入分析，我做了一些实验。我把微生物隔离开以后观察它的生长。微生物的生物性表达得清晰无误，无可辩驳。我得到了一些肯定的答案，做出了诊断。接着，通过综合法，我提取出了现代城市规划中的基本原则。这就是我们在秋季沙龙有关城市规划的大型展览，随附一张“300 万人的当代城市”的全景透视。

1924 ~ 1925 年间，我出版了“新精神系列丛书”中的《城市规划》一书，当时我们在国际装饰艺术博览会上的新精神馆中展出城市规划的圆形展厅在现代人类的住宅方面，以及把这些住宅单元组合成一个城市社区方面都有富于创见的研究成果。这次的展览再次使用了1922 年的全景图，同时展出的还有巴黎的瓦赞规划（Voisin Plan for Paris），也随附一张带有崭新商务*中心*的整座城市的全景图。在经过了分析、诊断、“月下”的工作之后，它终于正式成为一个解答具体案例的答案：巴黎。1928 年，法兰西振兴会出版了一项针对某次规划委托的提案，标题是：《迈向机器时代的巴黎》。①

① 《走向机器时代的巴黎》，作者勒·柯布西耶（法兰西振兴会，马德里大街28号，巴黎）。

我在规划上付出的大量精力似乎给予了我资格为你们讲演下述这个充满活力的主题：当代的城市。

*
* *

围绕一条河流（图 136），用几条同心的炭笔线条，我让你们见证第一座小城镇的诞生，以及集市、城市、它的防御城墙、郊区和第二道城墙、第三道、第四道，等等的创建。我们一下从罗马时期跨入了现代。同时，我们始终不曾搬离我们的中心。

在左、右、南、北，我向你们展示一些建在广阔的乡村之中的修道院。连接它们和城市之间的道路在几个世纪之后依然留存了下来，它们至今还是城市要道之一。这些乡村土路当下被上升到了伟大的城市要道的级别上！

接着，我在第二张图上画出铁路，车站，以及由这条铁路引发出的愈发伟大的郊野。城市的边缘变得其大无比（图 137）。

我奇怪为什么这张其大无比的大饼会得到发展？我用黄色的点表示四散的人群，我看到这些黄色的点沿着放射状的运河涌向城市中心，所有的这些黄点都是在白天的时候往那里聚集。到了晚上，他们又纷纷回到属于自己的近郊或是远郊。我注意到城市的功能可以划分为两个时间段：向中心的聚集，接着是往外围的扩散。我还注意到城市就是一个大轮子，所有的放射状物体都指向中心，从四面八方，从由这套*放射系统*统领的一望无际的地面而来。

当我在绘制城市的剖面时，我发现几个世纪以来，城市的发展趋势就是拓宽街道，加大建筑的体量。如果要我用一张图来总结这种趋势的话，我就会画一个呈*内凹*曲线的城市形象：两端升起，建筑彼此间相隔较远；中间低矮，建筑相对集中（图 138）。

我试着更加透彻地理解它。我用一张新的图画来表达这种状态：由越靠越近的同心圆组成的圆圈接受了交通河流的灌溉，我用蓝色表示这些交通河流，它们在边缘处较宽，在中心较窄。我另外用一个同心圆组成的圆圈来表达这种集中的状态：到了中心部分，圆圈与圆圈几乎碰到一块儿了。我说，这就是*壅堵的一种典型状态*（图 139）。

我画一条横线来划分历史：*马车时代，一直到1850 年*。再重复画一

136

137

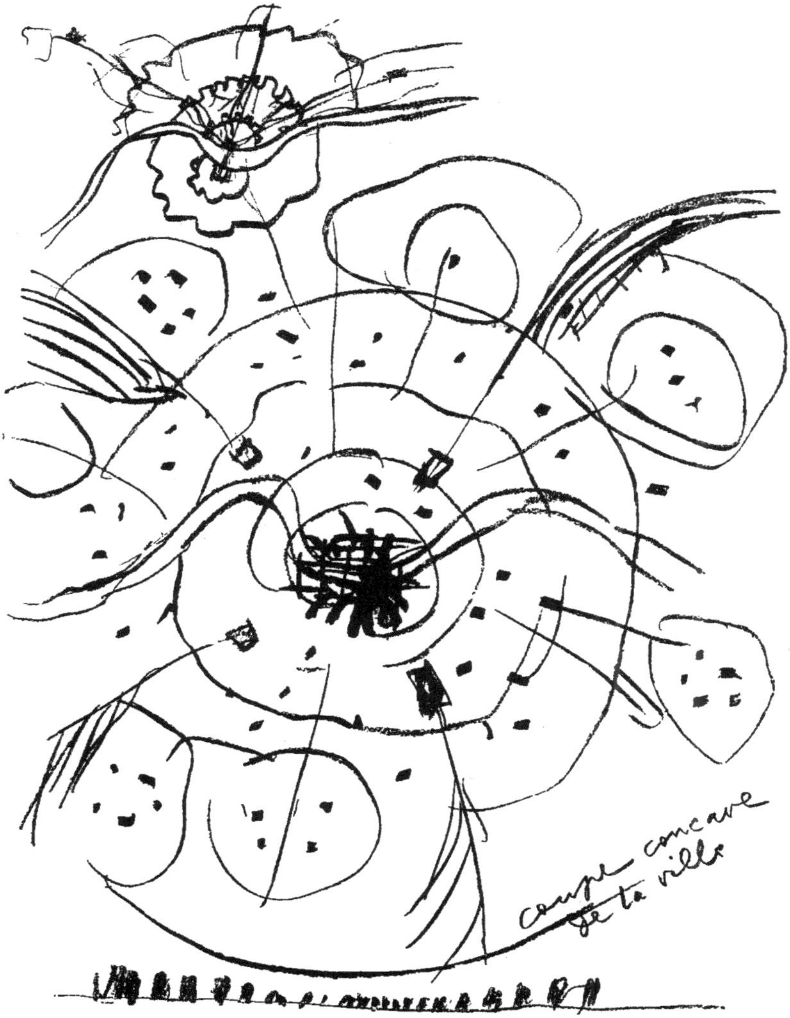

138

图 138　coupe concave de la ville/内凹的城市剖面

139

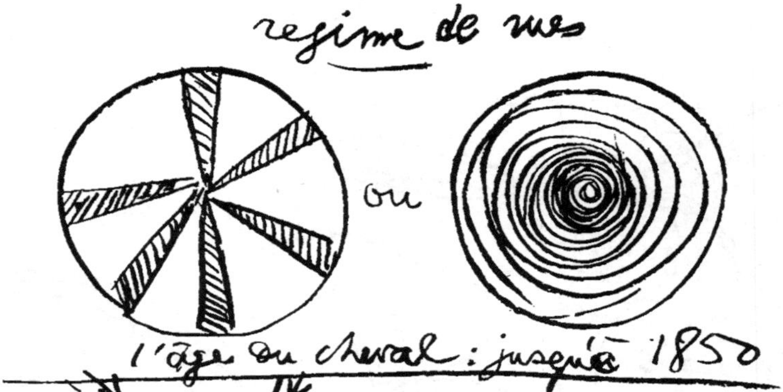

140

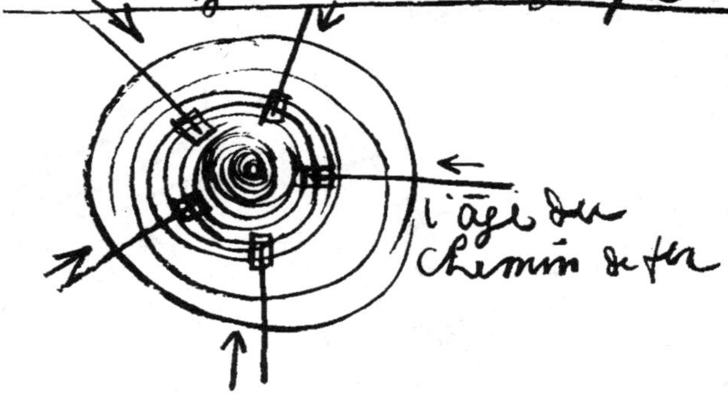

141

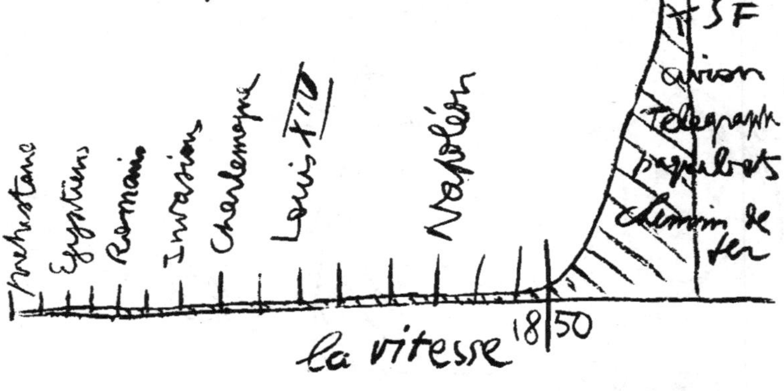

图 139　régime des rues/道路网//ou/或者//l'âge du cheval：jusqu'à 1850/马车时代，一直到 1850 年；**图 140**　l'âge du chemin de fer/铁路时代；**图 141**　préhistoire，Égyptiens，Romains，Invasions，Charlemagne，Louis XIV，Napoléon/史前人、罗马人、侵略、查理大帝（Charlemagne）、路易十四、拿破仑//TSF，avion，télégraphe，paquebots，chemin de fer/无线电、飞机、电报、远洋轮船、铁路//la vitesse/速度

142

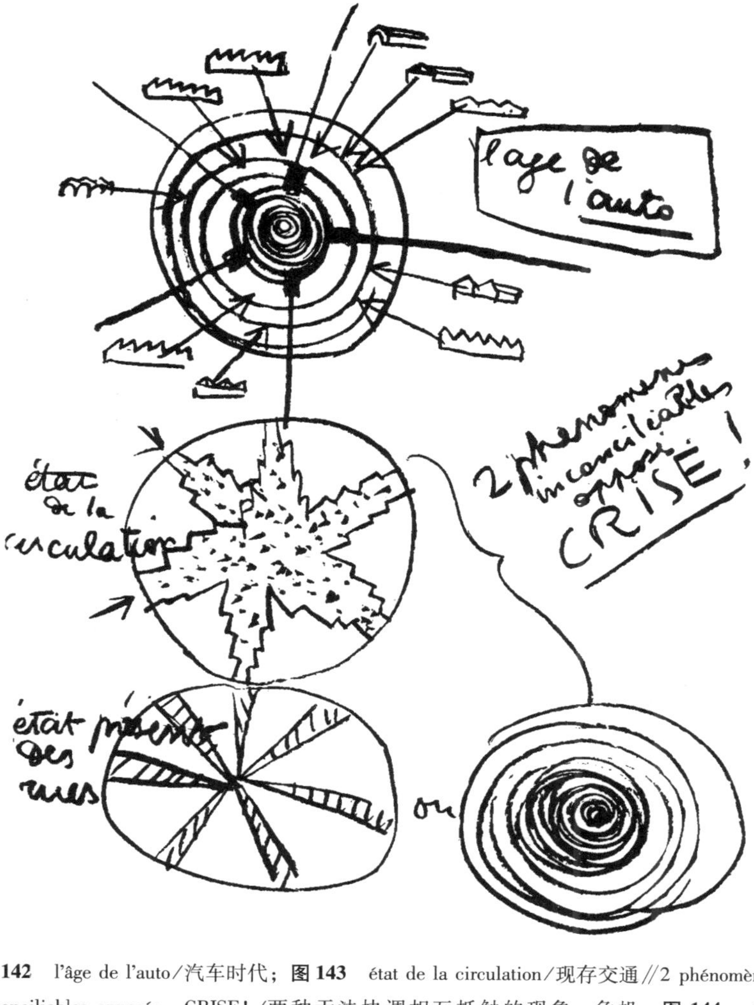

143

144

145

图 142　l'âge de l'auto／汽车时代；**图 143**　état de la circulation／现存交通//2 phénomènes inconciliables opposés. CRISE!／两种无法协调相互抵触的现象，危机；**图 144**　état présent des rues／现存的道路网；**图 145**　ou／或者

张我的画，示意*铁路时代*。我已经画好了车站（图 140）。

车站是干什么的？它们把人群倒入城市的中心。它们*倾倒*人群。是的，因为人类的速度已经发展到了一个新的历史阶段。看！我的速度曲线从最远古的时代开始：它在人类的步行速度和马匹的速度之间滑行。史前人、罗马人、匈奴人、巴勒斯坦的十字军、三十年战争（Thirty Years' War）的军队还有拿破仑的大军，他们都以人或马的速度前行。①

我画一条垂直线，我写上：1850。接着在此后的 80 年内，这条曲线急速上升。我写上：铁路、蒸汽轮船、飞机、飞船、汽车、电报、无线电、电话（图 141）。

我再画一个相同的，表示*城市状态*的圆圈。我画上车站。但是我在郊野里面画上汽车工厂，我把汽车送进城市，我写道：*汽车的时代*（图 142）。

我还在继续试图理解。

一个圆圈，红色的铅笔表示出城市中迅速发生的事件（图 143）。它从四面八方而来。去哪儿？去中心。这张图是很有意义的。在它的下面我再用蓝色画一张*交通流*的图（图 144）。我用一个括弧把交通的状态和先前的壅堵状态联系在一起，也是我重画的（图 145）。

试图把红色的图叠在蓝色的上面，我很有*信心*地写着；面对联系实际状态（交通）和现存状态（现有的城市）的括弧，我写道："不可能 = 危机。"

我用一条水平线隔开了这些目前的现状，得出惟一可能的事实：一个蓝色的交通流图形，和红色的入侵人流图形相似（图 146）。我用一系列在中心相隔很远，在边缘则几乎碰到一起的同心圆来表达这种减轻壅堵的必要前提（图 147）。

行了！我已经研究了，理解了，也提出建议了。

所以，紧接着我用蓝色的笔画出汽车、飞机和铁路时代的当代城市的面貌（图 148）：在城市中心宽阔的街道。在乡村中有力的渗透，外围略不重要的街道，然后就是绿化空间。绿化空间？是的，这也就是说，一片保护区域，一个限制扩张的控制阀。再然后，远方就是微小的

① 多么希望能有一位伟大的作家向我们讲述这一切啊！

146

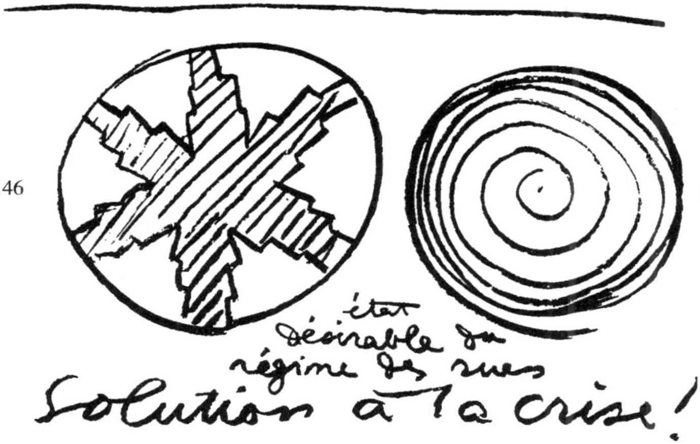

147

图 146　état désirable du régime des rues/理想的道路网//solution à la crise!/解决危机

交通网络。

我想起了刚才的黄点小人，我说过这些人有两段活动的时间：他们从边缘进入到中心的商务区工作，他们返回到边缘去休息。

我是不是被我自己的图给*困住*了呢？在城市中心的巨大交通河流之间，我已经没有富余的空间留给那些忽然涌入的人群了。让我们再仔细想想：现代科技教会了我们造 200 米高的大楼。*城市中心将会有200 米高*。这样的话，我就能把城市中心的密度提高 4 倍，甚至是 10 倍，距离也将会缩短 4 倍。

你们会说；这是一场多么让人窒息的速度间的赛跑啊！

是的，因为生意场就掌握在那些反应最快的人的手里面。想想这点吧：每天早上，从股票开始交易，全球市场就活跃了起来，这时候就已经定下了你的工作价值。它是每天早上定下的。它每天都会有调整。为了赢得比赛——因为有成千上万的人都想要获胜——为了赢得比赛，你必须是最快的，最直接的，最精确的。你必须装配精良，才能“在生意场游戏”。

谁的装配最精良，谁就会赢。一座装配精良的城市才会赢。一个首都装配精良的国家才会赢。

如果一座城市的装备非常落后（图 151 ~ 图 153），你们将会看到在穷乡僻壤的地方，木工们游手好闲，轮轴停止转动，家庭里整日唉声叹气，遍地都是贫穷和沮丧。

你们可能又会继续问道：为什么你分析城市的时候用的是一套圆形的放射状系统，而最后你的提议却是矩形的，有两条正交轴线的？

因为我已经离开了经济学家的领域，他们用的是象征的图形，我又一次变成了建筑师了。对建筑来说，我们需要直角。如果建筑偏离这片坚定，伟大的区域，它就有可能堕入危险，被锐角或者钝角打败：那么所有的一切都将变成丑陋、束缚和浪费了。

*
* *

200 米高的楼房，超尺度的大道。由此我们改变了*城市的尺度*。

让我们回顾一下历史：

这里（图 149）是中世纪小镇的街道，挤在它的城墙，它极小的城市街区之中。道路每 20、40、50 米就要交叉一次。

到了路易十四时期，颁布了新的法令。当时马车刚出现。首先弯曲的道路被掰直了，路面也加宽了，设计了一些大得多的街区建筑。

奥斯曼加强了这种发展趋势。庭院变得更加宽敞。卫生、警察和城市尊严都得到了长足的进步。

请别忘记我刚才画的有关速度的那张图。我画了 200 米高的摩天楼，150～200 米长，我每隔 400 米就建一栋这样的摩天楼。对地铁、汽车、公交车来说，这才是良好的城市间隔：道路每隔 400 米交叉一次。

我现在可以写下（因为我已经计算过了）建筑的覆盖面积：5%。可自由利用的土地面积：95%。

我现在要回到我的第二次讲座（“技艺是诗篇的基石”）：在建筑架空的底层中，我们可以随意走动。街道和建筑之间没有联系。建筑架在空中，它那蕴含着空间的体块吸引我们的眼球。这些体块不可避免地以直角布置，直角代表了秩序、沉稳和美丽：街道任由它们喜欢成各种形状，可以是弯曲的，也可以是笔直的。它们就是河流，是精确计算得出的河网。这些自由流淌的河流形成巨大的交汇点。河道永远不会有堵塞和阻碍，因为它会自动调节到足够的宽度，然后带来惊人的变化。我们在密布河网上航行的小船——在这里指的是汽车——必须去*码头*，去*外围*的海港停靠，或左或右。现在有空间来建造这些码头和海港。

151

152

149

149a

148

150

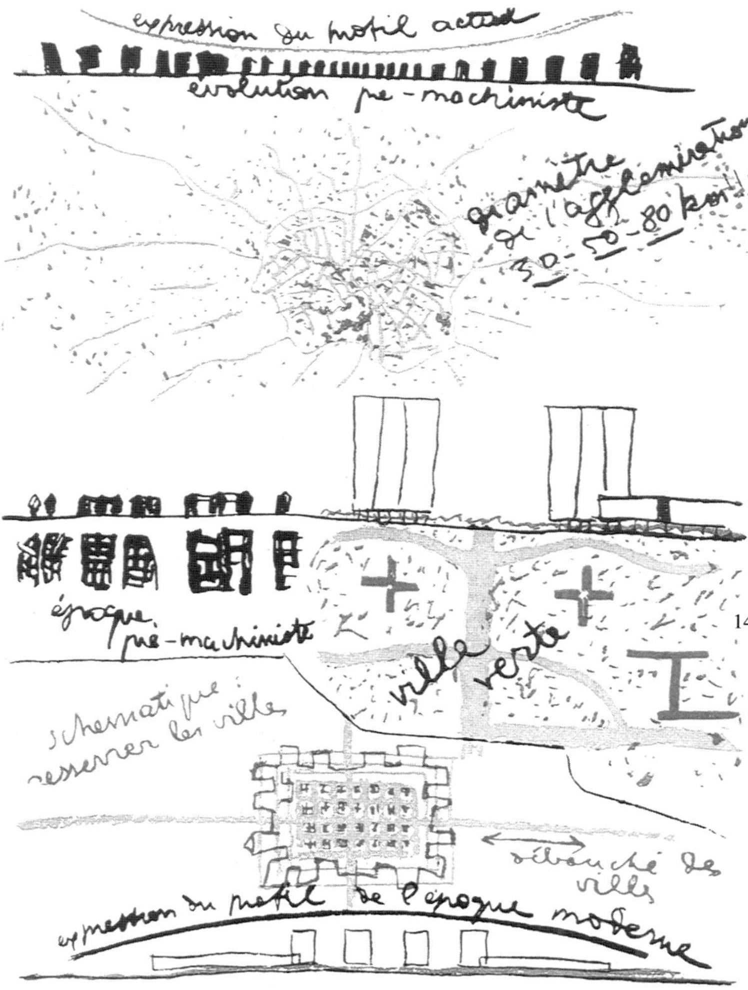

图 148　schematique：resserrer les villes／草图：压缩城市∥débouché des villes／城市被开敞空间包围；**图 149**　époque pré-machiniste／前工业时代；**图 149a**　ville verte／绿色城市；**图 150**　expression du profil de l'époque moderne／现代城市的形象；**图 151**　expression du profil actuel／目前的形象∥évolution pré-machiniste／前工业的演进；**图 152**　diamètre de l'agglomération 30－50－80 km！！／直径30－50－80 公里的城市中心！！

*　彩色图见彩色插页。——编者注

153

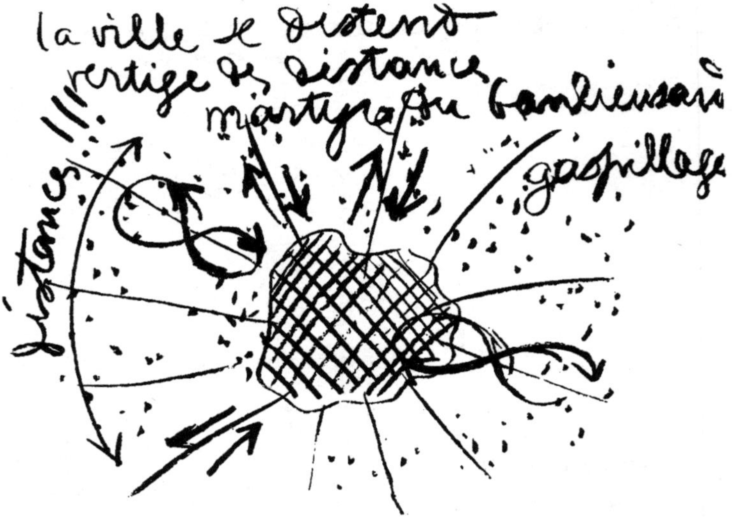

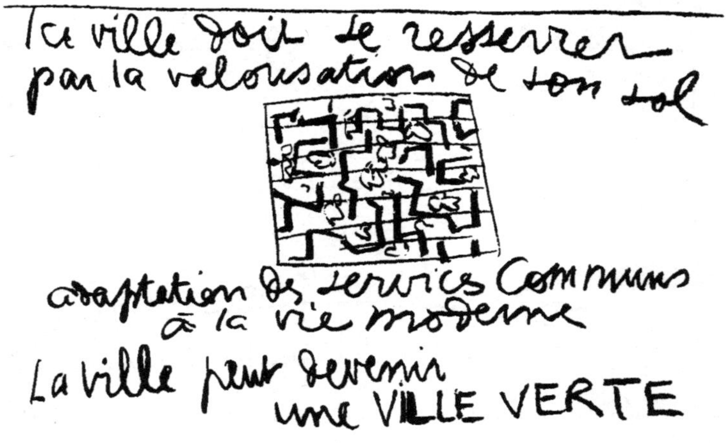

154

图 153　la ville se distend／城市扩张∥vertige des distances／头晕的距离∥martyre du banlieusard／郊区居民的苦楚∥gaspillage／浪费∥distances!!!／距离!!!；**图 154**　la ville doit se resserrer par la valorisation de son sol／城市应该通过土地价格重整进行压缩∥adaptation des services communs à la vie moderne／让公共服务适应于现代生活∥la ville peut devenir une VILLE VERTE／城市将能变成为一座绿色城

还有，整座城市都将覆盖植被（图 154），会有大量的新鲜空气和阳光。*我们再也看不到庭院的踪影了，因为它们一无是处*。在充足的日光下工作，人们才能全力以赴。那些身居高处，在 100、150 或 200 米高眺望风景的人们要比那些活在洞穴里面，只能看见牢墙的人愉快地多。

如果我要画一座现代城市的剖面的话，它不是下凹的，而应该是上凸的。这毫无疑问（图 150）。

除此以外，在这些不同的图画里面，还包含了许多定论。这些定论一起构成了一套指导原则。*一套城市规划的指导原则*。在今天的城市规划里面难道没有指导原则了吗？必须有一套才行。

*
* *

女士们、先生们，我是不是几乎都没涉及我今天的主题呢？它太宽泛，太宏大了。不过余下的几次讲座还是会带来各自的惊喜的。我们把已经得出的几条定论联系起来就已经足够了。

有关这个主题，我已经写了一本书了，我在这方面作了很多细致深入的研究。有些用过的例子我就不再重复了。不过我可以通过几条根本的思想来组织这一切。下述的几条是最为本质的东西：

城市规划是一个有关设施，有关装配的问题。如果一个人提到装备，那他指的就是令人满意的工作、产出、效率。

城市规划是一件关乎美学的事情，但是这必须建立在它同时还是关乎生物组织，关乎社会组织，关乎金融组织的基础之上。

纯粹讲究美学的城市化是相当昂贵的，它会导致大量的支出，是对纳税者可怕的压榨。更重要的是，鉴于它对城市生活没有一点帮助，它是不适宜的，或者说不道德的。真正的城市规划是在现代科技中找到解决城市危机的手段。它从经济问题中找到自己的资金，这也是它的本质。我会在下一次有机会的时候证明这一点。通过这个自集资的过程能获得一笔巨大的经济收益，这就使它有可能在社会和平上掷下重金。为了让这个自集资的过程能够存在和成长，需要有一种强有力的干涉。

下次我会向你们展示政府干预如何能产生项目资金。我们一定要定出政府不得不干预的临界点，我们将会看到究竟是哪一个权力机构需要进行干涉，以及它们是如何干涉的。

所有我之前举过的例子都在解决城市危机上贡献了自己的一份绵力。这个无处不在的问题——存在于住宅和住宅的组合中——以及对机器时代新方法的呼唤一起解开了令人生惧、蜿蜒曲折的圆环，它们更精确地刺穿了它，生命再一次开始了它宽阔的历程。那里没有什么奇迹，有的只是扫除障碍，水到渠成，是收获的季节。学院派的思考方式或者是矫揉造作的伤感在这儿能起到什么作用呢？

城市规划是一个综合的问题，它关乎*地面和地面之上*的组合问题。导致方法失败的原因在于人们只从一个*维度*思考，而没有在*横向和纵向*上综合考虑，也就是说，用最高速的工具耕地，把人们以最健康、最愉悦的方式安置在*楼房*中。

我们一定要攻克*噪声*。一条健康的城市规划指导原则和一条“生存的机器”的指导原则必须赶走噪声。

别以为我们的耳朵会渐渐适应现代生活的喧闹。另外，从机械或者规划的角度来看，只有在解决方案自相矛盾的时候才会产生噪声。一架好机器的发展趋势不是制造噪声，而是越来越安静。我们忍受着噪声的痛苦，噪声是不正常的，它会带来毁灭性的结果。很快，百万富翁们会以给自己的朋友提供*安静时光*为风尚。除非现代的规划获胜，带来平和，我们才能幸免于难。一个首都得到褒奖，那是因为它变安静了。

从我们已经讲过的所有的话来看，很明显，现代城市将会遍植树木。这是肺的必需品，是心的安抚剂，是调解钢和混凝土给当代建筑带来的伟大几何美学的佐料。

我向公共教育部长提呈了下述的这个想法：会有一条敦促每一名学生都必须栽种一棵树的法令，种树的地点可以是城内或者城外的某一个地方。这棵树将以这名学生的名字命名。这项活动几乎不需要任何成本，*但是它需要计划！* 50或60年之后，这些已经年老的男男女女，会受到一种信仰的驱使，走到那株早已枝繁叶茂的树下。这只是随便说说的一个小想法，它表明了自然对我们的身心是如此不可或缺，离开了自然我们根本无法生存。它会慢慢地把自然引入我们那些非人性的城市之中。

*
* *

最后，我以给出一些城市规划中的*视觉元素*和*诗意元素*的术语作为

156

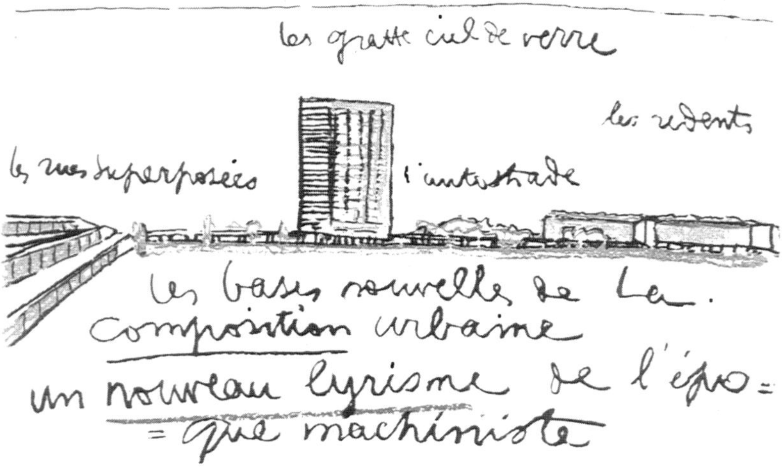

155

图 155　les gratte ciel de verre/玻璃摩天楼//les rues superposées/架空的街道//l'autostrade/高速路//les redents/锯齿形建筑//les bases nouvelles de la composition urbaine/城市设计的新基础//un nouveau lyrisme de l'êpoque machiniste/一首机器时代的新诗篇；**图 156**　LA VILLE VERTE/绿色城市

*　彩色图见彩色插页。——编者注

尾声。

首先，在规划中：多样化空间（图 149a）。

然后是竖向立面（图 155），我这样画：

先是地面，遍植绿化；交通的河流横贯，绿树环绕停靠的海港。

这儿有一条架空柱上的高速路，消失在远方。

统领树木，或说在它们枝丫中间，介于树叶和草坪之间的是“架空”街道，退后 2 步或 3 步的楼房，以及咖啡店、商店和人行道。

这里是包含有公共服务的大型住宅楼，没有了往昔的庭院，向公园开敞。

这里是水晶般的摩天楼，在空中闪闪发亮，熠熠生辉。

但是我们依然没变，还是昨天的那个人，视高仍旧保持在 1.7 米的高度。这才是一座节奏紧凑、热情洋溢的现代城市真正的场景：是一首由草木、树叶、枝丫、掩映在草坪和树林中的水晶柱散发出的光芒所谱写的交响曲。一首交响曲！看啊，进步启发了我们的诗意，现代科技把我们全副武装！这是前所未见的。没有过，前所未有过，因为一种新的精神已经拉开了一个新时代的序幕（图 156）。

第七场讲座
1929 年 10 月 15 日，星期二
精密科学学院

一栋住宅，一座宫殿
——建筑整体性研究

日内瓦国际联盟宫

此次系列讲座中的这一讲是为了给一个名词下出真正的定义，这个词对我们来说意味着谎言、自命不凡、空虚、浪费和愚蠢至极。这个名词就是：*宫殿*。

我们在建筑的道路上已经虔诚地前行了够远了，所以我们自认为有能力作出判断。让我们先来讲讲你们的宫殿：国会大楼、司法大楼。然后是我们的：巴黎的大展览厅，布鲁塞尔和罗马的司法宫。最后，在日内瓦国际联盟宫的国际竞赛中，来自世界各国的方案里面有很大一部分都是披着学院派的外表的。

你们想像一下吧，就好像它们正浮现在你们的眼前，我不多说一个字，你们应该就已经作出判断了。它们有什么用？纯粹就是摆阔。它们所包含的功能？事实上使用状况根本不可能良好。

去年，我写了一本有关这个话题的书：《一栋住宅，一座宫殿》。我给它加上了“建筑整体性研究”的副标题。

为了解释自己，我深入到了许多细节性的问题中去。尽管如此，我还是会给你们大致再讲一遍我们项目中有关技术的方面。你们会看到究竟哪些要素是需要加以强调的。这套严密的空间序列是导致我们提出问题的最基本的原因，其中需要理解和引起注意的是：

建筑是一组连续的、从分析到综合的事件，精神试图通过创造出精确和强大的关系产生变化。这些关系如此准确和强大以至于从中孕育出深刻的生理情感；以至于当我们解读答案之时会由衷地感到精神上的愉悦；以至于我们从清晰的数学关系中能体会到和谐的存在，这种数学关系不仅使整个作品中的每一个元素之间都相互联系，同时在作品本身作为一个整体之时，又与另一个整体，也就是环境，场地之间产生这样的联系。

就是在那个时候，我们超越了所有功能性的、实用的东西。一个强大的事件：创造。一种充满了诗意和智慧的现象，被称为美。

就是从那一刻起，我们把*宫殿*的概念建立在了不可或缺的功能要素之上——设施之上——同时宣布，由于我们心中怀有一种更高的目标，我们正逐步迈向最终的辉煌。作为建筑师和规划师，我们感到自己被赋予了设计城市的力量。城市是一个整体。一座城市必须要美是因为一种更高的目标……它们超越了仅仅满足功能上的需求……

从这种视角出发，健康的人——一个普通的或者是受过良好教育的人——都会受到一种刺激，一种持续激发出快乐的刺激（欢乐不是物质的，它是对某些事物的感觉）。

只有那些深受学院主义精神浸染的人们无法理解，他们早就在掌握学习和偷懒技巧的过程中丢失了自己的*原初情感*。他们对眼前的新兴景象感到一片茫然。

所有伟大的历史杰作，共同组成了古典建筑的发展链，一环扣一环，在它们首次出现的时候无一例外地都是革命性的。

创造的本质就是使新的关系达到平衡，等式的一边总是不变的——人类的情感——而另一边总是在前进，充满了偶发性，指的就是在永恒的进化过程中，科技产生出的遍及社会各个领域的新*环境*。

在这个建筑的顶峰，“宫殿”一词再次变得诚实的地方，一种我称之为*真实的精神*统领着一切。真实的精神是一种刚硬的手段，它一直下潜到作品最根本的地方，穿过它，哺育它，毫不犹豫地一直把它托出水面，这个时候，缘于自身对真实的肯定和从克服困难的过程中收获的满足感，作品带着自信的微笑面对世人。

*
* *

我现在画土著人的棚屋（图 157），远古的神庙（图 158、图 159）和农夫的房子（图 160），我说：这些有机体的创造中蕴含着大自然的真实性——经济、纯粹、强烈——正是它们，在某个风和日丽、阳光普照的日子里面，将成为宫殿。我已经为你们展示过一栋渔夫的房子了，它清晰明了；某天，我的双眼潜入了建筑中，潜入建筑永恒的要素中，猛然发现了它。“这栋房子”，我冲着自己尖叫，“就是一座宫殿！”

后来我用草图向国际联盟解释我们的方案：

底层架空柱在交通流线问题上带来的帮助（图 161）；

一栋现代办公楼的设计（图 26、图 27、图 30、图 31）；

一座宫殿中最伟大的问题，大会议厅和集会大厅的垂直水平交通流线；

建造一个如此庞大的空间的问题（图 162 ~ 图 164）；

还有眼睛和耳朵的问题，视觉和听觉的问题，在一个类似于通天塔（Tower of Babel，图 165）的地方，来自不同国家，说着不同语言的人们都聚到一起，争论着世界和平。亲耳听到这些争论是内心和理智惟一认可的方式（图 166 ~ 图 169）；

集会大厅的照明，无论是白天还是晚上。*要看得清晰*，要决定世界的事务，要充分利用太阳光带来的积极向上（图 170、图 171）；

要呼吸；我们第一次发明“中和墙”（图 172、图 173）；

最后，是*总结*，也就是说，受到一股强烈欲望的鼓舞，以对真实最虔诚的态度在建筑中综合所有的部分：创造出一个和谐的作品。

*
* *

接着发生了什么呢？我们被踢出了国际联盟。我们的名字被擦除了，完全失去资格，尽管评委会和专家组指明要我们去建造国际联盟宫。

这项重要的竞赛，发动了全世界 377 家建筑师事务所参与，送到日内瓦的平面图拼起来能有 14 公里长，到最后居然是虚假的。

为什么说它是虚假的？学院派的精神统领了整个机构的制高点——研究院，这已经非常接近政府了。国际联盟的人们非常真诚。他们还是

157 

158 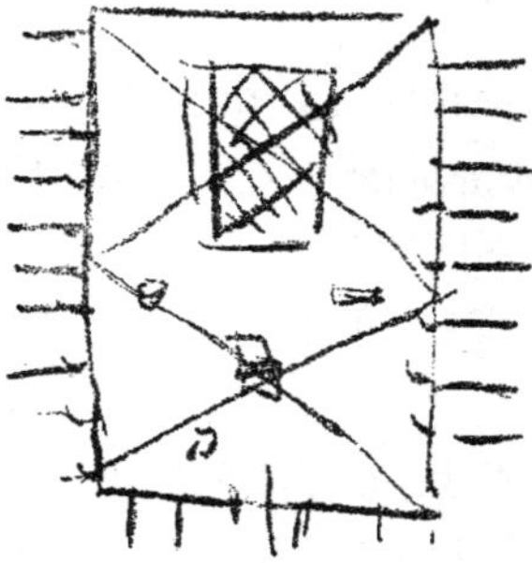

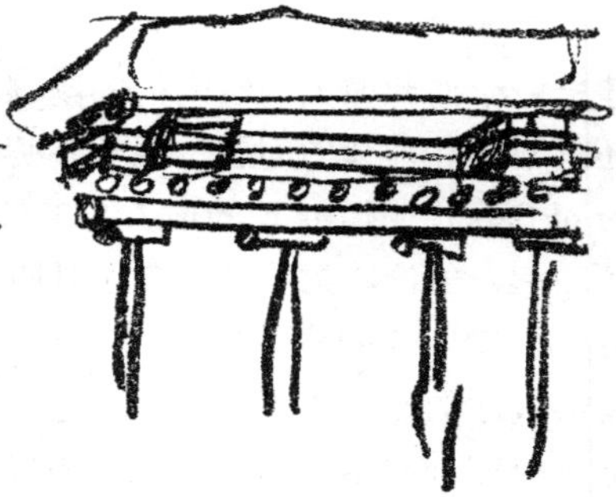 159

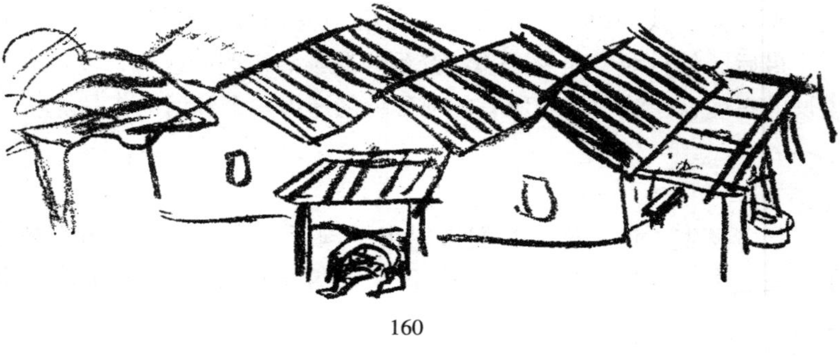

160

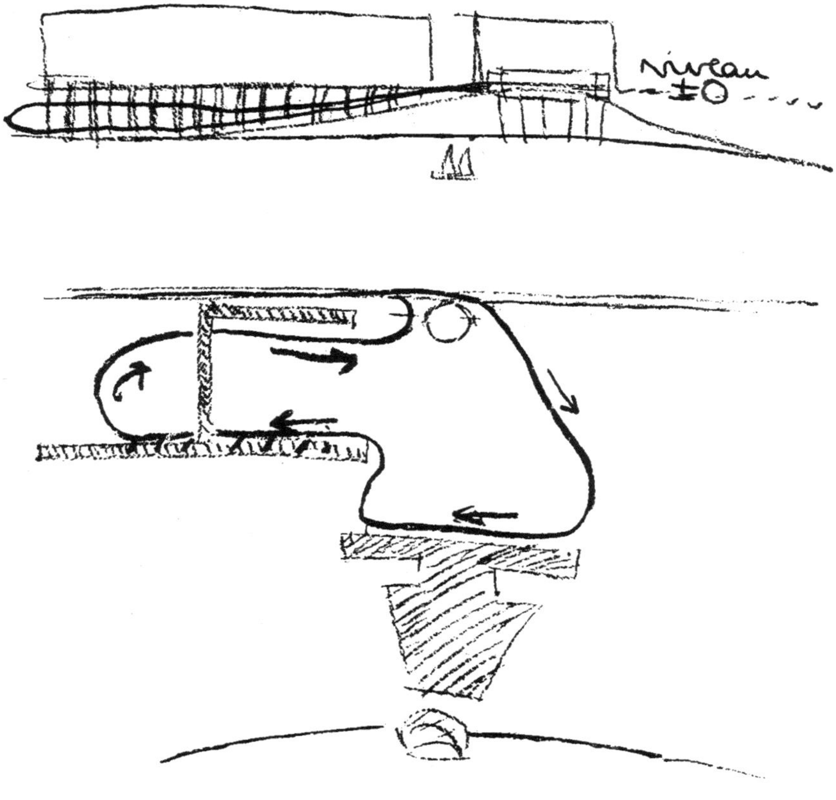

161

图 161　niveau/标高

162

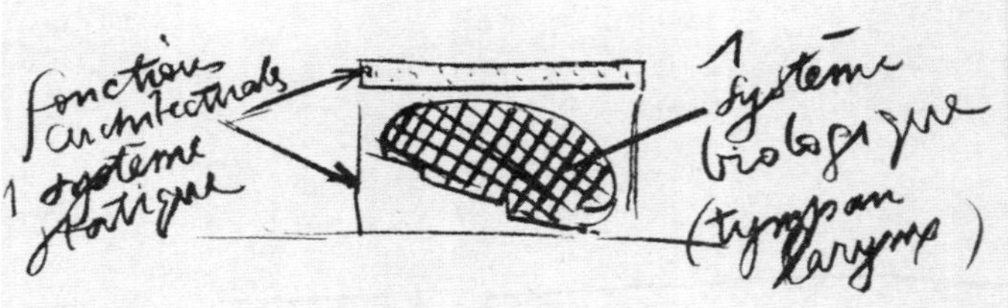

163

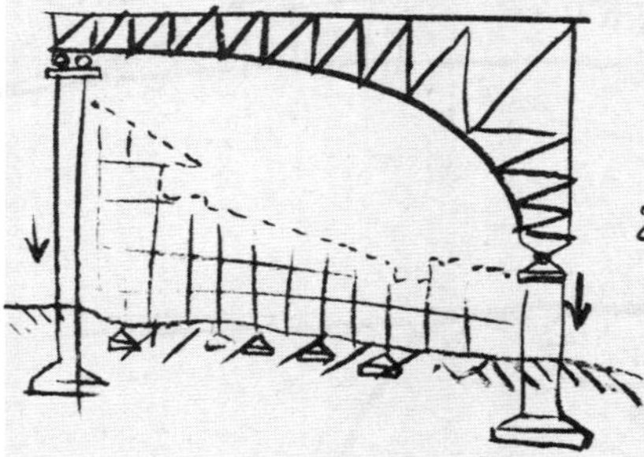

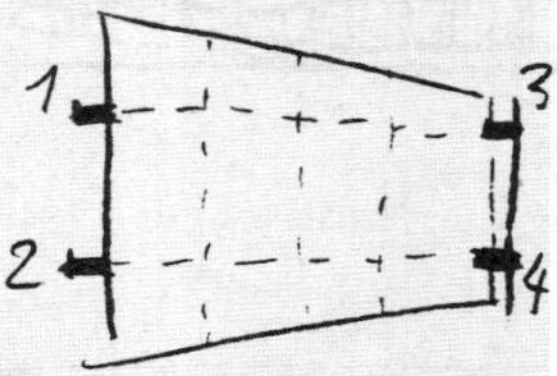

164

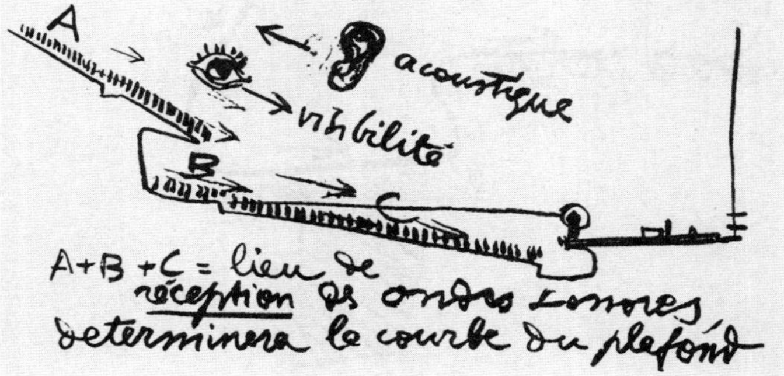

165

图 162 fonctions architecturales，système statique/建筑功能、建造体系//système biologique (tympan larynx)/生理系统（耳膜、喉）；**图 165** acoustique/听觉//visibilité/视觉//lieu de réception des ondes sonores déterminera la courbe du plafond/声波的接收点将决定顶棚的曲线

作者的说明：图 162 两项独立的功能显然在起作用：静态的和动态的。图 163～164 静态问题的解决办法。一种新的分析：桥架的 1/2 弧将承载大厅屋面的重量（4 个支撑点）；一组小柱将承载大厅地面的重量（观众）。图 165 为了保证视觉而采用的地面形状将影响大厅的声学曲线

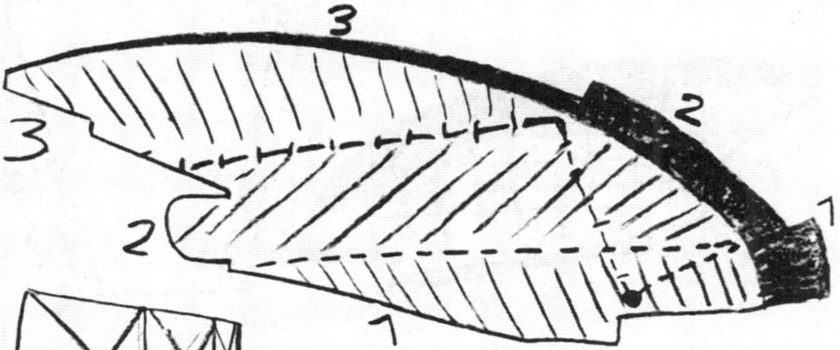

166

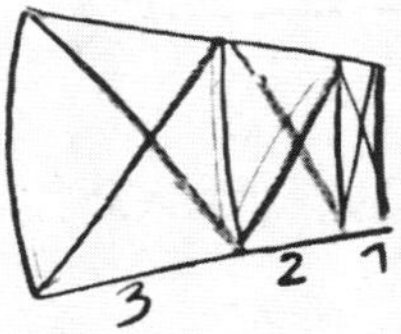

167

168

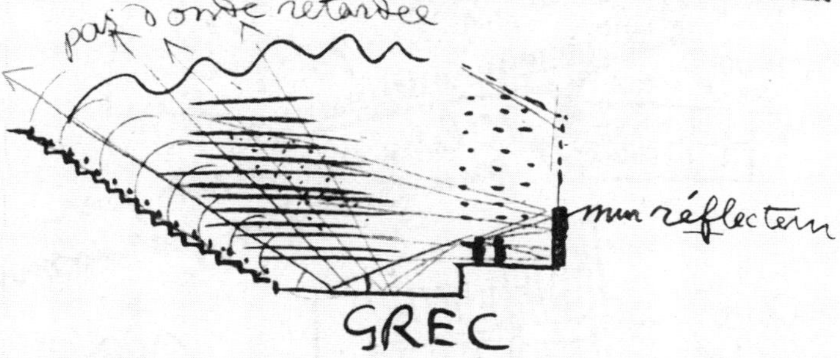

169

图 169　pas d'onde retardée/没有延迟声//mur réflecteur/反射墙//GREC/希腊式

作者的说明：图 168 通过莱昂（Gustave Lyon）的实验，在 1500 米开外都能听得到（详见《一栋住宅——一座宫殿》）。图 169 希腊剧场在乐队高度有一面反射墙，可以将声波反射到观众席中。剧场内没有顶棚，因此后方没有反射声，也没有回响。图 166～图 1671、2、3 的每一区，都根据说话人的情况，精确地扮演着希腊剧场中反射墙的角色；但是（尤其在 2、3 中）这面墙稍有倾斜，这是为了把相应的 1、2、3 区的听众包围在声波的“沐浴”中。由于发射的声波强度随着距离的平方递减，因此 2、3 区的“反射墙”面积特意按照形同的比例增大（面积的平方，图 167）

170

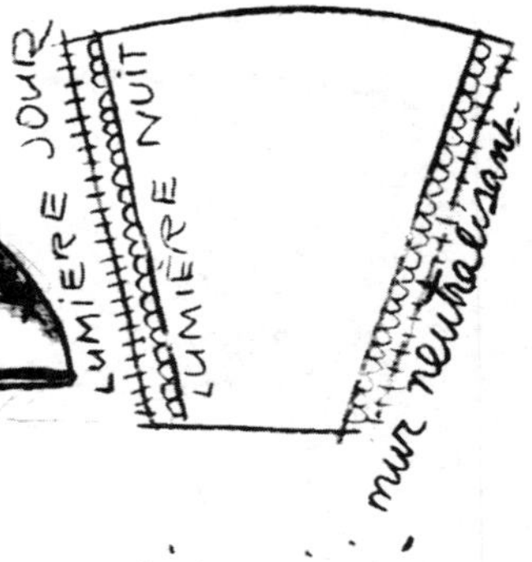

171

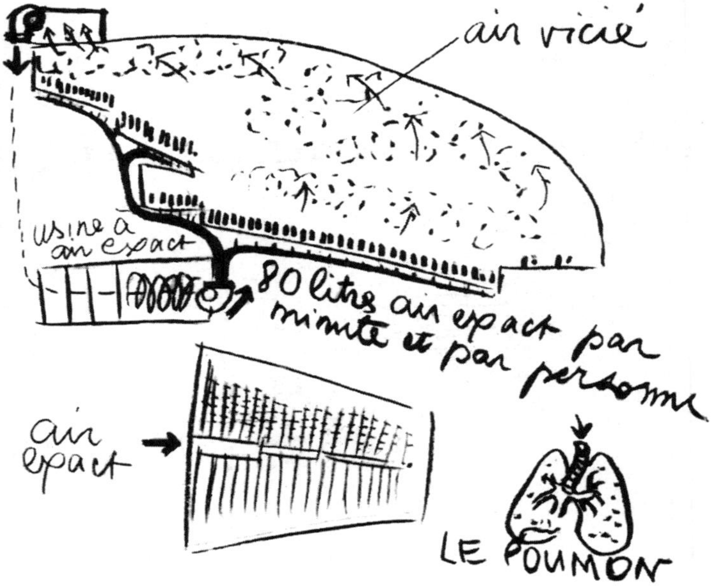

172

173

图 171 lumière jour/自然光//lumière nuit/人工光//mur neutralisant/中和墙；**图 172** air vicié/使用过的空气//usine à air exact/空气调节工厂//80 litres air exact par minute et par personne/每人每分钟 80 升经过处理的空气；**图 173** air exact/处理过的空气//le poumon/肺

作者的说明：图 170、图 171 大厅使用双层玻璃作围护，中间的空腔用来输送中和的冷热空气。图 172、图 173 精确调节空气，分配，闭合环路，回到空气调节工厂，新一轮的分配在思考“王权”。他们要以荣耀来统治。他们用过去*用来征服* 的样式来继续征服。这是一个多么严重的判断失误阿，一个对正在前进着的世界的份量最深刻的误解！

最优秀的人们会采取行动。专业的联合会给日内瓦寄去了无数的申诉状，无数的公开信件。在那里正发生翻天覆地的事情，却悄无声息。那些还没有权利作出决定的，国际联盟中的年轻人的觉悟是多么让人激动阿！

欧洲的媒体掀起了一场轩然大波；人们向曾经寄予厚望的最高研究院发去了自己的疑问。

自那个随意的决定过去以后已经两年了。但是在这个最严肃的时代，当浮云朵朵的水彩画和炭笔画早就已经无法满足要求，当所有的一切都关乎建造的时候，我们依然无法看到那些符合项目要求的，“学院派”的宫殿平面。

那年的6月5日，在马德里的国际联盟讨论会上，我们几乎赢了。但是我们输了。

不过谁知道呢？

我坚信这一点：“在一种新的精神的鼓舞下，一个新的时代已经奏响了乐章。”（我已经说过了，是不是，但是难道我就不能重复一次吗？）

难道这条信仰和国际联盟的思想正相反吗？

*
* *

女士们、先生们，不管怎么说我们都体会到了快乐，最愉悦的快乐，在3个月的努力工作后，当完成了自己的方案时，我们发现原来自己正踏着这样的一条设计之路在前行，这是一条与设计一家工厂、一座城市、一栋房子、一件家具完全相同的道路，就在那时，我们的快乐无以言表。

我们宫殿的奢华，更确切地说，我们宫殿存在的理由正是那条鼓舞我们创作的控制线；正是那种贯穿在我们方案之中的精神品质，它的线条纯粹且锋利，沉稳又美好。当所有的功能都得到了满足之后，我们无需再多加甚至1立方厘米于其上。

第九场讲座
1929 年 10 月 18 日，星期五
艺术之友

巴黎瓦赞规划：布宜诺斯艾利斯能成为一座伟大的世界之都吗？

让我们先扫清地面：

"走廊街道"必须摧毁。

只有当我们作出了这个决定以后，我们才有可能真正步入现代的城市规划中去。走廊街道诞生于马车牛车的时代，街道两边线形排列着一层高的房屋，有时候可能会有两层；主要的窗户向着由四条街道限定出的内院开敞。

随着集中化的发展，终于到了某天，在城市的心脏地带，这些一层的房屋上又加盖了 7 层；进而这些内院里面也塞满了同样高的楼房；惟一不变的就是公共卫生法令所规定的狭窄的庭院。然后，就算是在这里，尽管有法令的约束，还是兴建了各种各样的东西；电力走进了人们的生活。"太糟糕了"，他们说，"为了挣钱，人们不妨使用人工照明。"所有这些新建的房子里面都挤满了男男女女。汽车诞生了。它侵占了街道。梦魇般的噪声响了起来，它要是在空旷的乡村里已经很令人痛苦了，但现在它在走廊街道上就变得更加可怕了，因为街道两旁的墙壁都是扩音器。再也没有什么适于人居的环境条件了（图 174）。

走廊街道创造出的就是*走廊城市*。*整座城市就是一条走廊*。这是什么景象！什么美学啊！我们什么都不说，我们缴械投降。我们多快就得到满足了！要是有一位建筑师向你推荐一栋*满是走廊*的房子，你会怎么评价他？纵观历史，总会有些强调美学的国王建造一些富丽堂皇的房间，用来炫耀自己，以壮观瞻；它们已经成了城市的情感宣泄阀：孚日广场（the Place des Vosges），旺多姆广场（the Place Vendome），等等（图 175）。

我们可以彻底摆脱所有这些走廊！

为了达到这个目的，我们只需稍稍变更一下问题：解决方案将会“吞噬”一切；占尽所有沿街的东西，把院子减小到零，把房子的体量拔高，把它们变成十字形、星形，或者是洛林十字形（Lorraine），什么样的都行，只要能抹去内部的院子；人们能够走向阳光，能够离开街道，人们可以把原本分散的院子集中到一起，把它们当作开敞空间布置在街道左右两边，房子的周围，住宅的起伏之间（图 178）。这些重新被恢复的地面将用来停车，汽车的噪声将会离房子无限远。实际用作建造的地面将会尽可能地减少；人们完全可以远离街道，现代的科技能帮助我们把房子建得更高；这正是问题的关键。房子再也不会和从前一样紧贴道路的边缘了。它们将成为彼此远离的水晶柱。城市的地面重获自由。现代生活需要它！

* * *

还是有必要清空一下地面，然后在以下的两个选项中进行选择。用规划的术语，你可以称它们为“用药”和“手术”。

已经证明了我现在正在画的这条街道，位于其他许多和它相交的道路之中，已经变得无法继续满足使用要求了。城市的父母官们，遵循常规的做法，决定*拓宽*它。这项工程主要是在左右两边进行拓宽，有时候也可能只拓一边。打比方说，道路的一边现在被征用了（假定这个方案是最经济的；图 179）；业主喋喋不休（因为他是在一条非常繁华的道路上做生意）；他得到了一笔很大的赔偿金。结果：

一条旧的道路变宽了，

过程相当昂贵。

那就是“用药”。

现在来谈谈“手术”。

我们原样保持那条拥挤的道路不变，不去管它（图 180）。然后根据现代城市规划建立起一套新的宽阔道路的路网。新的道路穿过了一些

174 175 176 177 178

图 174、图 175　il faut tuer la “rue-corridor”!／必须消灭走廊街道！//le ciel／天空//voici l’ennemi!／这就是敌人//à l’américain／美国风格// “à la vieille”／老派风格；**图 176**　illusion des plans!／规划的幻觉；**图 177** autre illusion!／另一种幻觉！；**图 178**　ciel／天空//les “redents”／锯齿形建筑

不太重要的街区。征地费不算太贵。结果：

一条旧的道路保持原样，

*一条新的宽阔的道路*为原先不太值钱的地区增加了价值。

总共：两条道路，

低成本，

为一个原本贫穷的社区带来了价值重组。

还有另一个典型的例子：

这儿有一条郊区的道路（一条原先的驴道），由于其上发生的邻里内的必要活动而变得生机勃勃。

小汽车来临了；沿这条已经升级为国家或者地方的高速公路发生了无数车祸。它的急弯也是相当危险。人们决定加宽、拉直这条道路。道路的两边的地都被征用了（图 181）。但是沿着道路是一些银行、肉店、五金店、画室、小型的百货公司，等等。征地费将会非常非常昂贵！这是"用药"。

结果：*汽车将会源源不断，危险地影响着原先达到完美平衡的道路网；那是一套居住的道路网络，而不是交通的。*

再让我们看看"手术"：

人们在小镇的房子后面规划一条新的宽阔的道路，位于一片卷心菜、甜菜的菜田里面，或者是穿过一个农场（图 182）。

结果：*很少的征用费*；

一条路变成两条。

结论很简单：*在城市规划中，"用药"的解决方法就是一种幻觉，它根本不能解决任何问题，而且还相当昂贵。手术才能解决问题。*

知道这点很有用处！

* * *

现在我来和你们谈谈巴黎的瓦赞规划，这个方案提出在巴黎的心脏地带建立一个中央商务区。

"你自负能撼动巴黎，拆除、重建、摧毁往昔的遗产，给一座伟大的城市强加新面貌吗？"

让我们先跳过这种不假思索的学院派的抗议吧。让我们来思考一下

179 180

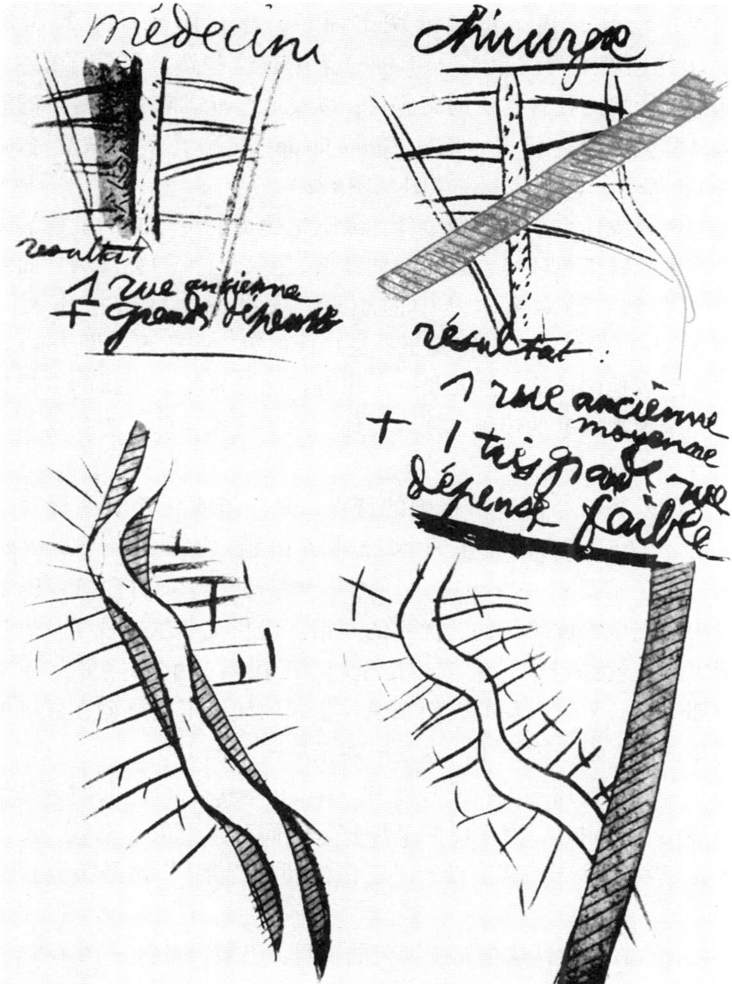

181 182

图 179　médecine/用药；**图 180**　chirurgie/手术；**图 181**　résultat l rue ancienne + grandes dépenses/结果：一条旧的道路加上很大一笔花费；**图 182**　résultat：l rue ancienne moyenne + l très grande rue dépense faible/结果：一条普通的旧道路加上一条非常宽阔的道路，花费很少

巴黎引以为傲的美。我们来谈谈城市的美。我要是给学院派们做讲座，我会问："巴黎是什么？巴黎的美在何处？巴黎的精神又是什么？"

我现在绘制一幅中世纪的城市面貌，建在四面环水的西岱岛（Cité）上的巴黎圣母院（Notre-Dame），还有这些造满了房子的大桥，这些从大门出发通往各省份的高速路；以及这些标志着初级阶段的修道院：圣日耳曼－德－普雷（Saint-Germain des Pres），圣安东尼（Saint-Antoine），等等。这是第一张草图（图183）。

接着我要叙述一项重要的事件：太阳王建造的卢浮宫的柱廊。多么骄傲，多么无视既成环境，多么破坏和谐，多么自大的亵渎啊！面对坡屋顶的锯齿线，面对灌木丛中的小道，中世纪的城市把伟大时期（Grand Siecle）的精湛工艺都集于一身！这是第二张草图（图184）。

国王继续他的统治。这儿是一个出现在满是哥特式尖拱的乡村里的穹窿：完全无视国家的传统，侵入场地，给了国家猛的一击！这是第三张草图（图185）。

巴黎的外貌已经拥有了精确的特点，是一首真正用石头谱写的颂歌。苏富罗（Soufflot）在圣日娜维耶芙山顶（Montagne Sainte-genevieve）完成了圣贤祠（Pantheon），另一个穹窿！诗人们宣扬着巴黎石头建筑中体现出的放射状的、优雅的和谐。轰！艾菲尔出现了。砰！铁塔出现了！这就是巴黎！它依然还是巴黎！巴黎人们都热爱艾菲尔铁塔；对那些整日梦见巴黎的人们来说，艾菲尔铁塔不是徘徊在遥远的边缘，而是深深扎根于内心中。这是第四张草图（图186）。

另一座山也被加冕了：圣心教堂（the Sacre-Coeur）。人们看见星形广场凯旋门（Etoile），看见巴黎圣母院。然而对整个世界来说，艾菲尔铁塔才是巴黎的标志。我写道："它依然还是巴黎！"这是第五张草图（图187）。

所以，现在我设计这个属于当代的项目：巴黎商务区（图188）。它巨大而壮观，闪亮且整齐。它的生命力，它的恰如其分，它生机勃勃的创新精神，甚至它迅速和革命的大脑都是在延续整座城市的历史，延续历史的年表。出于我对当下时代的信心，和即将来临的猛烈现实，我满怀坚定和决断，冷冷地说道："那，那就是巴黎！"我感到整个世界都把目光投向了巴黎，他们希望能从巴黎看到这样一种姿态，它有条不紊地

183

184

185

186

图 183　St Denis/圣丹尼斯（St Denis）//route de l'est/往东去的路//route d'Espagne/往西班牙去的路//route du midi/往南去的路；**图 184**　Roy-Soleil/太阳王；**图 186**　ça c'est Paris!/这就是巴黎!

指挥者，创造着，崛起着，他们希望能看到启蒙所有其他城市的建筑大事件的发生。我相信巴黎。我对巴黎满怀希望。我恳请巴黎，再一次，作出它历史性的表态:*继往开来*。

……………………………………………………………………………………

学院派喊道：*不*！

*
* *

要是碰上《一千零一夜》里面某个聪敏的哈里发，他会这么做，他会把那些学院派们，狂热地叫嚷着要保护老巴黎的人们，那些会在推土机前颤栗的感性的灵魂，最后还有誓死保存旧有铸铁的人们都集中到一起。

"你们到过城市了吗?"哈里发会问，"在那里，人们讨论着拆除和重建，就在那儿，在巴黎的中心。没有？那好，你们现在到那些人们讨论着拆除和重建的地方去。你们要仔细清点历史遗留的铸铁。如果没有达到一定的数目，我就把你们的头砍下来。因为如果那儿没有，我就把你们当作是生活的敌人，城市的敌人，国家的敌人。如果那儿不是这个数目的话，我就要谴责你们作*伪证*，你们就像是食腐肉的甲虫一般，扑灭一些不那么严谨的，或者是极不小心的报刊所刊登的报道中的每一个火花，而这些火花恰恰应当点亮今日城市的灯光!"

今天，所有的世界大城市都处于危机的边缘。时间正在流逝。错过了恰当的时机对巴黎来说将是一场悲剧!

*
* *

我们想不想看一个国家如何大笔挣钱，只要它*愿意*，是真真正正地*百万百万地挣*。还有，既然通过发展挣到了好几百万，它是如何用这些钱来开展工程，并使之成为整个国家建设中必不可少的武器的呢?

我将要为你们做的论证中包含了一些神奇的、不可思议的部分，有人可能会说是骗人的把戏，但其实不是。

人们对在一个*刚探明的*钻石矿或是油井周围发生的高强度的活动不感到十分奇妙吗？说得更精确一点,*某天刚探明了一个钻石矿或是油井*，人们难道不觉得这事情很不可思议，很疯狂，让人脑袋一空，失去知觉，

187

188

图 187　c'est encore Paris!/它依然还是巴黎!；**图 188**　l'académisme dit Non!/学院派说不!

觉得无法接受，并且很不真实吗？

*我将要向你们展示孕育了大城市的诞生，却又导致城市中心壅堵不堪的机器时代，同时也在这些城市的中心地带创造出一个钻石矿。同时存在一种方法——一个金融的概念——有效并且可靠，通过它能够开采这些钻石矿，这一切只需要国家十分简单的法令：一张带了签名的纸！*我并没疯，我说得很平静。我会证明的。

这条于1925年在《城市规划》一书中提出的想法感动了，也许没感动，那些阅读了新精神系列的摇摆不定的精英们。但是在1927年，它震撼了工业领域的舵手和经济学家，像是恩斯特（Ernest Mercier）和吕希安（Lucien Romier），法兰西振兴会的主席和主任。菲尔德（Field Marshal Lyautey），在他于摩洛哥执政的期间对规划的问题有充分的了解，他高度评价了我们的这些提议。接着，在1929年，斯律思先生（Daniel Serruys），国际联盟贸易关系处的前任主任，事实上也就是在当今这场喧哗中全面的经济学家，支持我们的这些提案。卢舍尔先生（他完全了解建筑工业）对我们所进行的研究很长时间内都饶有兴趣，他还让他们问我："你从哪儿得到钱？"他还没有读过我对"造钱的机器"[①]的描述；我们的方案对他来说似乎真是非常不切实际的。

我引用这些名字是为了告诉你们，我们并不是身陷乌托邦中，我们处在一个巨大的当代问题的核心中。

我提出这些基础；我坚持这些基础；它们是最根本的东西；它们和当下一切在我们之前提出的提案都完全相反。这是一个现代观念和风俗、传统、习惯相互斗争的关键时刻。其中最首要的：*城市规划不是美化运动：它是设备；城市化不代表花园化，它是工具。*

然后，再把现代技术算入其中，它是实现这项伟大的现代事业的新方法，是用来拯救的工具，大门忽然朝明天开启，我强有力地说道：

城市发展不是花钱，
它是赚钱，
它是挣钱。

用其他的话来讲：

---

① 英译者注：参考阿尔弗莱德·雅里（Alfred Jarry）的舞台剧《乌布王》（Ubu Roi）。

城市发展不是折旧或者贬值，
它创造价值。

我解释说：

只要现在的科技不发生任何涉及到建造可能性和效率的变化，那么城市规划就只能做到戒淫戒奢（路易十四）。

而当科技为我们带来了效率，能在保证数量不变的基础上提高质量，那么城市规划就不仅仅是实用的、节俭的，同时还能带来收益（豪斯曼，砌体建筑，与以往相同的楼层数）。

一旦科技进步允许我们建造200～250米高的房子（用钢和混凝土很容易就能造出来），而不受原来20米的限制（木材和石材建筑的保守上限），问题就发生了质变。*情况发生了转化，问题变成全新的了，它变得积极而不再消极了。它是建设性的。它能引发出那些重新赋予城市土地价值的操作行为。*

所以说，*城市发展带来价值重组。*

那就是它蕴含的一切。

有这样的一个时刻存在，万事齐备，一场变革将会自动浮出水面。

这个时刻就是现在。现在就是解开回转之结的时候，它是解决我们那些束手无策的混乱的方法。

让我们先停一下，看一个几乎完成了价值重组的例子：

巴西的圣保罗是一个正在急速发展的城市，它的郊野一直向四周延伸到了远方的高地之中。在这次不成形的扩张中没有任何要道。一家英国的公司这样说道："我将要建一条壮观的高速公路，从城市一直延伸到乡下。"是的，这很迷人。但是用谁的钱呢？这家公司跑去访问沿着他们所提议线路上的土地拥有者们（我暂且把他们称作为A. B. C.）。"你现在的土地可达性太差，*它没什么价值*。如果我们的高速公路通过它或是穿过它，那么你的土地就通过一条高速路和城市相连了，这会*给它带来一定的价值*，它就要重新定位了。所以作为交换，我们要向你索要一些东西：就是你给我们沿着高速公路的一条土地，进深 n。然后我们就会造这条公路。你的土地价值当然也会被重新评估，这条你给我们的土地 n 就当作是你付给我们的报酬了。但是如果你不愿意，那我们就不经过你的地盘。你的财产就还是保持原样，和今天一样不名一文。"很自然地每个人都同意了，理由无懈可击。这家公司，夹着它的草案，它的道路规划，和沿着道路左右两边的长条地块去见银行。开始只不过一个想法，经过了*一次人为的操作*，就增加了价值，*钱就从一块躺在那儿不动的土地中冒了出来*。这个创收的过程只需通过一次最简单的签名交换就能实现，一方是公司的签名，另一方是土地拥有者的签名。这才是规划！*没花一分钱。时机已经成熟，有用的元素也自发地冒了出来。*

但是让我们回到巴黎。时机在哪儿打铃呢？*那些元素又在哪儿呢？*

无论这个世界组织得多么好，多么慷慨，多么自私，多么小心翼翼（或者是试图组织——国际联盟、国际劳动办公室、国际大会，等等），总有一个至关重要的现象存在，它坚持不懈，而且永远不会消失：那就是*竞争*。它是我们行动时不可避免的一根神经，是生产的推动力。竞争存在于不同的力量之间；不会，永远不可能只有一股力量，因为在这股力量产生之后，又会有新的力量汹涌而来。

因此，一个国家，或者一个“国家”的概念，或者一个区域，或者一个行政单元，总是把自己的力量集中到一个指挥中心去。这些中心散布在“圆形机器”的周围，将直面对方，相互挑战，进行比赛。

这是一场艰辛的、剧烈的、凶猛的比赛，任何一方都不能欺骗自己，它关乎到每天的面包问题。

在股票市场开盘之际，每天早上，每当太阳又升起之时，世界的节奏就已经定了下来，其工作*按照每天的股市行情都会有所调整*。

在获悉节奏，与下达命令调整工作并签订契约的时刻之间，*我们需要速度*。这是一场冲向终点的赛跑，谁更早到达，消息更灵通，从而占据了更有利的位置，装配得更好就是赢家。厄运将会降临到那些熟睡的人身上。

机械化改变了时间的概念，强化速度，它要求我们创建一个*商务区*。高强度、高容量、快捷、安静（因为噪声会造成无法治愈的伤害）。商务区将建在最靠近城市各区的点上，*那一点就是中心*。[①]

我在1924～1925年的《城市规划》一书中仔细解释过了我的想法。在这里我没办法再展开一次，老实说，我是真的很想把你们带到抉择的

---

① 在放射状的大城市中，如果，先不谈希望，要求重建，新的规划一定不会是放射状的，也不会有一个所谓的几何中心。

十字路口，那我们就不得不谈谈钱的问题了。

尽管如此，还是有许多人想要逃避现实，转移话题，或者干脆一走了之，还有些人像孩子一样要在城市外建一个商务区。

始终是对解决方法的恐惧和对停顿、对“摇摆不定”的错爱引导人们背向解答。然而，在我们眼前和眼皮底下，在世界上所有的城市中，下述的现象都在周而复始地发生着：人们都在狡猾地兴建城市商务区，这形成对城市最可悲的威胁。什么威胁？窒息，交通堵塞，城市瘫痪。紧随我的炭笔：

这是一个城市中心，以及它的街道。人们在其最繁忙、最关键的点上所能找到房子，无论是新建的或是在建的，都是那些大公司的办公楼，它们都*全副武装*准备接受生意场上的挑战：它们的武器是秩序、组织、清晰、统一、效率，等等。它们用建筑从*内部*武装自己，因为它们无法从外部办到，这又是缘于城市的官员们不去采取行动，准备必要的规划。我画的这些房子都是位于战略点上。这种现象一直存在，就是最近的事儿，它就在我们的眼皮底下悄然发生。这是最让人深恶痛绝的事情，它是一项反对整个民族生活的滔天大罪。但是为什么这样？不是这样的话又是怎样？可能吗？我们不要太过吃惊了：城市的官员们已经接受了这种观念，规划就是美化。在这张草图下我写道：*癌*（图 189）。我找出了每项运营的成本：先是一家大公司花高价买下了这块土地；在原本就已经十分拥挤的地方继续进行人员集中：交通堵塞。我怀着恐惧预见到*街道已经无法拓宽了*。我无法自恃。我不相信把街道拓宽 2、3 米就是城市规划的未来。*我们需要交通的河流和停靠的海港。所以说，城市委员会和心不在焉的议会根本就是把我们往死胡同里逼！*在“癌”下面我写道*死胡同*和巨大的开支。让我们切入正题，我保证过要大把地挣钱。

商务区将会建在*城市的中心，那儿的地价相当昂贵*。

一些精确、真实、不用近似数的限制条件就能确定出足够的地皮——四边形 ABCD。这将成为发展过程中首块建设用地（图 190）。

在这块用地上将会兴建 200～250 米高的办公楼。这部分的城市密度，虽然已经很高了，但是还会乘四倍地增长，还有可能是十倍。但是新建的建筑只会覆盖 5% 的地表（我已经解释过这一点了）；所以这些

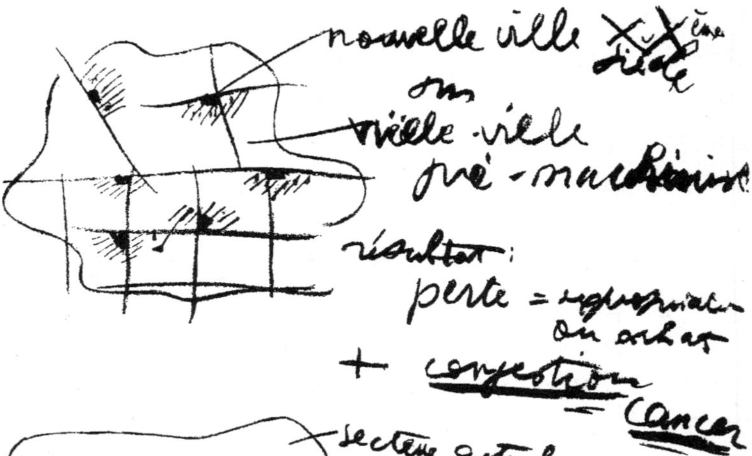

189

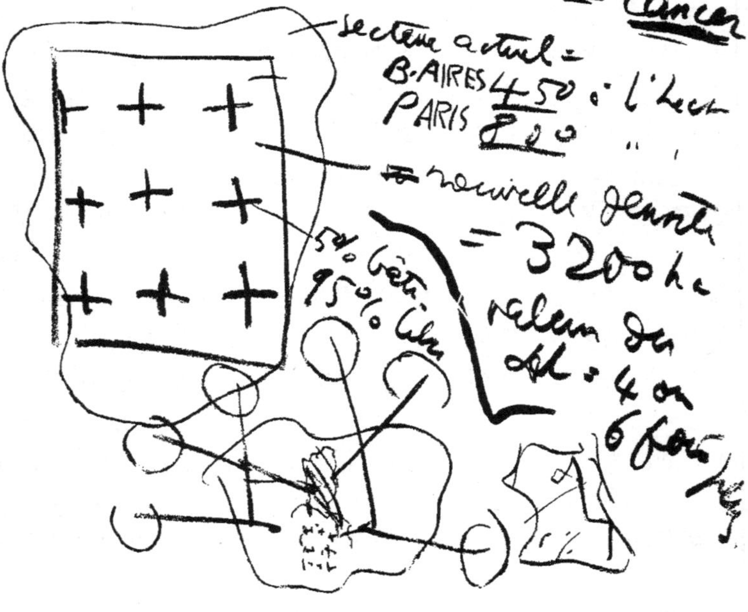

190

图 189　nouvelle ville XX^{éme} siècle sur vieille ville pré-machiniste/在前工业城市之上的新兴的 20 世纪的城市//résultat：perte = expropriation ou achat + congestion = cancer/结果：损失 = 征地费或者购买费加上壅堵 = 癌；**图 190**　secteur actuel = B. AIRES 450 à l'hectare，PARIS 800 à l'hectare/目前的面积 = 布宜诺斯艾利斯每公顷 450 人。巴黎每公顷 800 人//nouvelle densité = 3200 ha/新密度每公顷 3200 人//5% bâti，95% libre/5%建设，95%自由//valeur du sol =4 ou 6 fois plus/地皮价值 4 ~6 倍增长，甚至更多

办公楼建起来很容易，而且还不会影响中心的工作。一旦办公楼建成，契约转交，达到新的密度后，公司就会把 ABCD 范围里其余的东西都拆掉（除了一些有价值的老建筑）：95% 的土地都将用于交通。

结果：通过商务区的集中解决了大城市的问题，缩短距离，提高速度，创造出了一个和谐的工作日，人们沉浸在纯净的空气和太阳光下，远离噪声。

场地 ABCD 现在容纳了原来 4 ~ 10 倍的人数。*所以说，现在它的价值是原来的4 ~ 10 倍*。我们已经挣了一大笔钱了，有好几百万。还不止那样，这些街区，之前一直冥顽不灵，没能适应现代生活，现在却成了世界上最美丽的地方。*我们再一次把我们挣的那几百万翻了一番*。

那么奇迹什么时候发生呢？什么时候兴建商务区*不再是随便的日常决议，而是一项经过规划的操作之时*，奇迹就会发生。那是失败和成功的分界线。一项经过规划的操作，指的就是有组织有协调的行为，同时考虑了水平和竖直层面上的各种问题。

那是不是有必要购买，征用 ABCD 范围内所有的房子呢？是的。我们用什么来支付它们呢？用我们挣来的那几百万。但是从物质上，客观地来讲怎么挣到这几百万呢？这是不是等于在说，怎么创造呢？*当政府——最高权力机关——颁布了有关定价的法令之时*，也就是当政府，最高的权力机关开始介入之时，我们就能挣到这笔钱。政府只需要签一个名，这个签名就能自动创造出几百万的奇迹。

我必须要解释一下政府的这个神奇的本事，仅凭一个签名就能挣到几百万。

我画一个矩形：这是一张一百法郎的钞票。在框里面写的是法兰西银行（图 191）。其上写道，无条件的：100 法郎。无条件的？不是，人们可以读到“现金支付给持票人”，署名的是“总出纳”、“秘书长”，这些签名多多少少都有法律效力。行了！我们实际上已经创造出了价值，多亏了有*虚拟*协约，我们才能创造出这张纸来。整个国家都信心满满地在这份已得的价值下运转，它的收取和支付都仰赖这份价值。

人们因而可以完全相信最高的权力机关（因为法兰西银行有国家做担保），人们也能通过一份*协定*和国家所有的公司发生往来。

191 

 192

193 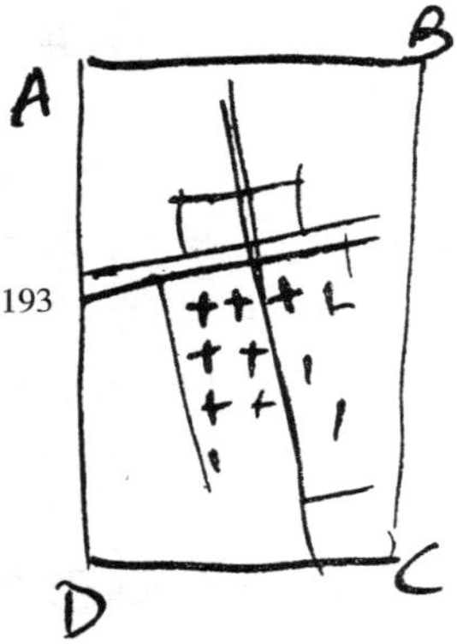

 194

图 191　BANQUE DE FRANCE CENT Frs/法兰西银行 100 法郎；**图 192**　EFFET À PAYER/可兑票据；**图 194**　DECRET/法令//le Président de la République/共和国总统

一份协定！让我们不辞辛劳，尽善尽美，在我们城市规划的业务上，会自然而然产生一个*时间*的问题。这里是另一份协定。我画一个新的矩形，它是一张票据（图 192）。其上写着："我将在某年某月某日支付给某某先生总共多少多少钱。"它是签了名的，收款人也要签上自己的名字。有了这第二个签名，收款人带着这张纸去银行。如果银行对这两个签名都很有信心，那么它就会立即兑现，也就是说它会立刻支付这笔款项，在截止日期之前。这个世界上所有重要的生意都是建立在相同的信心原则之上的。

所以，要兴建巴黎商务区，就要涉及到一个信心的问题：政府对将要承建商务区的公司有没有信心（提供资金的一方，负责建设道路、楼房、电力、压缩空气、运输，等等的公司）？对那些要进驻商务区的公司有没有信心（商人们，当商务区建成后城市业主或是租客的公司）？说得更明白一点：如果国家，最高的权力机关，在一份契约的最末尾签上了自己的名字，那么公众对国家是否会有信心？

我们根本无法面对相反的情况，因为，如果真是那样的话，这就意味着国家不再有任何权力；这即使在革命中也是不会发生的；它将意味着整个国家都已经破产了，进而所有的活动都被废除了。

所以，在这里：

我先画 ABCD 的外轮廓。他准确地标示出了建在巴黎核心地带的商务区的位置（图 193）。我再画另一个矩形，那是一张羊皮纸，是一份*政府令*（图 194），其上写道：

巴黎区域 ABCD 地区的城市化法令

在国家的支持下，

为了完成下述工作，国家正式参与，在其控制和监督下，下述工作将由私有力量完成……从……开始……在……的截止期限内……以建造巴黎中央商务区。

项目描述：

………………………………………………………………………………

………………………………………………………………………………

………………………………………………………………………………

等等。

作为本法令中所有列举出的建设项目的结果，ABCD 地区的人口密度将上升到3200人/公顷，所有的快速抵达和撤离，健康居住条件和人群交通的实现都将在议会所通过的项目中得到保证。

以法国人民的名义。

共和国总统

签名：

……………………………………………………………………

此时此刻，我们已经挣了好几百万，新的价格平衡已经生效了。

请一定要注意这一点，确定 ABCD 的范围相当重要。项目的运转必须和票据或者银行文件中所描述的一样精确。在法令颁布的当天，会有一份附件冻结场地上现有财产的价格，价格从那天起将维持不变。在法令颁布后，会有专家逐一为这些财产作出价值评估。

这样一来，我们就彻底消灭了可能在 ABCD 地区内进行的投机买卖。专家组成的委员会，仲裁委员会将开始起作用。大规模征地？行啊。但是*由于政府令的介入*，地价已经攀升了 4～10 倍，不过我们只需按合理的价格支付。*出于对公众利益的考虑*，我们将征用所有土地持有人的地皮，不过他们也能得到很好的补偿。地块*将进行重组*。技术人员由于没有了压力，因而能够全力以赴去寻找最纯粹的解决方法和执行它们的最佳场地。开发商会组织各家公司建造这样那样的摩天楼。会有专门的机构组织住户的搬迁；他们将起草新的租约。那儿将会发生大量有条不紊的金融、技术和行政方面的活动，都落实到文字上，免受淘金热的影响。那儿将有良好的组织。

金子将收入国家的囊中，主要指的是 ABCD 这片地区价值重整后的收益。但是国家也揽上了责任：需要解决到达和疏散的问题，等等。那将是极其昂贵的：地铁、快速路、街道、“架空”街道、公园、下水系统，等等。交通的和许多公共服务的项目都出让给了私人企业。国家会对他们说：你们必须每天输送 40 万人以上的人流。毛利润大约在 m 左右。部分毛利将作为你们投资网络建设的利息和折旧费；我，作为国家，会根据专家的意见支付其余的款项；我会进行适当补贴。我现在手头有着重调地价后带来的巨大利润。利润的另一部分我会用来支付技术设备，无论是卫生方面的还是美化方面的，这是我的职责。其余的部分我将用来建设抵达商务区的交通设施，我们以这种方式准备好了去迎接一个更加伟大的巴黎的新生。等等，等等。

请继续听我说：*只要对巴黎中心来说是正确的，那么对整座城市*和所有的其他城市来说都将是正确的。*正是通过分类和重新调整价格才能解决当前的问题*。而不是通过保护铁艺，花园化，或者是假惺惺的美化运动。还有，无论是对慈善事业的无用功呼吁，还是会掀起轩然大波的税率上调都不会起到任何作用。解铃还须系铃人：原因，机械化；灾难性的后果，机械化；规划的新基础，机械化；奇迹般的解答，还是机械化。

城市规划就是装配。一座大教堂或者凡尔赛宫，出于其当时的时代需求，也不过是一种装配；如果在这点上达成了共识，那么我们甚至能从中体会到自豪感。

*
* *

请再听一次我现在要说的这一点，它尤为重要，可以说就是问题的关键：国家将要为商务区所做的事情，*同时也应该为城市，为郊区，为工业区，为运河与闸门，为道路与高速公路，为航线，为海港，为能源生产——无论是白的、绿的还是蓝的煤所服务。总之一句话，如果人们想要直面现代问题的挑战，那么整座城市都需要装配起来。*

*因此，那份调动商务区地皮价值的法令应该将其影响力扩大到整个国家，这又是出于对公众利益的考虑。*我们应该进行长期的技术研究，不急不躁。我在 1928 年递呈给法兰西振兴会的报告中建议了这一点，报告的名称是：《走向机器时代的巴黎》。那些*游手好闲的人*和懒惰的老板们，最终会发现自己站在这场价值重组风暴的最外圈，无法在清算利润时分到一杯羹；国家将享有这些利润；这笔巨大的收入将用于填补一场良性革命无可避免地形成的“空洞”；这些“空洞”指的就是某些开敞空间，在某些英明的*区划过程*中保留下来的区域。这样便能完成一次真正的统一。对一个国家来说，这是多么紧迫的事情啊！

*
* *

顺便说一句：你们难道不认为每个国家都需要立刻成立一个*国家设*

*备部*吗？出任的部长不会在议会里起起落落。这是所有的部里面最美妙的一个！多年来我一直都在追随柯尔贝尔（Colbert）* 的影子！愿国家赐给我们一个柯尔贝尔吧！

*
* *

女士们、先生们，我已经告诉你们*怎样*实现巴黎的商务区了。但是我还没有告诉你们这个商务区会是什么样，在哪儿，用什么搭起它的骨架，又用什么建成它的美貌。我没有时间。这个问题实在是太庞大了。你们能在屏幕上迅速浏览一些相关的投影。试想一下，我在 1925 年不得不写一本 300 页厚的书来解释巴黎的瓦赞规划，好让人们尊重它。我对你们大讲金融，不过你们可能更容易被比例或者和谐上的争辩所打动。但是，我在你们面前分析了在我的脑海中现代的城市应该是个什么模样。1922 年的时候，人们都觉得我疯了。今天，不尽然。惟一的反对意见是："还有钱的问题！"我正要回答这一点。

巴黎瓦赞规划是 1922 年为秋季沙龙所做的一个研究的成果："一座 300 万人的当代城市"。1922 年的时候，人们会这样问我："你的业主一定都疯了吧？"尽管如此，3 年内人们依然无法在技术层面提出异议；但是我被侮辱了，被称作是野蛮的，无情的，坏了规矩的，反耶稣的。1925 年，举办了一场国际装饰艺术博览会。我们对那些无聊的事情根本没半点兴趣。我们以此为题建了新精神馆：*重构住宅*。我们从实用品设计一直跨越到大城市的设计。我们的任务极其庞大，而且没有一分钱。博览会的负责方禁止我们实现自己的项目；他们夺走了我们的场地。然后砌筑了——用我们的钱，他们亲切地说道——一堵六米高的围墙，涂上树叶的颜色，把我们的新精神馆完全扔出了博览会，隔在公众的视线之外。我们需要一位部长，最后是蒙兹先生（Mr. Anatole de Monzie）推倒了围墙。

我们想到了一条口号：

汽车已经残杀了大城市，

汽车必须去拯救大城市。

---

* 法国政治家，法国国王路易十四时期的财政大臣。——译者注

我希望看到那些大型汽车生产厂商，向我们伸出援助之手。但是他们什么都没做！幸好波尔多的芒格曼（Mongermon）、嘉伯瑞·瓦赞（Gabrel Voisin）和亨利·弗吕日（Henry Fruges）理解我们，帮助我们起步。“巴黎瓦赞规划”的名字就是从那儿来的。我们的新精神馆旁还有一个展出城市规划相关内容的圆形展厅：*人性化尺度住所*的详细平面，建筑翻新的紧迫问题，一幅100平方米的表现我们1922年研究的透视图；接着就是巴黎商务区的规划，为了能让人们更好地理解它，我们还有一张100平方米的透视图表现城市，从万森纳（Vincennes）到马诺特（Maillot），前方是塞纳河，余下的便是保留下来的巴黎历史街区，完全不受现代壅堵的干扰。

巴黎，全世界的精神家园，

巴黎，法兰西的商务中心，

一个国家的政府所在地。

巴黎是将继续生存?

还是会悄缓地，逐渐地死去，死在对它传承力量的幻想之中，死在对那些早已今非昔比的事物的关注之中：那是些克服了重重艰难险阻，让城市适应了新环境的建设性的力量；那是些始终追求革新，难以破坏的建设性的精神；无论是罗马，哥特，文艺复兴，还是大帝们，豪斯曼和艾菲尔都一样。

如果巴黎继续它的历史传统，它还能不能生存？这是我们在1925年时的问题。

时光飞逝。在1922年相对安静的巴黎，我只能寄希望于*那些将要发生的事*，但我坚信某时某刻会响起一种声音。它已经开始叫嚷了：巴黎现在极度痛苦。我原本以为这个过程需要10~20年的时间。结果7年内这个疾病就攻陷了整座城市。

我们“疯癫”的想法开始得到了传播：

从1920~1925年，通过《新精神》，我们关于当代活动的杂志；

1925年，通过新精神馆；

1925年，通过《城市规划》一书（现今已经是它的第20版了）；

1928年，还是通过这本书，翻译成德文；

1929年，同上，在英、美两国被翻译，同时翻译成日文和俄文。

一批精锐的中坚力量已经被说服了，他们个个都觉得自己是孤身一人，其实却是一整个部队。

报刊，大型报刊，日报，周报，杂志，专业评论，各种研究会都对这个问题发表了相应的评论。

《法兰西行动》（L'Action Francaise）说道：这个项目就是我们的项目。

法国的法西斯（French fascism）在1926年说过完全相同的话。

《人民之友》（L'Ami de Peuple），在其最近的一次社论中，指责我为列宁的工具，是一个破坏者。

《人性》（L'Humanité），法国的共产主义日报，指控我在1923年扼杀了“伟大之夜”（Grand Soir）①，因而是法国资本主义的走狗。“他带来了”，它说道，“一个解决住宅问题的方法，因而广大的工人阶层就能过得舒服，不想去冒革命的险了。”

莫斯科苏维埃的主席，在6月，在经过了一场数小时的讨论后终于决定要实现我们中央局大厦的方案，将其建在架空的底层之上，*以此启动伟大莫斯科的复兴计划*。

法兰西振兴会，一个由法国大型工业公司组成的经济研究小组，出版了我的《走向机器时代的巴黎》一书，在其资助下，这个想法又再次激起了千层浪。

最后，斯律斯先生（Mr. Daniel Serruys）于今年春天在地理会堂展开的一次有关巴黎的讲座中，向在场由参议员、代表、城市议员和生产厂商组成的听众宣布，瓦赞规划是惟一敢于提出采用能源手段的解决方法，也是惟一能阻止这场迫在眉梢的灾难的长远之计。

就在本书付梓之时，空军中校沃杰（Vauthier）交给我一份即将由Berger-Le-vrault出版的作品：《国家的领空危险和明天》。

这份研究，由隶属于空中防卫中心的航天专家撰写。其中指出，瓦赞规划以其高楼、开敞空间、*底层架空柱*、公园和池塘，*逐一回答*了这场即将来临的战争所导致的各种问题，它将是*一场空中的战争，一场化学战争*。

这倒是始料未及的评价。不过也是一条相当严肃的结论。基本上，

① 英译者注：19世纪“大革命”爆发后共产主义者和无政府主义者的浪漫的梦想。

空军中校沃杰总结到："如果我国还不下定决心采取有效的紧急行动，那么巴黎将在一场明日的战争中轻易地被摧毁……"

我引用这些不是漫无目的的，我是为了向你们展示科技和工业革命带来的结果，及其引发出的各种步调一致的社会和经济现象，这已经上升到了政治的层面，直接质疑*权利*的原则。

无论到哪儿都是同样的问题：*谁能作出这样的一个决定*？

国王？

政治领袖？

议会？

人民代表？

一场权力的危机。政治吞噬了能量。政治没有什么建设性的功能；它只是一个油漆匠，靠涂涂抹抹过活；它是一个炉子，一把火。烧的是什么？热情，大量的思想。涂抹的是什么？思想。什么思想？那些每天都冒出来，稳步发展，关心社会稳定的思想。什么时候这些思想投降于这燃烧的油漆匠？当它们准备好的时候。总有思想成熟的那一天。但是我们还有一个更重要的问题：在人类的集体生活中，*时间嘀嗒在响，如流水般逝去*。别指望时间还能流回来！万物更替，命运如梭。快乐或是不快乐都悄悄溜走了；人们在运气擦身而过时抓住了她的头发。快乐还是不快乐取决于你是把握住了那一刻，还是让她从指间滑过。

在城市规划中，会有这样一个时刻，告诉人们还有时间；也会有另一个时刻，告诉人们已经没有任何时间了。在人的一生中，会有一个最佳时刻，那个时候没什么事情是不可能的；还不止这样，那个时候所有的事情都变得非常简单，因为它们都处于警备状态，蠢蠢欲动，绷紧了弦，欢迎各种解决的方法。但是一旦这个时刻过去以后，所有的一切就会开始一点一点终结；人们再也回不去了。接着你就只能接受普普通通的命运了。在100年后才会发现这一点。

统治者的任务就是要准确地辨认出那个时刻。

*
* *

有人看了我上述的推理，可能会觉得"专家们"已经达成共识了。

千万别这么想！当下正是意见纷杂，各执一词的时刻。我是强迫自己发掘问题的本质；我已经从建筑学中走出来了。总地说来，专家们希望能找到更为直接的解决方法，能用铅笔、淡彩和水彩画表达，因为只有通过淡彩和水彩画才能获得董事会和议会的首肯。当你提出一个具体的目标后，别人就会觉得你更有可能实现它。我是新巴黎委员会的一份子，它是由一家大型的巴黎日报社组建而成的。今年 5 月 1 日，我第一次邂逅它。在那儿我遇见了 20 位能力超群的专家们，正在努力完善他们提案中的最后一个环节：凯旋大道（Triumphal Highway）。问题在于巴黎。巴黎和它迂腐的中心，汽车根本无法穿行，完全堵死，这个中心的周围是一片巨大的、杂乱的郊区，更确切地说是无机的，无组织的——日复一日在这样发展。

我现在来画一下（图 195）巴黎城区的现象：连续的墙，蔓延的郊区，放射状的铁路线，放射状的国道，全都挤在一起，是一个高度集中的有机体，拥有放射状的等级和毋庸置疑的生物性。唉，所有的一切都超越了现代的方式：人们无法挪动，他在交通上浪费了大量的时间。工人们的生活变成了耶稣受难记。实在有必要清理一番，要分类，*要复兴，要和谐*。

凯旋大道呢？从协和广场的方尖碑开始，人们先看见凯旋门，然后穿过诺伊（Neuilly）一直抵达德方斯（Defense）的纪念碑（所有这些都是现存的，路易十四兴建的）……从那儿开始，人们继续前行 24 公里就来到了圣日耳曼园（Saint-Germain-en-Laye），这条路就被命名为凯旋大道。这个*词*超出了城市规划的范围了吗？巴黎将逃脱巴黎的噩梦吗？一个和我关系最好的合作伙伴，一个懂得变通的承建商——正是这个原因我一直很尊敬他，他双手按着巴黎的平面，对我大声嚷道："就这一次，一劳永逸，让他们停止再用'巴黎中心'来烦我们了。我们应该要建凯旋大道。整座城市就会沿着这条路发展起来的。我们应该清空巴黎城的中心：应该把它变成为一个保姆推着婴儿车散步的大公园，而我们去那儿则是纯粹找乐！"

价格重整？一次彻底安全的操作？整座城市和巴黎区域会抛弃它们巨大的放射状平面，然后自动站成一排？

我完全明白沿着这条全新的 24 公里长的道路，我们能够，我们建

195

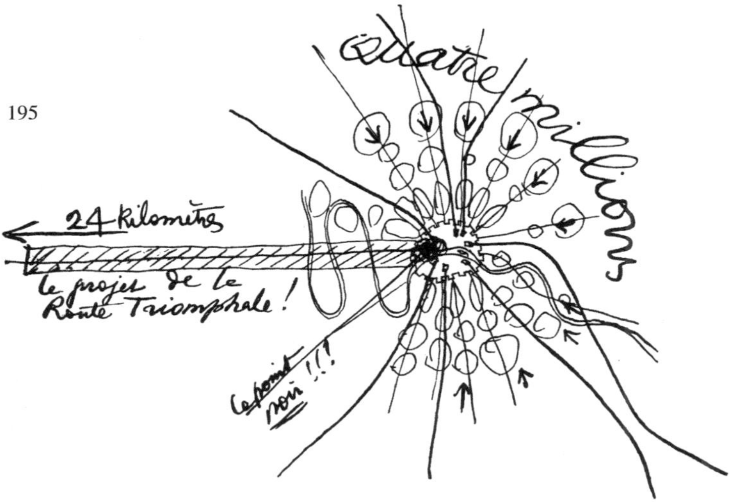

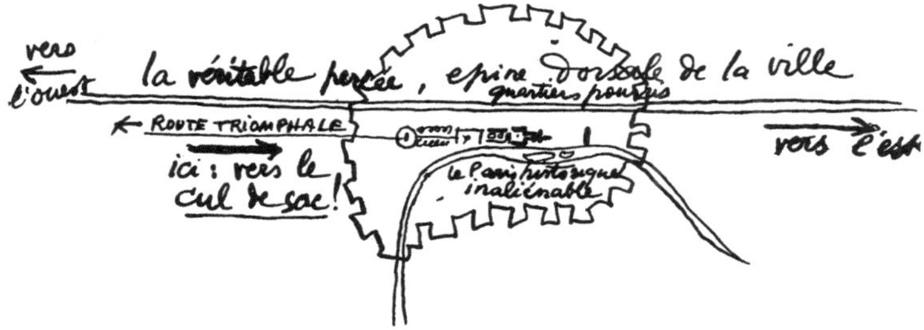

196

图 195　quatre millions/400 万//24 kilomètres/24 公里//le projet de la Route Triomphale!/凯旋大道项目//le point noir!!!/黑点!!!；**图 196**　vers l'ouest/向西//la véritable percée, épine dorsale de la ville/真正的突破，城市的脊梁骨//quartiers pourris/破败的街区//ROUTE TRIOMPHALE/凯旋大道//ici：vers le cul de sac!/这里：走向死胡同！//le Paris historique inaliénable/不可剥夺的巴黎历史街区

筑师能够建起了不起的房子来。但是为哪一类人建？这些人周围住的又是哪一类人？现在轮到我提问了：“你们去哪儿弄钱来？”

还有另一个问题：这个中心，这笔巨大的财富——因为它中央的位置——我们是不是就这样随便大笔一挥不管了？

我试着描画那些连接巴黎*区域*和*新的商务区*之间的公交线、地铁线和汽车线，我把它们和现在的线路，放射状的，进行长度上的比较：请仔细计算一下，以天和年为单位，计算损失的汽油和时间吧。

当凯旋大道建成后，小汽车将占满巴黎；从 Porte-Maillot 开始就会出现瓶颈：大军大道（the Avenue de la Grande-Armee），今天就已经太窄了；星形广场对交通来说是绝佳的*障碍*（规划的幻觉）；香榭丽舍大街将堵成一团，当前对那些匆忙赶路的人来说就已经挤不过去了；我们需要一个巨大的，能够吸纳凯旋大道所掀起大浪的瓶子：协和广场？现如今开车前往那里已是危机四伏了。想要离开呢？玛德莲广场？众议院（the Chamber of Deputies）？都是瓶颈。那走杜乐丽公园（the Tuileries）？卡鲁塞尔凯旋门（the Arch of the Carrousel）？还是瓶颈；卢浮宫，瓶颈；金字塔广场（Place des Pyramides），瓶颈；皇家桥（Pont-Royal），瓶颈；圣日耳曼洛赛卢瓦教堂（Saint-Germain l'Auxerrois），瓶颈；市政厅，瓶颈。整个巴黎旧城都将陷入癫狂的气氛中！

向北 500 米，差不多到达歌剧院，*平行于凯旋大道，穿过那些濒临拆迁破烂不堪的街区*，1922～1925 年的瓦赞规划画出了东西向漂亮的一笔，没有任何障碍物，从外面进来，通往外界，一瞬之间就疏通了巴黎，它是巴黎的*脊柱*，是大规模的价格重组（图 196）。

鉴于他们似乎很坚持这一点，它也将通向圣日耳曼昂莱。

巴黎区域受到了人口的威胁，而居于其中的那些病恹恹的城民，也在等待我们的营救。我们是不是只回答：“凯旋大道”？

那天是 1929 年 5 月 1 日；在我离开委员会后，当天晚上 6:30 凯旋大道夭折；同日，按照传统，出租车全都不见了踪影，那些自认为由于其社会地位的原因而陷入困境中的人们庄严地进行示威。无数警察出动。寂静让人害怕。我想到了我们的凯旋大道。晚报上报道说前一天晚上，内务部的部长就预见到了麻烦，事先拘捕了 3500 名共产党员！

要将自己从学院派的精神中完全解放出来……甚至命名街道也

一样！

*
* *

这本书没有现场讲座所放映的那些非常有说服力的投影，为了弥补这个缺憾，我在这里给出刊登在1929年5月20日《不妥协者》(Intransigeant) 上有关商务区的描写：

街道

接下是一份自由的描述，它涉及到建立在统计资料和材料属性之上的城市建筑的精确规划，以及建立在房地产的合理价位重整之上的社会经济组织。

迄今为止的定义：

一条车行道；绝大多数的情况，两边有或宽或窄的步行道。其上，是房屋的外墙；它们形成了由一些可笑的坡屋顶、烟囱和金属管组成的天际线。街道在这一系列场景的最底部；它永远处于阴影之中。蓝天是一种奢望，遥不可及，高高在上。街道就是一条下水道，一道很深的裂口，一条狭窄的走廊。人们行走的时候两条胳膊肘都能碰到街道的两个面；内心总是非常压抑……尽管这已经存在了1000年了。

街道上挤满了人；人们不得不小心翼翼看着自己的路。近来，它又挤满了快速的汽车；在两边的人行道之间已经滋生出了死亡的威胁。然而我们却要接受勇敢面对可能被碾死的训练。

整条街道由1000种不同的房子组成：我们已经习惯从丑陋中发现美，这意味着善待罪恶。这成千上万的房子都是黑黢黢的，它们相互紧邻让人觉得很烦心；这简直太糟糕了，但是我们不介意。星期天里这些街道空空荡荡，向人们炫耀着自己的可怕。除了那些令人沮丧的时刻外，街上的男男女女都摩肩接踵，商店里灯火通明；生活的戏剧无处不在。如果我们懂得怎样去观看，我们在街上会有一段好时光的；它比剧院、比小说都要精彩：脸庞和欲望。

*
* *

所有这些提升我们内心欢乐的东西都不是建筑的影响；骄傲不是秩序的

影响；进取的精神也不是在开敞空间中孕育出来的。

但是，他人震惊的面孔唤醒了同情和怜悯。“努力工作”在不停压迫着我们。

*
* *

这些街道可以维系它的人性戏剧。

它在新的光芒下可以重新闪亮。

它可以嘲笑那些五颜六色的招牌。

它是千年之久的行人的街道，是几个世纪的遗存；它已经是一个无法继续使用的器官了，它正在逐渐衰老。

这些街道让我们精疲力竭。

终于让我们作呕了！

但是为什么它们还继续存活着？

*
* *

这汽车的二十年（还有许多其他的事情，机器时代已经把我们拽入一场新的历程中百年之久了），这汽车的二十年把我们引向了抉择的前夕。一个关于“新巴黎”的国会正在组建中。巴黎将会发生什么？我们将得到什么样的街道？愿上帝保佑我们远离巴尔扎克（Balzac）的追随者们，他们对巴黎街道黑暗幽谷中人脸的戏剧怀有极大的热忱。理智，正孤独地向我们昭示着眩目的解答。但是如果有一首恰如其分的诗歌，把理性的设计上升到建筑的福祉的水平上又如何呢？巴黎的明天将是广博的，这里的广博指的是那些日复一日，带领我们走向一轮新兴文明的大事件的尺度。

城市规划的专家们一直在寻找，有时候提出了一些美好的解决方式。讨论集中在交通之上：马拉的小溪已经变成了一条汽车的亚马逊了。因此，尺寸、宽度和分门别类：行人，和汽车。

还有许多其他的事情需要规划师们去组织。

*
* *

我应该要为当代的街道画一幅肖像。读者们，请想像自己正走在那座全新的城市中，完全享受非学院派的设计带来的益处。这儿：

你会发现自己站在大树底下，淹没在绿草中。你的四周是望不尽的绿色空间［请看图 154 ~ 图 156］。健康的空气，几乎没有噪声。你再也看不见任何房子了！怎么会这样？透过大树的枝干和树叶迷人的涡纹，你将能感觉到浮在空中、彼此远离的水晶体，巨大无比，比现在世界上的任何房子都要高。那些水晶体反射苍穹，在冬日灰暗的天空中闪耀，看起来与其说是立在地面上，还不如说是漂浮在空中，晚上仰赖着电的魔力，它们将闪闪发亮。在这每一栋清澈的立方体下面都有一个地铁站。这些都是办公楼。城市将要比今天密集 3 ~ 4 倍，因而涵盖的范围也要比今天减少 3 ~ 4 倍，进而疲倦指数下降 3 ~ 4 倍。这些房子将只覆盖其所在城市街区 5% ~ 10% 的地表；这就是为什么你将身临公园之中，而高速公路在遥远的远方。

一间完美的办公室将由一面玻璃、三面实墙组成。一千间办公室：*都一样*。一万间办公室：*还是都一样*。因此建筑的立面从顶部到底下都是玻璃的。在这些巨大的房子上再也看不到石头了，只有水晶体……和比例。建筑师不再使用石头来建造；无论一座宫殿，还是一栋房子，都不再是石头的了。

在路易十四的时期，把建筑的高度限制在砌体结构的极限之内是一个很好的想法。

今天，工程师能干任何事情，你们想要多高他们就能造得多高。但是路易十四的法规依然存在：檐口高度 20 米!!! 你再也不能造得更高了！接着就是这种局面，房子盖满了整座城市，不是 5% ~ 10% 的覆盖率，而是 50% ~ 60%。这样你就等于自动让那些黑暗幽谷般的街道永垂不朽了，这真是我们城市的耻辱和灾难。你的命运只能达到应有的 1/4 的高度。

正如你们刚才所见到的那样，街道将不会变成纽约那样，不会变成一场可怕的厄运。

当人们为这些办公楼挖掘很深的基础之时，挖出的泥土将堆到小山高。就在那一刻，我们应该停止那种无趣的无止境的游戏了，这些挖出来的泥土再也不是由车运往船，再由船驶往远郊倾倒（因此整个巴黎的地面都被挖了出来，然后去填满城市的*周边*），我们应该任由这些土方堆积在挖掘地之间，在公园的中间，我们应该在这些土包上种满树，铺满草坪。去看看吧，在植物园里面（the Jardin des Plantes），毗邻自然历史博物馆，有一个小小的人工山包，它创造出了一个惊人的田园之所，和不曾期冀的美丽景致。

透过树枝，人们看到那些巨大的水晶办公楼，在小山后拔地而起就像是电影里的远景一般。它们相隔 400 米有规律地布置，完全不去呼应汽车道或者步行道的方向。在这里，忽然之间，人们就撞见了一座迷人的哥特教堂，裹在一片绿色之中：这儿是 14 或 15 世纪的圣马丁（Saint-Martin）、圣玛丽

（Saint-Merry）教堂。那儿又是从亨利四世（Henri IV）时期，玛黑区（Marais）的一栋连排住宅改建而来的俱乐部；有一条砂子铺砌的小道通向它。

接着，步行道通过一条坡道缓缓上升。我们抵达了一片在眼前延伸千米之远的区域：枝叶环绕的咖啡馆区域，以一层的高度统领了整座城市的地面。随后有第二条坡道把我们带往一条新的街道，这是条架空了两层的街道。一边是奢侈品店的橱窗：崭新的帕斯大道（Rue de la Paix）；另一边是城市广阔的开敞空间。第三条坡道会把你们领向全是俱乐部和餐馆的步行街。这时人们几乎已经站在树梢上了；那是一片树的海洋，在远方，人们还能看见四散的雄伟的水晶柱，纯粹且清澈。沉稳、静止、空间、天空、阳光！身心舒畅。

在树木的浪涛上冒出了美丽的建筑杰作。看那儿，那很有趣，那个加在希腊山墙上的金色穹顶是某某剧院，奈诺先生最新的力作，他可是研究院的成员！这个房子是真正的文艺复兴风格还是假冒的都无关紧要；那不会影响建筑的交响：这只是个人伦理道德的问题。

这三条连续的平台，既是塞米勒米斯（Semiramis）* 的花园，又是宁静的街道。它们各自延展迷人的水平线，小小的，矮矮的，消失在巨大的垂直的水晶体之间。更远处，看见那条远去的直线了吗，架在一长列柱子上（多么雄伟的柱廊，我的天，20 公里长），那是单向的架空高速路，有了它，小汽车就能像赛车一般穿越巴黎了。

所以说，办公室的工作再也不是在永远昏暗、没有乐趣的街道上完成了，它现在处于蓝天下，处于新鲜空气中。别笑，商务区的 40 万名员工都能够享用这一片全自然的景观盛宴；就像是，站在鲁昂（Rouen）附近的塞纳河的悬崖边，你能望见脚下成片树林的起伏，恰似波动的兽群。那里静谧无声。怎么会有噪声呢？

夜幕降临。沿着高速路行驶的车灯，就好像是夏至空中陨落的一组流星。

200 米之上，在摩天楼的屋顶平台上（真正的花园，栽满了桃叶卫矛、侧柏、月桂、常青藤，其中点缀着郁金香或是天竺葵摆成的花床，又或是嵌以遍植花卉的小径），电力撒播着一种沉稳的欢乐；把夜幕拿来作顶棚；那儿会有扶手椅，有交谈，有乐队，有舞会。沉稳。在这 200 米的高空，还有

* 古代传说中的亚述女王。——译者注

许多其他的屋顶花园，彼此遥遥相望，遍及四周，看上去都像是悬空的金色碟子。办公室里漆黑一片，它们的立面消失了，整座城市似乎都已经进入了梦乡。我们能听见远方轰轰的声音，那是依然蜷缩在古旧外壳中的巴黎老街区在作响。

那就是忙碌的商务区，那就是城市。

*
* *

数字和图表就是证明，它们告诉我们创建巴黎的商务区不是在白日做梦。对整个国家来说，它意味着通过重新调整巴黎中心的地价，来大把大把地挣钱。用一个经过规划的项目来覆盖巴黎中心就意味着创造百万的财富。

*
* *

再也不会有街道了。

*
* *

对居住区来说也一样，再也不会有裂缝般的街道了。

…………………………………………………………………………

女士们、先生们，巴黎就谈到这里吧。下面来谈谈布宜诺斯艾利斯：

我给这次的讲座加了一个副标题：

“怀揣一份热切明了的城市情感，同时作为一项客观推理的结果，布宜诺斯艾利斯能否成为世界之都，成为世界上最有价值的城市之一？”

我不得不说我是绝对相信这一点的。布宜诺斯艾利斯？它是在我人生中发生过的最美好的事情之一。

布宜诺斯艾利斯是据我所知最不人性的城市之一；真的，人们深受折磨。好几个星期，我都像一个疯子一样“没有任何希望”地走在它的街道上，压抑，沮丧，恼火，绝望。尽管如此，人们在别的地方怎么能体会到如此巨大的潜能和力量，感受到其宿命所带来的永不疲惫的动力？一场伟大的宿命。人们常常告诉我说我诞生在一颗幸运星下；我的人生总是困难重重，危机四伏，但是我从来没有彻底被打垮。站在无底洞的边缘，我总能看到解决的方法。这是我著名的“回转”。到这儿来我有好运气。我们的轮船，在海上航行了14天之后，在蒙得维的亚浪费了1、2个小时。这样一来，我原本应该是白天抵达布宜诺斯艾利斯的，现在晚上才到。当一个稍有诗意的人在海洋的孤独和静谧中度过了14天之后，当他站在夜幕之中的甲板上，仔细捉摸着冷冷的夜色，忽然看见了他等待已久的城市正在慢慢靠近，他将立刻陷入感恩中，他会情绪激动，感情一触即发。

一瞬之间，在第一座灯塔的光亮之后，我看见了布宜诺斯艾利斯。宁静的海面，十分平坦，左右都看不着边际；抬头望去，你们阿根廷的天空缀满了星芒，还有布宜诺斯艾利斯，那条无与伦比的灯光带在海平面上起始于无尽的右方，消失在同样无尽的左方。没有别的东西了，除了，在这片灯光的中心，有一块在闪闪发亮，它指明了城市的心脏地带。那就是全部的了！布宜诺斯艾利斯称不上是风景如画，也非婀娜多姿。草原和海洋简单地交汇成了一条线，在夜晚从一头到另一头都被照得灯火通明。它是海市蜃楼，是夜晚的奇迹：城市里简单、规则、无尽的灯火向一位独自在海上航行了14天之久的旅客展现了布宜诺斯艾利斯的模样。

这幅景象始终停留在我的脑海里挥之不去，它十分强烈，妙趣横生。我这样想到：布宜诺斯艾利斯虽然没什么东西。但那是一条多么有力、多么壮观的线条啊。

第二天我在城市的中心醒来。8天之内我都在为了自己的生意四处奔走。你们的城市给了我前所未有的折磨。直到有一天，我爆发了："无论怎样，我来的时候至少还有一片海洋！海洋在哪儿？到了这里以后我就再也没有见到过天空。我想要看见天空！"我们穿过铁轨，穿过沿着海港的小棚屋——一个巨大的海港但是却很不起眼，它的位置相当奇怪——一直走到科斯达勒纳（Costa Nera），你们新建的里约热内卢之上的步行道。在那里，我又看见了广阔的天空，看见了受到巴拉那河（Parana）淤泥的影响而变得粉红的海面（那是一种壮观的颜色，就像是从一片富饶之地流淌出来的一般）。噢，人们在这里又活了过来，他呼吸多么顺畅，多么愉悦，完完全全抖落了你们那座不人性的城市中所有令人生畏的罪恶！

某种高尚的热情抓住了我。我想到："我应该做些什么，因为我感觉到了一些东西。”我抵达时的回忆——那条无与伦比的水平线——还有这片天空，这片海洋，从上下左右，全方位地拓展了我的感受。一段建设性的节奏开始动摇你们这座无序城市所表现出的无序的事实了。

我研究了阿根廷的地形图，测量了一下河道、广袤的平原和高地、安第斯山脉，还研究了已经在你们国家纵横交错的铁路网。我第一次知道阿根廷的地域辽阔，它的纬度从查科（Chaco）开始，那儿的印第安人还赤身裸体呢，一直延伸到冰山，到火地岛（Tierra del Fuego）。我了解到了阿根廷人在干些什么：养牛；要做的事情：大规模的农业，还有开采取之不竭的矿藏和石油。另外，就是你们某一天会用安第斯山脉的水利电气来取代现如今的英国煤。我坐飞机穿越了你们的国家。我看见它空荡荡的，还有大量的空间能进行美妙的扩张。在城市里面，我感受到了200万人民齐心协力，来“打造美洲”。在办公楼里，我看见德国人、英国人都派来了技术人员来协助你们武装这个国家；还有最重要的一点，我感受到了美国巨大的金融和商业力量。这里的人们来自世界各地，因为各种才能都帮得上忙。你们的港口是世界第五大港。我体会到了淘金的乐趣，一个出色的社会是思想的勘探家，它教育良好，修养出色，全身心地投入到精神领域中去；我甚至还能觉察到在某些事情上的热忱根本就是法国年轻一代引以为傲的，对我来说再熟悉不过了。我深深地体会到你们的城市是一座带着纯真、惊惶的美洲城市，它害怕犯错误，害怕成为路易十六或者文艺复兴的复制品，但同时也是一座充满爆发力的城市，它装配了全新的发动机，它是一片堆满了工具的土壤，只可惜现在都没能尽其用，它正在迅速地殖民化。你们优雅的刚强，你们的内敛，部分是缘于从草原的大农场或者是大型贸易公司的管理中获取的专制精神，部分是缘于大洋把你们与世隔离，从而造成不确定性，我注意到了这是一群人的特点，而布宜诺斯艾利斯则全是由这一类人所组成的，它事实上是一座全新的城市，一块受到一种正在燃烧的城市情感所鼓舞的磐石。

已经过了几个星期了，我满脑子都是些建筑的问题，当我给你们做讲座的时候压力极大，你们可能同意我的观点，可能不同意，接着，有那么一种欲望，紧随其后是一种决心在我脑中慢慢成形，它们劝说我要*去完成一些重要的、伟大的事情*。我已经在城市规划的理论问题上思索了那么久了！我就像一个发电机那样充满了能量。布宜诺斯艾利斯对我来说就是*实现当代城市规划的场所*。有一天，我在里约热内卢的岸边摊开了这座城市给我留下的第一印象的图纸，我在其上描绘了一座布宜诺斯艾利斯可能成为的城市，只要存在一种热切明了的城市情感和一套冷峻的推理去激发出足够的能量就能实现。我甚至深深地体会到这些能量很快就会迸发出来，它们如此巨大以至于对你们来说成了一种危险，当然也是一种骄傲，建筑的钟声已经为你们敲响了许久，机器时代已经渗入到每一处，每一物中，它就像是警报一般，呼吁你们在自己这座不人性的城市中和没有任何希望的街道上行动起来。

*
* *

看一眼北美和南美的地图吧。要是没有太平洋的海平线，这边将是落基山脉，那边将是安第斯山脉。平原和高地从这里一直延伸到大西洋，越过大西洋之后就到了欧洲，那是一个文化璀璨、阅历丰富、如今依然生机勃勃的世界。世界各地的货物总是沿着一些固定的航线进行贸易，当我追溯这些线路时，发现它们全都指向一个点，这绝对是一个经过选择的点（图 197）。所有的事情都发生在这个地方，它是指挥中心，是世界的总部，是一座伟大的现代城市所在，它就是纽约。纽约就是能量和勇气的象征。在纽约建有大量的摩天楼，它们统领了海岸线。但是纽约只不过是当代文明的第一个形态；它建得东拼西凑，迷迷糊糊，充满了自相矛盾的地方，是一个令人沮丧的例子；它代表了一个我们已经经历过的阶段，但是我们不需要再来一遍。纽约是采取行动的例子。这座诞生于仓促之中的城市的命运将会是怎么样的呢（图 198）？我不会去深究这个问题，一点儿也不想去预言它的未来。我画上这些摩天楼，然后写道：*遗憾的矛盾*。

在这里，更往下一点，在南美大陆上，所有的事情都指引我去画一幅相同的航线指向图。它还只是在酝酿中，也正因为如此，它将马上变为现实。这个场地是命中注定的，在里约热内卢的沿岸，在这个巨大河口的背后。在那儿将发展起一座巨大的城市，它在那里颤抖，一个巨大身躯的头部刚刚成形。它就是布宜诺斯艾利斯，布宜诺斯艾利斯将不可避免地承担纽约的命运，它将成为指挥中心，有秩序，有组织，有规划，将成为一座

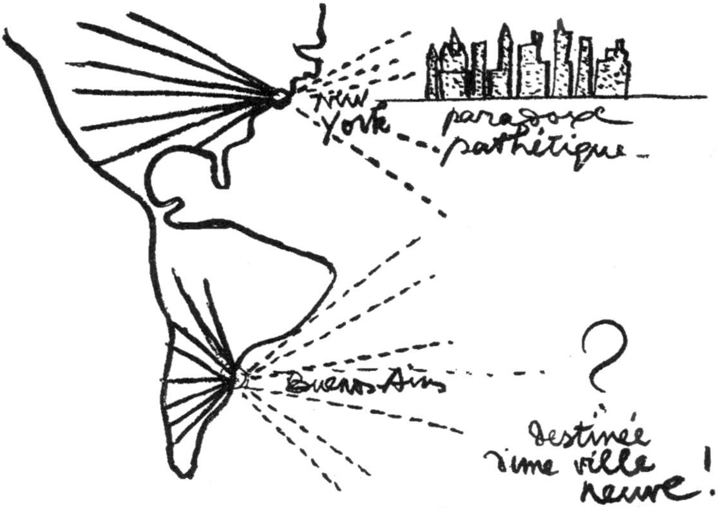

197

198

199

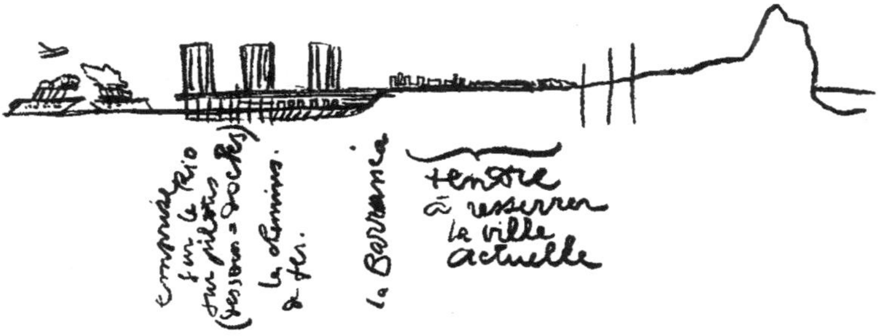

200

图 197、图 198　New York/纽约//paradoxe pathétique/遗憾的矛盾//Buenos Aires/布宜诺斯艾利斯//？ destinée d'une ville neuve！/一座新城市的宿命！**图 200**　emprise sur le Rio sur pilotis（dessous = docks） le chemin de fer/架在底层架空柱上向里约热内卢（其下 = 码头）铁路延伸//la Barranca/大峡谷//tendre à resserrer la ville actuelle/努力压缩现有城市

伟大的、无与伦比的、有尊严和美的城市。想像一下吧：我们来自旧世界，我们越过了海洋，我们坐着小船来到现代的城市中。那是一座现代的城市，自然没有留给它任何东西。它空旷如也。但是又不尽然，自然让这片草原和海洋在此交汇，形成了一条无尽的、低矮的水平线。人们到这儿来就是为了要行动，要展示自己。所以说，布宜诺斯艾利斯，它是一项纯人类的创作，是人们在里约热内卢的河水和阿根廷的天空之间创造出的巨大的构筑物。在那个梦想中，有一些让人觉得陶醉和高贵的东西。这是多么刺激、多么让人欣然前往的一张请帖啊！

但是还有些其他同样重要的现实告诉我们这座城市可能会有的样子：

让我们画一张横切美洲的剖面图吧（图199）。这边是太平洋。接着是安第斯山脉。这就决定了阿根廷的命运，它向东发展：平原和高地、养牛、酒、麦子，还有它丰富的矿藏：我画一列前往里约热内卢三角洲的货运火车，还有飞机。我来到这座城市，我穿越它，然后我就*走到了大海边*，因为正是在这一点上，所有那些给予这座城市存在理由的不同事件都明朗起来了。我走过海关的仓库和码头，穿过铁路，然后继续往前，你将看见，流淌在阿根廷和布宜诺斯艾利斯的土壤之上，直奔向大海，在大海之上，停留在入海口之前的里约热内卢。我画一些堆放在码头的货物，一些抵达的轮船和另一些即将启程的，从欧洲飞来或者还在路上的飞机，另一些飞往智利的圣地亚哥，飞往里约热内卢，飞往纽约（图200）。

我希望你们把精力集中到两件异常幸运的事情上来。大草原和城市的地平与里约热内卢不在一个高度上；它几乎是垂直下降，你们将其称之为*大峡谷*（Barranca），是一个非常陡的坡，坡度大到原有的城市必须要呆在其后方。但是现在有了我们的钢筋混凝土，我们就可以把城市的地平抬到*里约热内卢之上*，一直伸向远方。地面架在打入河口密实黏土层内的桩基上，这对建造摩天楼来说是一种绝佳的土壤。这种土壤大约就在水平面以下8~12米左右（图201）。

现在让我们从平面图里面看看接连发生的事件（图202）。

让我们来寻找一下水面和地面的边界。

地面上往西，河水泛滥，主要是近几年里约热内卢的洪水。我画上

201

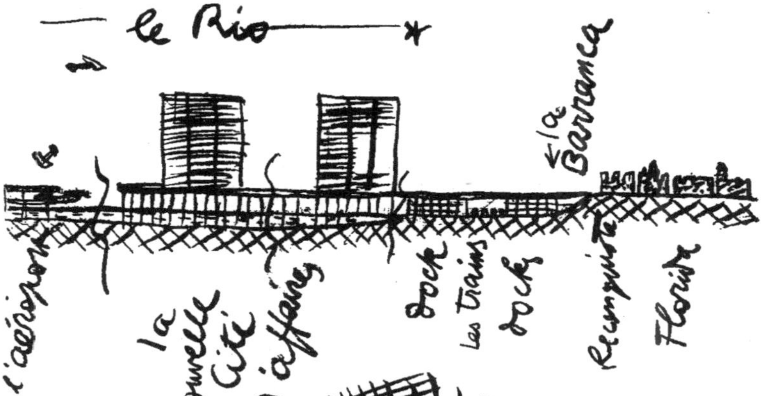

202

图 201　le Rio／里约热内卢∥l'aéroport／机场∥la nouvelle cité d'affaires／新的商务区∥dock，les trains，docks／码头、火车、码头∥La Barranca／大峡谷∥Reconquista／雷肯奎斯塔（Reconquista）∥Florida／佛罗里达；**图 202**　le Rio／里约热内卢∥valorisation totale／彻底价值重构∥nord／北∥resserrer la ville／压缩城市

现存的位于尽端的 Retiro 铁路终点站（北铁路网）以及货运铁路线，通向那些颇为过时的码头；往南，稍稍偏西南方向，是另一个终点站，Constitucion 站，也位于一个尽端内（南铁路网）。我冲破这些尽端，在大峡谷的底部画上货运和客运的铁路网，*一组贯穿的铁路网*，同时连接南北和西南西北。所有的这些都建*在城市新的地面之下*，地面用钢筋混凝土浇筑，在 12 ~ 18 米之上。再也没有什么终点站了，有的只是路权；城市中心不应该有尽端终点站：火车是*穿过*那里，而*不是在那里拼装*。

为什么我要在里约热内卢的河水里打上桩基，然后在上面架起如此巨大的一块钢筋混凝土的平台呢？因为我替布宜诺斯艾利斯的人民感到遗憾，他们被堵在一座没有希望的城市中，没有天空，也没有要道（我稍后会解释这一点），还有就是我发现让一座城市向海洋开敞是最为基本的智慧。大海和天空的景色会让一座城市增色不少，我们应该把这座城市从神经衰弱中解救出来。

我在这块钢筋混凝土的平台上整齐壮观地布置商务区内的摩天楼。它们覆盖 5% 的表面。其余剩下的 95% 都是用来解决交通问题，还有就是用作停车。整座城市，迄今为止还是隐匿在它令人沮丧的街道中，到时候将会*面朝大海*，沐浴在阳光、自由和欢乐之中。从平台的边缘人们将看到抵达的飞机和轮船。在那片花费很少、里约热内卢的场地之中，我将在每公顷内安排 3200 名住户，而不是根据你们的统计资料，目前城市中心的 400 人/公顷。*一场多么大规模的价值重组！* 多么划算的一笔交易！这是依靠奇迹般的现代科技挣到的数以百万计的钱啊！

我第一次从欧洲过来是乘的轮船，我被那条无穷无尽的光带和其中微微闪动，暗示城市中心的灯火深深地打动。今天，在这份新的假想中，我所面临到的是当今这个时代人类的创作。为了设计出如此纯粹的东西，稍微有些麻烦也值得了。

我早就已经准备好了这张蓝色的大纸，上半部分深一些，下半部分浅一些。我想像自己和其他的旅客一起站在船头，还有那些移民们，摩拳擦掌准备登陆给予他们承诺的大地。我用黄色的蜡笔画出了我曾经见过的无穷无尽的灯光的线条。还是用这支黄色的蜡笔，我画出了 5 栋 200 米高的摩天楼，全都立在前方，灯火通明，被一片微微颤动的黄色包围。每一栋摩天楼里都容纳了 3 万名员工。在它们之后还有第二排摩天楼，也许还有第三排。在里约热内卢的水面上我画上点亮的灯塔，在阿根廷的天空中我画上盖过了其他数百万颗星星的南极星（the Southern Star）（图 203）。我幻想着里约热内卢广阔的散步道，有餐厅，有咖啡馆，有一切让人放松的地方，在那里，人们终于再一次得到了仰望天空、眺望大海的权利……

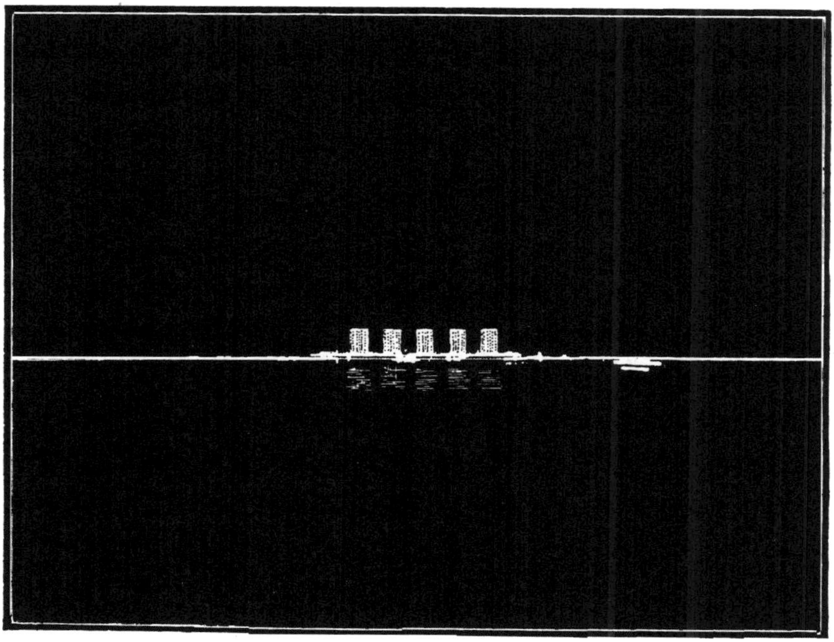

203

我第二次抵达布宜诺斯艾利斯是白天，从蒙得维的亚坐水上飞机过来。4∶30 的时候，我在蒙得维的亚的朋友们还在海港边挥着他们的帽子向我告别；6∶15 的时候，我已经在布宜诺斯艾利斯的酒店客房里面给阿尔弗莱德打电话，邀他共进晚餐了；只用了 1 个小时 3 刻钟，我就从一个首都抵达了另一个首都。着陆，换坐摩托艇，通过海关和签证控制中心，搭乘出租车，酒店电梯，然后再打了一个电话，而这些事情如果换作是轮船的话，如今依然需要 10 个小时！在阿根廷的地盘上，海拔 500

米的高空，城市就出现了：岸边建的全是些简陋的棚屋，高耸的城市中心地带远离河岸，喧嚣无序，典型的美洲景象，这是生命力旺盛的象征，但同时也是东拼西凑，缺乏连贯性的象征。为了抵抗这幅噩梦般的景象，我提出了一种全新的清醒的状态，这些玻璃的棱柱，闪闪发亮，充满了几何性，笼罩在一片强烈的光芒下；这是冷峻的理性（挣到的百万）和煽情的诗意（对秩序和美的热爱，或者说是对组织与和谐的热爱）。一项纯粹的人类创作。

阿根廷平坦、冷淡的海岸将承载创新精神的符号。这里将成为一个指挥中心。这里，已经万事俱备了，就是为了要建起一座当代精神的纪念碑：一座伟大的世界之都。

*
* *

如果能深入探讨一下这些事情该多棒啊，确认一些细节问题，解释一下随之而来的种种原因。我们可能要花上好几个小时，这办不到。尽管如此我还是有义务解释一下布宜诺斯艾利斯的悲剧所在，就是它在一片 14 公里宽、20 公里长的土地上安排了如此众*多没有希望的街道*。这是一堂课，是对于相关事件的分析。

整座布宜诺斯艾利斯都是基于*西班牙格网*进行规划的，建立在殖民者的方案之上。还处在牛车和牧人的时期。西班牙格网就是以边长为 120 米的正方形街区作为模数发展。这已经成了慢速交通（牛或马）时期的陈旧模数了。街道都只有 10 米宽，两边没有步行道；还都是些土路。道路两边的房子通常只有一层高，有时候会有二层。地块的面宽在 8~10 米间，进深可以一直到街区的中间，也就是 50 米。房子都不对街道开窗；在地块的内部，它们都朝向一个漂亮的花园开敞。那儿的生活很美好，*安静*、*私密*、阳光充沛（图 205）。

因而，从哥伦布起，所有的美洲大陆都被殖民了。从飞机上，人们能看得更明白。在河流的弯道和草原的中间。这种网格从某种程度上来说可以原谅，因为人们总是几何地考虑问题。我在一个大草原上的村子里面看到过西班牙格网，村子的名字叫圣安东尼奥德阿莱科（San Antonio d'Areco），整洁，亲切，可敬——街道上很安静，花园里阳光明媚，栏杆以天空为背景强调出自身的轮廓；人们一定会称其为帕拉迪奥式的（Palladios）。

204

205

206

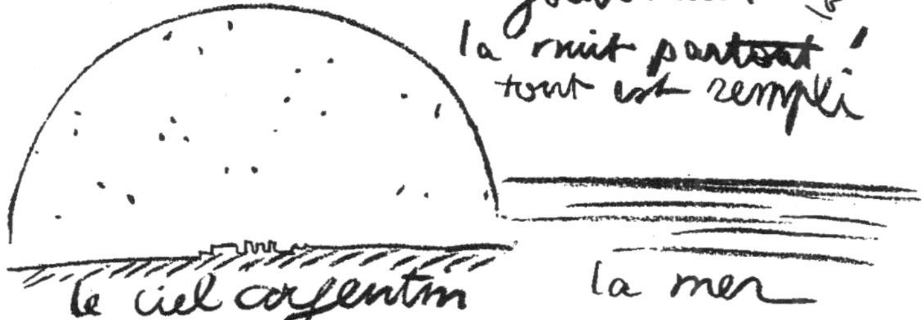

207

208

图 204　Buenos-Aires/布宜诺斯艾利斯//le damier maniaque/疯狂的棋盘；**图 205**　“le carré espagnol”/西班牙格网//plan/平面//120 m，jardin au milieu，coupe/120 米、中间有花园、剖面；**图 206**　la rue/街道//aujourd'hui！la nuit partout！tout est rempli/今天！黑暗无处不在！全都建满了；**图 207**　le ciel argentin/阿根廷的天空//la mer/大海；**图 208**　voici du terrain à bâtir!! pas de lumière!/这些是建筑场地!! 没有阳光!

但是布宜诺斯艾利斯呢?

走向1880年的时候，整座城市奋力前行。走向1900年的时候，它急速增长。

首先从平面上来讲。原有120米的方块还*可以管理*。它代表了秩序和组织（罗马精神）；在街道的尽头，人们视力所及之处，是蔓延的乡村。顷刻间，来了一次无法抵挡的推进，迅速的增长，市镇勘测院赶忙设计出更多的方块来：120米×120米，几乎是无穷无尽的！他到了今天还在这样做！看到布宜诺斯艾利斯的平面后我被震住了：人们在里面一定会窒息的。当我从加纳利群岛（Canary Islands）回来时，我在船上看见了这样的平面图（图204）。我对着自己叫了出来："噢，这可能吗？这是件多么不同寻常的事情啊！"你们这样给自己的房子编号：对于垂直于海岸线的街道从东面按其距离数起，对于平行于海岸线的则从中央的五月大道（the central Avenida de Mayo）开始数起；你们有编号为25000的房子，这意味着有一条直线距离25公里长的街道。但是你们的街道每120米就要交叉一次。这足以把人逼疯了！让我们回过头去看看城市起初时的发展：开始它一个方向上有10块，另一个方向上有10~15块，这样一共包含了100~150块，它还是*有机*的，到它包含了10000~20000块的时候它就变得*不有机*了。从某种代表了秩序和组织精神的东西，转变成为无组织的、一套原始的集中系统。它不再是一个有机体，*充其量只能称之为原生质*。

那究竟要怎样才能在这个原生质中插入一套对于现代城市的交通和组织来讲都是必不可少的心脏系统（大动脉、动脉和小动脉）呢？怎么在一套以牛和马为基础建成的路网上以汽车的速度运行呢，当，*在每个方向上*，每隔120米就要停一下的时候!!!!!

现在谈谈竖向上的问题。在道路的尽头，人们的视力范围内再也看不见乡村了。已经建起了商务区。所有的事情都一并发生；涓涓的电车和汽车流、汹涌的车流，全都发生在不足8米宽的路上。在这座城市里面，已经为行人保留了1.2米宽的步行道；步行道上挤满了人，他们不得不在1.2米的宽度内摩肩接踵；电车就像闸刀一样切割着步行道。你们知道我没夸张：对行人来说危险是永恒的；他不能抬头看，他必须小心脚下。为什么会有那么多人挤在路上？因为西班牙格网上现在填满了房子；沿街7层（图206）；完全霸占了整座花园，现在，多亏了一条新的法令，它们能呈金字塔状长到30米、40米和50米高，玩起了迷你摩天楼的游戏。你们的城市盖得就像是一座年轻的纽约。这儿的每一栋房子都是办公楼或者商店。这就是为什么街上会挤满了行人、小汽车和电车。接着他们说："我们应该要打通。"现在打通了两条*对角线*，两条著名的被人们寄予厚望的对角线。在每个交叉口，每隔120米，对角线就会带来无尽的困扰。天空？再也看不见天空了；还有就是，人们必须不知疲倦地看着自己的脚步。噪声可怕极了，街道两边笔直竖起的墙面简直就是最完美的扩声器。想在酒店安稳地睡一觉？行啊，只要在耳朵里塞上棉花。

生活在其中的人类？我说的不是那些总打着人工光的比例超常的空间（图208）。我关心的是走在步行道上，呆在他禁锢圈内的行人。我现在用的这个词不是比喻。走在布宜诺斯艾利斯步行道的人群之中是相当沮丧的事情；一个人的能量都被它吸干了。人们就这样走着，走着。我深信如果在一间生物实验室中，将动物们像布宜诺斯艾利斯的行人般囚锢起来，它们一定产生一些精神上的变异，会有抽搐发生或者患上神经衰弱。所以说，行人们也会有上述这些症状，在巴黎，在你们的城市都一样，在你们的城市甚至更严重一些，尽管它弥漫着充满秩序却又自相矛盾的氛围。在巴黎，还能时不时地看到一丝天空，一小片天空，各种形态的；在这里，很可惜都是千篇一律的。我想：这座城市已经走到了一个尽头；是时候作出一些抉择了；但是我们需要一条指导原则来告诉我们怎样抉择。我从你们的心中能感受到一股强大的力量，它无法向这次机器时代所带来的变革屈服：大城市非理性的增长。

我要重申一点，你们可以，你们也能在自己的土地上进行价值重组。值得称颂的市民关怀和一次成功造就了雄伟的阿尔维亚大道（Avenida Alvear）。外国人都被带往那里。我抵达后的第二天就被领去走了一会儿，我非常愉快，被布宜诺斯艾利斯给迷住了。

有一天晚上，我筋疲力尽，心灰意冷，我提出要求："我想看看树。"我们去阿尔维亚大道走了一会儿，又在沿着大街的巴勒莫公园（Palermo Park）里面转了一圈；我在城市规划上那么长一段时间的构想在那里得到了淋漓尽致的体现：宽阔的大道上飞驰着汽车，其上又分枝出公园散步道。棕榈树，桉树，橡胶树，柳树，等等，广袤的草坪和惬意的人群。我对我的朋友说："看这儿，这里就是瓦赞规划的商务区，*我们身在树下*。没有一丝声响，只有纯净的空气，人们再也不用受折磨了。摩天楼？你只不过是时不时能地从叶缝间瞥见它们。*我们，人类，在大树底下*。巨大的摩天楼一点儿也影响不到我们：它们都笼上了一层优美的面纱……"

维拉（Vilar），他是一位建筑师，带我去看他正在阿尔维亚大道上兴建的一栋小型摩天楼（非常小的一栋）。最上面的两层是他自己的房子，还有平台和屋顶花园。女士们、先生们，从那里，从城市的中心人们能看见里约热内卢，它是蓝天下一条缓缓流动的粉红色的线条。那幅景象无与伦比。还有这点：在布宜诺斯艾利斯之上25米，空气非常干燥。你们会发觉那些潮湿的空气，那些潮湿炎热的空气就是一场噩梦。许许多多在城里工作的人们，*工作在城市最中心的人们*，他们能逃离蒸汽浴，呼吸健康的空气，然后*眺望里约热内卢*。

去呼吸，去眺望里约热内卢，去站在大树下，去俯瞰起伏的绿色海洋，这些都是现代科技的恩赐。

去打造布宜诺斯艾利斯，一座马力受阻的城市，一座全世界最美丽的城市之一。要让它成为一座当代新纪元的城市。大自然没有为它准备任何东西。让我们创作出一个精神的杰作吧！

第八场讲座
1929 年 10 月 17 日，星期四
精密科学学院

世界城以及一些可能是终极的思考

女士们、先生们，这场讲座的天平将会很明显地偏向一边。讲座的标题里所说的“世界城”，在我的脑海里面，主要是针对广大群众提出的，而不是针对在场的专家们——建筑师、工程师、建筑系的学生。它是为了让我能有一个将建筑的概念扩展到当今的各种组织里去的机会，或者说，至少，它能允许我展露某种程度的思想，这是从大量的成果中流露出的一段新时期文明的结果，鼓舞着人类所有的事业，无论是理论上的还是应用上的；它是为了要给予功能优先权，因为功能是工作的出发点，也是和谐与美的本源；我要说的是组织。

现在，我置身于精密科学学院中。

因为没有任何准备，所以我要更改一下我的计划，用更多的即兴思考来努力完成这次的讲座。

另外，你们将在屏幕上看见“世界城”的平面。我将用两个词来向你们解释它的原则；接着，结束了这个主题之后，我将在你们面前回答一个前几天由贵学院教授提出的问题：“如果让你去教建筑学，你会怎么办?”

*
* *

在唤醒世界城的同时，我提出了一个对今天来说非常重要的词语：*组织*。

如果今天我们受到一种组织欲望的启迪，那是因为在过去，它暗示了一种无序、无组织、麻烦重重、混乱的概念。全世界都在努力寻找一种有效组织，这是一项积极的举动，是一种乐观的姿态；它明确告诉我们一项伟大的事件已经发生了，已经产生了全方位的演变，同时如果，由于我们缺乏日常的觉悟，而没有意识到这一点，那么我们有时候也会感到困惑——尤其是当下这个时代——会发现自己站在死胡同的尽头，正面临着一堵高墙，而我们必须要推倒它。危险和拯救！

去组织！

***

世界城是什么？

世界城就是世界商务办公的地方，是那些国际大公司的指挥中心。

它将是一个集中了各种统计资料和文档的地方，是一个人们不带热情却又争论不休，幸免于危机之外的地方。

同样，它也是科研中心和各种建议的汇总中心。

有一天，我们必须依靠指派给这些任务的组织机构去作决定、允诺和惩罚。这全都要仰赖在这些方面渊博的知识。所有这些可能发生的事件都需要速度、严谨、精确，甚至是文档的多样性和真实性。

人生摇摆在两种磁性的力量之间，每一种都有能力成就辉煌。其中的一极代表了*一个人单独完成的事情*：杰出的，悲悯的，神圣的个体创作。

另一极则代表了人类的所作所为，他们在社会中担当的责任，这里指的是一个群体、一座城市、或者是一个民族的人类：其作为集体的某种磁力，某种特定的发展趋势。

这里，是个人的伟大，是天才的渊博。

那里，是管理、秩序、意图、激发，是城市情感。

这两股互相矛盾的力量一起被用来抵达一个相同的目标，这是盲人和瘸子的故事；其中的任意一方都无法想像少了另一方该怎么办；但是一方可以彻底改变另一方；另一方也能够压制前一方。

现代组织应该以集体的理性组织来*解放个人*，让他获得自由。

为了能够让这些事件可视化，让旁观者能一目了然，我们需要一个场所，一种解释的手段——在这里，我们需要建筑。

***

先是战争，接着是战后，这些都是一个世界将要终结的迹象。在各个领域，人们都结成了联盟，肩负起了解决如此如彼的各项任务。然后，国际联盟就诞生了。事实上，联盟是政治的，老实说就是一个当班的灯塔守望人，一名指挥交通的警察，一位反复思量的法官。守望者能看见明显的事物。警察根据道路的情况来组织交通。法官则是根据现有的法令作出最后的判决。谁才能告知世界的状态——正在孕育中的，影响深远的状态——谁又能提出法令？守望者？不！警察？不！法官？不！

整个世界生活着，焦躁着，行动着，应对着。每一条起因都有相应的结果，每一次成效都有相应的缘由。在某些特定的时刻，世界表达自己；在某些特定的场合，解决的方案忽然就蹦入了那些喜爱幻想或者讲求实际的人们的脑子里。从那些相互冲突的各股力量中自然而然就产生种种提议。

为了联合这些提议，将其进行分类，协调相互间的关系，让它们为人们所知晓，并加以讨论，我们需要一个场所，一个总部，还有用来工作的工具；在这里，我们需要的是建筑。

世界城也是全球各种思想的调车场；历史性的文档，当代的统计资料和各种提议都会蜂拥而至。这些都要有一个场所；在这里，我们需要的是建筑。

因此，在国际劳动办公室和国际联盟实践调整上的种种努力之后，人们感到有必要再回到那些本质的东西上：回到那些统治着世界平衡的东西上，净化概念，净化思想。

以上就是比利时人奥特勒（Paul Otlet）的构想，他是世界城伟大的倡导者。

因此，一种新的精神革新就诉诸于建筑。

这个想法是普世的；一旦给了出来，就再也没有任何障碍了，没有高山，没有大海；也没有铸铁或者玻璃的笼子，没有研究院，没有学院派。它能触及到一切有天线的地方。

建筑是一个时代思维状态的结果。我们现在所面临的是一项处在当代思维中的事件；它是一项全球性的事件，我们在10年前都还没有意识到；科技，提出的问题，就像那些解决它们的科学手段一样，都是全球性的。话虽如此，区域这个概念还是相当明确的；因为气候条件、地理条件、地形条件、种族倾向和成千上万现如今依然未知的事物，都将永远影响最终的形式。

但是作品本身，即被建筑具象化了的精神创作，永远都将只是个体的产物，就像文字是一双手，一颗心，或者一个大脑的产物一样。整个的责任将落到我们每一个人的身上。但到了抉择的时刻，到了那些危险的转折点之时，个体的概念就冒了出来，比以往任何时候都要强烈。

今天，个体受到了世界创作的滋养。

我们现在需要去组织一种新的和谐，需要冒着未知的危险，但同时也能享受到创作的伟大乐趣。

建筑会放大想法，因为*建筑是一项无法抵挡的事件，它将在创造的一瞬间应运而生，这一瞬指的是当原本被那些诸如保证结构坚固稳定、寻求舒适的欲望所占据的思想，发现自己受到了一种更高的目标的提升，不再仅仅考虑实用，而想要展现出鼓舞着我们，给我们带来欢乐的诗意的力量之时。*

世界城的规划在德语国家建筑界的极左分子中引起了猛烈的批判。我被指控为学院派。建筑的方案其实都是极其实用的，就好像一架构造精密的机器那样*功能化*；尤其是螺旋的世界博物馆，遭到了如此强烈的控诉（图 210），还有图书馆和展室，大学，以及国际联合会的房子。它们都是按照最新的技术规则建造的，每一栋的形式都是一个有机体。这些有机体为自己套上了一种态度。我们已经开始运用这些不同的态度进行创作了，把它们一起布置在一片巨大的景观上，用一张通力合作的、深思熟虑的、数学的、控制的图表来联合它们，迎来和谐和统一（图 209）。

世界城的规划，加上它的那些是真正机器的房子，带来了某种独有的壮阔，这其中蕴含着一些人愿意不惜一切代价去寻找的考古灵感。但是，从我的角度来说，这种和谐不是简单地对一个提得很好的功能性问题作出应答就能产生的。我把它归结为某种特定的诗意的状态。

*
* *

现在让我们来谈谈这场告别讲座中的一个没有事先做好准备的题目：*如果让我来教建筑？*

你们的这座城市，比起巴黎或是别的一些城市来更能启发我，它给

209

210

图 210　le musée／博物馆∥tri-parties／3 个部分∥3 nefs parallèles／3 块平行的展区∥coupe sur nef／展区剖面∥a = objet／a = 展品∥b = temps／b = 时间∥c = lieu／c = 场所∥d = entrepôt／d = 储藏空间

了我1000个想法。我是这样向我自己解释其中的原因的：首先，布宜诺斯艾利斯位于美洲大陆。然后美洲大陆被大洋一隔，远离了罗马、维尼奥拉先生和法兰西研究院。美洲——立刻让人联想到潘帕斯大草原，还有热带雨林！你们正面临着重大问题的挑战；你们必须要快速工作；你们不带有任何的成见；你们会感召于时代的精神行动起来！

但是这儿有一些奇怪的地方：无论是在你们国家还是在美国，维尼奥拉先生都是上帝。你们的城市没有一点原创性，只要原创性指的不是夸张的栏杆（存在一种美洲栏杆综合征），和对*建筑柱式*的盲目崇拜。当我说到“建筑的柱式”时，我清晰地记得当我还是一个莽撞少年时的种种震惊，一旦有教授、书本、手册或是字典庄严地提到“建筑的柱式”时，我就会忙不迭地逃走。给予它们任何的关注都是非常可笑的：“建筑的柱式”！谁的什么的柱式，什么的建筑？想想这个吧，4百年来，世界建筑的机器都搁浅在了这片无序中！甚至波及到了雨林的边缘，波及到了亚森松！柱式下的美洲……你们看，老实说我都不太敢去问这样的问题了：“谁的柱式?”……我觉得有些无礼，但却是肺腑之言。

你们的城市，布宜诺斯艾利斯，在机械化灼热的呼吸下拔地而起！……“建筑的柱式!”另外，人们在街道上的每个地方都能看到它们，伪装其形式，隔绝了阳光。

“如果让我来教建筑?”……这可能是一个恰不逢时的问题。首先我就要禁止“柱式”，停止“柱式”的病患，“柱式”的丑闻，停止那些难以想像的精神溃败。我会这样要求:*请尊重建筑*。

另一方面，我要向我的学生解释到，在雅典的卫城上，一些事物是怎样打动人心的。他们将在日后其他的杰作中间体会到卫城真正的伟大之处。我将允诺他们，今后会给他们解释法奈斯宫（Farnese palace）的成就，解释在圣彼得大教堂（Saint Peter's）后殿和立面之间存在的精神鸿沟，虽然全都是严格按照同一种“柱式”建造的，但是一个是由米开朗基罗（Michelangelo）完成的，另一个是由阿尔伯蒂（Alberti）完成的。还有其他许多有关建筑的，最纯粹、最真实的东西，但是要真正理解它们，需要先掌握一定的知识才行。我将断言崇高、纯粹、知识的思索、视觉美感、比例的永恒才是建筑最为深远的欢乐，每个人都能感受到。

我将不畏疲倦地继续在一个更为客观的层面上保持我的教学内容。我要努力尝试向我的学生们灌输一种敏锐的辨识力和自由的意志，还有我已经提到的“如何”以及“为何”。我要敦促他们辛勤地栽培这种感觉，甚至直到终老。我所谓的这种辨识力一定要建立在各种最客观的现实之上。但是现实是在不断演进和变化的，尤其在我们这个时代。我要教会他们去鄙视那些程式。我将会这样对他们说：*比例就是一切*。

回到我们小小的草图之上：

面对年轻的学生，我会问：你如何开启一扇门？什么尺寸？

你把它放在哪儿（图 211）？

你又如何开启一扇窗户？还有，老实说，窗户是用来干什么的？你真的知道为什么要创造出窗户这种东西来吗？如果你知道，请告诉我们。如果你知道，你就能向我们解释为什么窗户要设计成拱形的，正方的，或者是长方的，等等（图 212）。我想要知道其中的原因。还有，我要加上一条：等一下：今天我们还需要窗户吗？

你在一间卧室的哪一个点开启一扇门？为什么在那里，而不是别的地方？呵，你似乎有很多解决的办法呀。没错，有许多可能的解决办法，每一条都将给予我们一种不同的建筑体验。呵，你意识到了不同的解决方法就是建筑最根本的东西了？根据你进入房间路线的不同，根据门在墙上位置的不同，你将会体验到某种特定的情感，同时那面被你凿出洞的墙也表现出了一种非常不同的特点来。你将感到那儿有建筑。举例来说，我禁止你在平面上画轴线；这些轴线是用来打动笨蛋的。

另一个同等重要的问题：你在哪儿开窗呢？你注意到了没有，根据光线进入的不同方位（图 213），你将会感到这样的或是那样的情感？这样的话，画出所有可能的开窗方式，然后告诉我哪一些更好。

事实上，为什么你要给房间这种形状？探索一下其他*可行*的形状吧，在每一间房间里面，你都开启一扇门和一扇窗。噢，要完成这项工作，你可得买一本厚厚的笔记本了，你将需要很多页纸。

让我们接着往下走。

画出所有餐厅的形状来，还有厨房、卧室，每一间都要画上其必需的配套设施（图 215）。完成了这项工作后，再试着把房间的尺寸减到

211

212

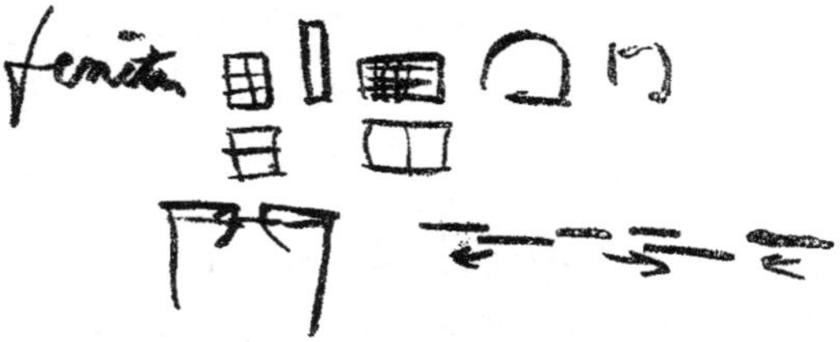

213

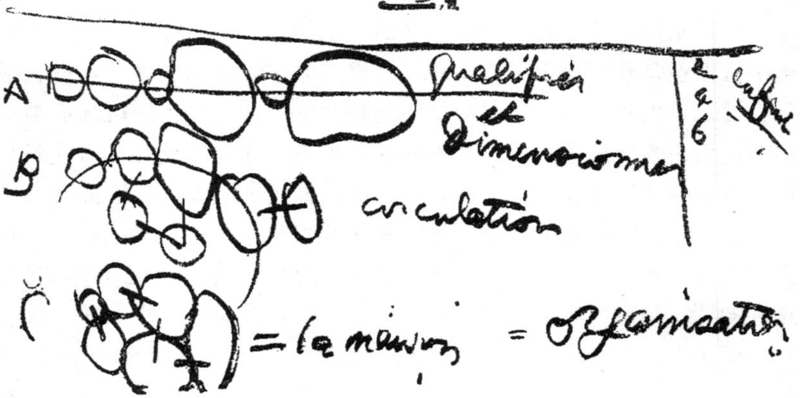

214

图 211 porte/门；**图 212** fenêtre/窗；**图 214** qualifier et dimensionner/加细部定尺寸//enfant/儿童//circulation/交通//la maison/住宅//organisation/组织

最小，但同时又能保证其功能不受影响。一间厨房？你将会看到这其实就是一个城市规划的问题——交通和工作地点。可别忘了厨房是一个家庭里面的圣地。

现在你要设计一间商人的办公室了，还有他秘书的、打字员的和工程师的办公室。请牢记住宅是一部*居住的机器*，“大楼”则是一部工作的机器。

你不知道何谓*柱式*。也不知道“1925 年风格”。如果被我发现你在设计 1925 年*风格*，我会立刻揪你的耳朵。你不得画任何只是为了画而画的图。你安装，没有别的了，你装配。

现在你要试着解决当前最为棘手的问题之一了：最小可能住宅。

首先是为独居的男人或者女人设计。然后是为新婚的夫妻。别设想他们有孩子。接着你的家庭会搬迁；那时候有了两个孩子。

再为一个有四个孩子的家庭设计一栋住宅。

由于上述这些任务都非常困难，你可以先画一条直线，然后沿着这条直线布置一系列必要的房间，按照一个功能接着另一个功能的顺序排列。随后你给每一间房间定出一个最小的面积（图 214）。

接下来你用一条曲线，最好是某种树状图，建立起交通流线和在这栋小房子里面房间与房间之间必不可少的相邻关系。最后，你会试着组装这些空间，将其组合成一栋房子。别担心“建造”，那是另一个问题。如果你碰巧喜欢下棋，那你在这儿会玩得非常尽兴；完全没必要去咖啡馆找搭档！

你还要去参观一些建筑工地，看看钢筋混凝土是怎么制成的，看看屋顶平台和地面都是怎么做的，看看窗户是怎么装的。我会给你一张通行卡，这样你就能畅行无阻。你需要画一些草图。如果你在工地上看到一些愚蠢的事情，别忘了记下来。回来以后，你就可以问我问题。不要妄想人们通过学习数学就能学会建造。那都是学院派过了时的把戏了（他们正在取笑你）！

话虽如此，你还是必须得学习一定量的统计学课程。它很容易。完全没有必要强迫自己去搞明白究竟数学家们是*如何*得出计算材料属性的方程的。只要有一点儿实践的经验，你就能理解它们是如何起作用的，但是最重要的是你必须知道一栋房子的各个部分都是如何工作的。试着去理解“惯性力矩”的意思。一旦你明白了，你就等于长出了翅膀。这些事情都不是数学：把那部分工作留给数学家们。你的任务还没完呢。

你还将接着学习噪声的问题、隔热的问题和膨胀的问题。还有那些加热、制冷的问题。在这儿你的知识量又将丰富许多，日后你会为此感到庆幸不已。

现在画出这条码头的河岸线；接着是标出河道的浮标（图216）。你得画出一艘200米长的轮船怎样驶入船坞，它又是怎样离开的；你只需用一张彩色纸大致切出轮船的形状，然后在你的图上摆出它的各种不同的位置。也许你就会在设计海港的停靠码头上获得一些灵感。

让我们来画一栋办公“大楼”：正面，是一个停车场，大楼里一共有200间办公室（图217）。试着想想需要多大的停车空间吧。就像对待蒸汽轮船一样，清晰地表达出所有的汽车运动线路。可能你就会有一些关于这个交叉口形式的想法了，还有停车场的尺寸和形状，以及它们和街道的联系。

请把这条建议视为金科玉律：用彩色的铅笔作图。有了色彩，你就能清晰地表现特点和进行分类，读起来和看起来都会更加明白，你才能去加以组织。如果只有一支黑色的铅笔，那你就被困住了，迷失了方向。每时每刻都要这样对自己说：*一定要清晰明了*。色彩会拯救你。

这是一个城市的交叉口，汇集了多条道路（图218）。试着去理解汽车在这里是怎样相互穿越的。想像各种各样的交叉。然后决定哪些对交通流线来说是最佳的方案。

选择一间起居室的平面——有门，有窗。用一种最佳的方法布置一些必不可少的家具；这就是交通，它既是常识又代表了许多其他的东西。你应该这样问自己：这个东西有用吗，是这样布置吗（图219）？

现在我想让你写一些东西。你需要准备一些关于城市存在原因的比较性分析，诸如布宜诺斯艾利斯，拉普拉塔（La Plata），马德普拉塔（Mare del Plata），阿瓦贾内拉（Avejanella）。这对一名学生来说真是很有难度的任务。但是这样你就会理解在画图前，必须先知道“它是个什么东西”，“它有什么用处”，“用来干嘛”。这对于塑造个人的判断来说是绝佳的锻炼机会。

某一天，你还会前去火车站，手拿米尺，仔细测量餐车，从餐厅一

215

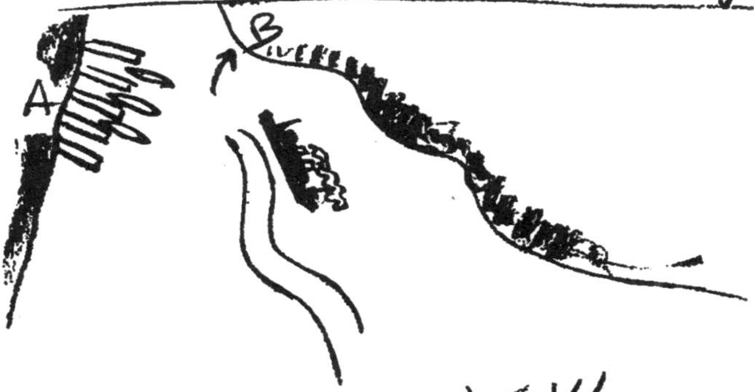

216

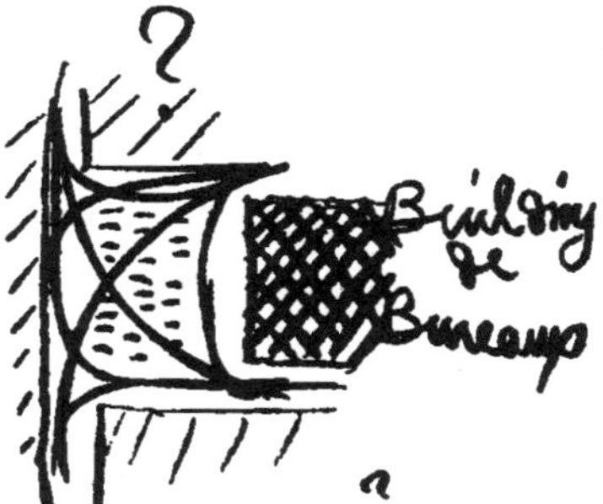

217

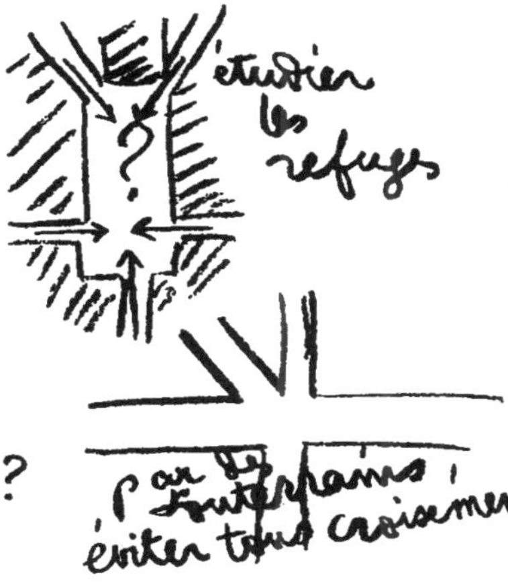

218

219

图 215　une chambre à coucher/一间卧室//Quelle forme?/什么形状?；**图 217**　Building de Bureaux/办公大楼；**图 218**　étudier les refuges/研究道路交叉口//par des souterrains éviter tous croisements/用地下通道，避免所有交叉；**图 219**　salon/起居室

直量到厨房，还有它的入口也不能放过。对于那些豪华列车车厢也要这样测量一遍。

然后你要下到海港，去参观一艘蒸汽轮船。你要画出它的平面和剖面，是彩图，表明“它是怎样运转的”。事实上，你真的非常明白一艘蒸汽轮船上到底会发生些什么事情吗？你知不知道它是一座容纳了 2000 个人的宫殿，这些人中的 1/3 都在追求奢华的*生活*？你知不知道那儿有三等防水的床舱，每一等舱里都有一套独立的酒店系统；还有一套出色的机械动力系统，及其指挥中心的成员和机械队伍；最后有一套导航系统，有它的指挥官和水手呢？当你能够用平面和彩色剖面清晰地解释一艘蒸汽轮船的组织后，你就完全有能力去竞争国际联盟总部的下一次方案投标了。你能设计出一座宫殿的平面来。现在，我亲爱的学生兼朋友啊，我催促你赶快*睁开你的双眼*吧。

你睁开了你的双眼了吗？你受过睁开双眼的训练吗？你知道如何睁开你的双眼，你又是不是经常、总是、很好地睁开了呢？当你走在一个小镇里面，你通常会关注一些什么东西呢？你们所有的人都会这样说：“我们这里什么都没有，我们的城市是全新的。”建筑师都有从欧洲寄来的建筑杂志和专辑。接着别人带着自豪向我们展示在布宜诺斯艾利斯宽广海边的一些小村子，里面全是英式的农舍。为什么那时候我们会想要抗议呢？为什么这些农舍会留给我们被侮辱的感觉呢？

看，我画了一堵界墙，上面开了一扇门，墙继续延伸，最终以一个单坡的斜面收尾，中间有一扇小窗；我在左边画一条凉廊，尤为方整，极其整洁。在屋顶平台上，我画上这根非常漂亮的圆柱体：一个蓄水池（图 220）。你们会想，“好吧，他现在正设计着一栋现代住宅呢！”根本不是，我画的是布宜诺斯艾利斯的房子。那儿至少有 5 万栋这样的房子。它们曾经都是由——现在也是每天都在建——意大利的承包商建的。它们是一种对布宜诺斯艾利斯的生活逻辑性很强的表达。尺度正确，形式和谐；它们与场地间的关系都是经过深思熟虑的。这是你们的民间传统，它已经有 50 年的历史了，今天还依然存在着。你们对我说，“我们一无所有”；我回答道，“你们有这个，一个标准的平面，以及在阿根廷灿烂的阳光之下的形式游戏，一种非常美丽，非常纯粹的形式上的游戏，看！意识到了那些英式农舍的丑行了吧，它们陡坡的瓦屋面，

220

221

222

图 220　ouvrir les yeux／睁开双眼；**图 221、图 222**　esprit de vérité／真实的精神//mensonge／谎言//faire type en fer，en ciment armé pour série／用钢和混凝土制作模型，然后大规模生产

完全没办法使用，只能创造出一些阁楼上的卧室，每年还需要一笔维护的费用。在阿根廷，你们已经自然而然地孕育出了屋顶平台。但是欧洲建筑的专辑愚蠢地把你们带回了300年前，蛊惑你们兴建那些模范花园城市和马德普拉塔的度假别墅！”

另外一天，傍晚时分，我们和阿尔弗莱德一起沿着里约热内卢的街道散步，看到的是这样的界墙（图221）。我们只需把注意力集中到这扇嵌入墙中，*作为一项建筑元素* 的小门上。另一个元素是把墙面一分为二的门扇。第三个是巨大的车库门。第四个就是夹在两面界墙之间的狭长通道：一方面，是其右方的界墙；另一方面，是顶着一个坡屋顶的建筑体块。第五个建筑元素是屋顶的斜线条和它的出挑！

噢，你们哄堂大笑起来了，因为我画了这个钢的风车①，在阿根廷的任何地方，房子边上总能看见这样的风车。你们觉得我应该批判它，批判这架风车，因为它既不是陶立克式的，又不是爱奥尼式的，也不是柯林斯式的或者塔斯干式的，仅仅因为它是钢的？我这样对你们说：当你设计一栋房子的时候，从画风车开始。这样你的房子就不会有问题了，因为它跟着风车走，而风车是一件诚实之作！

拜托了，请用*真实的精神* 来充实你们自己吧。

注意了！我马上就要把刚才对意大利承建商的溢美之辞全都抹去。我画的都是些房子的背面。没有多余的部分，全是些最基本的必需品。但是在正立面上，在街道上，在人们挂上各自的门牌号，贴上自己名字的地方，在人们说“这就是我家”的地方，意大利承建商唤来了维尼奥拉先生和他的柱式。美丽的噩梦！漂亮小巧的南美糕点（图222）！最后，由于房子太小，不够高度，意大利的承建商总是要在顶上加一个有栏杆的阁楼和一个巨大的雕花盾。我写上：*谎言* 。

睁开你们的双眼，但是是为了房子*后面* 的喜悦。在街道上你们需要紧闭双眼！

说完了这点，我要让我的学生去解决一个问题：测量一下这些房子，在正立面后，它们都是相当得体的。你们需要仔细研究这种民俗，然后大规模生产，可以用钢（干接）或者用混凝土（标准化可组装的

① 风车从地下的含水层中抽水。

零部件）。

既然我已经唤起了你们的*真实情感*，那我现在就要撒播给你们，你们这些建筑系的学生，*对于透视图的敌意*。因为透视图就是意味着用一些迷惑人心的东西来铺满一张纸；这些是“风格”或者“柱式”；这些是*时尚*。建筑存在于空间、内容、深度和高度之中：它是体量和流线。建筑是*在一个人的脑子里面*完成的。这张纸的用途只不过是修补一下设计，把它传达给甲方和承建商。所有的内容都存于平面和剖面之中。当你通过平面和剖面设计出了一个纯粹的功能性的有机体时，*你自然就会拥有立面*；如果你还有一些和谐的力量，那你的立面便会相当感人。你对自己说房子只是用来住的，这完全没关系；但是如果你的立面非常漂亮，那你才是一名出色的建筑师。有比例就足够了。要想在这方面取得成功，必须有足够的想像力，当问题很小的时候就更甚了。

建筑就是组织。*你是一名组织者*，不是一个绘图员。

*
* *

女士们、先生们，请允许我总结一下；是时间了。

建筑就是以功能为指导建造的一些有用的容器，其中容纳人类不同的需要；忽然之间，在这个关键的时刻，我们发现传统的容器无法继续容纳这个现代世界的新功能了。这条申明完全是事实，我已经有了许多非常确凿的证据了，它标志着一个新的时代已经捉住了我们，人类的历史已经翻过了一页，还有就是我们在这里正面临着现代任务的广阔疆域，因此，我们需要有高昂的积极性，而且再也不能被那些懒惰造成的罪恶举动或是错误的情感所破坏。建筑物质化了机器时代的进化轨迹。

*
* *

在这一系列的讲座中，我向你们表明了原因：*机械化*。带来的影响：扰乱。我们的任务：去调整。方法：将自己完全从学院派的思维方式中解放出来，然后去创造。我确定：去创造——任何事，随便用什么方法，无拘无束，慢慢调整——这本身就是快乐。

我唤醒了人们的尺度感，他们的理智和热情——这些是在偶发的灵活性中固定不变的元素。

我表明了有必要去满足个体的需求。

接着是，集体中的人，城市中的人，他们有另一套需求：建筑无处不在，城市化无处不在。

我探索着建筑中的整体性：它从一栋住宅一直到一座宫殿。

获悉了当下建筑演进或者革命的现实，我并没有试着去规避外界变化中悲惨境遇：我们都已经感受到了，对人类来说，对城市来说，“时光飞逝”。

从“没有希望的城市”出发，我们发现自己渴望欢声笑语，渴望一座生机勃勃的城市。在这点上我们毫不犹豫，但是依旧需要力量和勇气。

每一刻我都在呼唤光明，这里的光明既有字面的意思，也有比喻的含义。字面的：人们想要理解必须首先看得明白。去理解，去判断，就是去单个地介入。于是我们又来到了精神领域：介入本身就是欢乐。

我要呼吁智慧：用最少的获取最多的，这大体便是经济学的要义，也是艺术作品中最为深刻的创作初衷。要在它的高傲中开源节流。这样的话，人们便终将抵达高尚。

于吉伦特出海口（Estuary of Gironde）

1929 年 12 月 21 日

里约热内卢的讲座
1929 年 12 月 8 日
建筑师联盟

巴西的推论
……同时也是乌拉圭的

当一切都成了一场狂欢，

当，受了 2 个半月的禁锢和压抑之后，所有的一切都在一场狂欢中爆发出来，

当热带的盛夏沿着蓝色水面的海岸线，围绕着粉色的礁石带来了茂密的绿叶；

当你身处里约热内卢——

蓝色的海湾，天空和水面全都以弧线在远处交替出现，边缘处勾勒白色的码头或是粉色的沙滩；在大海汹涌起伏之处，波涛翻滚在白色的巨浪中；在海湾深入陆地之处，则是浪花飞溅的一派景象。沿着笔直的大街两旁是遍植了棕榈树的小道，树干非常平缓，有着数学般的弯曲线条；有人声称这些棕榈树有 80 米高；要是有 35 米，我就已经很满足了。豪华闪亮的美洲汽车从一处海湾驶向另一处，从一家酒店开往另一家，还在绵延不绝、探入海中的岬角上左拐右转。一艘巨大的蒸汽轮船庄重喜气地停进了海港；一艘蒸汽轮船总能保持庄重的仪态和步调，它所包含的那种建筑上的纯粹也是相当迷人的。巴西的舰队驶入大海，从酒店前掠过，在粉色和绿色大地之间开出自己的道路。这些宫殿都是很棒的现代路易十六的风格；它们大、新、且舒适，上面还有身着白色制服的人员和俯瞰海洋的房间；这片大海，从一座宫殿的房间里面看，就是一张远征时代的地理图，有海湾，有高山，有轮船；其上的题记便是夜色中悬崖上的灯光。一艘蒸汽轮船，灯火通明，驶向了远方；船上的

灯火总是能给人极大的快乐，通常还带着些庄重的味道：当一艘轮船远航之时，它承载了如此众多各式各样的思想，就藏在那一、二千名上上下下的乘客的脑子里面。城市的街道一直深入腹地，位于从高地跌落的山间低地的河口上；高地就像是一只完全张开的手背，砸在海岸上；跌落的山脉就像是手指；它们触摸大海，指缝间就是河口大地，城市坐落其上；一座欢快、迷人、正交的葡萄牙城市；海边的富人之家全是意大利风格的，装点着许多宝瓶栏杆，用的是仿石的材料，可怕却又欢快。还有那高大的棕榈树，壮观的码头，一望无垠的大海，以及敞向大海遍及四周的岛屿和岬角；岬角在空中勾勒出的天际线总在变幻样貌——就像是某种燃烧在城市上空无序的绿色火焰，每时每刻，无处不在，并且还会随着人们的脚步变化景致。观光者总是不知疲倦地加以赞叹，他的热忱在每一个角落都得到了重生；这座城市似乎就是为了取悦他而生的。人们全都身着色彩靓丽的衣装，他们非常友好；我受到了张开臂膀的欢迎；我很高兴；我坐了汽车、摩托艇和飞机。我在酒店正前方游泳；我穿着浴袍坐电梯回到自己的房间，位于海面之上 30 米的高处；晚上，我光着脚四处闲逛；一天里的每一分钟我都有朋友，差不多直到日出；早晨 7 点，我在水中；晚上看着那些准备当水手的人们川流不息地走在大街上绝对是一场视觉盛宴，这景象让人瞠目结舌，人群里有数之不尽、各式各样的热情和彬彬有礼的殷勤，横眉怒目亦或是激动人心；对观光客来说，那里不像内陆城市，不像它们夜里总会有事事消停的一刻，有人人都上床睡觉的一刻，因为真的没什么可看的了；那儿的大海和天空却一直都在，而且还不是黑黢黢一片；沙滩向四处延展，其上还有些码头和铺砌的大道；海港上亮满各种灯光：当蒸汽轮船离开的那天晚上，2 个多月之前，驶向桑托斯（Santos）和布宜诺斯艾利斯，里约热内卢不过只是夜幕下的一个黑色的剪影，微微发亮，水面上能看到一条展开的金色线条，那是无数海边的烛台在燃烧。当一个人爬上了黑人的*贫民窟*，那是一面高耸陡峭的崖壁，在上面他们挂上自己木头的、条板的、色彩明快的房子，就是吸附在海边岩石上的贝壳——他会发现黑人非常干净，房子建得极其壮观，妇女们总是身着白色棉布，通常都是刚刚洗过的；那儿既没有大街也没有小道，主要因为实在是太陡峭了，但是却有一些小路，有时候像是康庄大道，有时候又像是羊肠小径；街道生活的种种场景就在那里每天上演，它如此高尚以至于如果要在里约热内卢兴办一所教授风俗画的学校将获大举成功；黑人们的住宅通常几乎就贴在峭壁的边缘上，前面架在底层柱之上，后面开门，朝着山坡；在*贫民窟*的顶上人们总能眺望到海面，海港，港湾，岛屿，大洋，高山以及河口；黑人们能看见这一切；大风盛行，这在热带总是相当有用的，在看见了这一切景致后，黑人的眼中流露出的是骄傲；见识过辽阔地平线的双眼总是更加自豪，因为辽阔的地平线能给人以尊严；这就是一名规划师的想法——

当一个人乘着飞机从上面俯瞰，像小鸟一般掠过所有的海湾，翻山越岭；当一个人走进了城市最隐秘的地带；当他滑翔在空中，匆匆一瞥就戳穿了所有的秘密。而当他用自己的双足在陆地上行走的时候，这些秘密轻易地就能隐藏起来，这时候，他就看到了所有的一切，理解了一切；他已经折返了多次；时不时地，飞行员——一个英国人——就会在后面敲我的脑门：在我们的右边是悬崖峭壁，就在飞机下 50 米，而我，此时此刻，却在向左方眺望大海；

当，凭借着飞机，所有的一切都开始变得明朗起来，而你又已经了解了这片地形，这片多山复杂的大地；当，征服了困难，你已经开始变得热情洋溢了起来，你感觉到思想在迸发，你已经走入了城市的躯体和内心中，你已经理解了它部分的宿命；

当，那个时刻，所有的一切都成了狂欢和美景，都成了你心中的欢乐，都准备好了接受新生的想法，都指引人们走向创造的喜悦；

当你是一名规划师和建筑师，拥有一颗敏锐的心能够感受自然界的奇观，一个好奇的大脑渴望获知城市的未来，同时还是一个为性情和生活习惯所驱使的行动派；

然后，在里约热内卢，一座在其举世公认的美貌下容光焕发的城市，似乎激发出所有的人类活动，你忽然就能感受到一股强烈的渴望，也许还带着一些疯狂，你想在这儿开拓一番事业，你想要玩一场两人对决的比赛，一场在“人类的肯定”和“自然的存在”之间的对弈。

噢，热情，你总是终将撕破寂静，和其余那些忍受你带来的灼伤的人们！

我曾发誓不在里约热内卢张口。而现在我却感到不得不说。我原来早就把里约热内卢从我在南美的建筑任务中排除了出去，因为我的同僚巴黎的阿加什（Agache）此时此刻正在为这座城市的发展计划辛勤工作着，人们向来不应在别人工作的时候影响他们。

但是，里约热内卢的建筑师把我从布宜诺斯艾利斯抓了过来。当我抵达圣保罗的时候，无私的主管人员要求我到里约热内卢来谈一谈。所以我答应了谈谈我在建筑上的想法，还有巴黎的总体规划。

但是当里约热内卢所有的一切都在欢度假期，当一切都那么伟岸和壮观，当一个人像小鸟一样飞翔了很长一段时间之后，各种想法便会蜂拥而至。

各种想法蜂拥而至，是当一个人整整三个月都处在压力下，当他潜入了建筑和规划的最深层，当他身处演绎的过程中，当他每到一地都要展望，要感受，要去看见的结果。

在飞机上的时候我随身携带着我的速写本，当一切事情都变得明朗之时，我就开始画速写。我表达了我在现代规划上的想法。由于我激情四溢，我急于向朋友们谈及这些，我解释我在飞机上画的这些速写，最后我来到了这里；我将向你们谈谈里约热内卢。

我将蜻蜓点水般地谈谈里约热内卢，从发明创造的口味来谈，用一种美食主义的理论来谈。

***

在这里着陆后我干的第一件事情就是和最高执政官一起去我的同僚阿加什的办公室造访了他。

阿加什对最高执政官说道："柯布西耶是捅破窗户纸的第一人，他设计出最原始的草图，我们只是紧跟其后，在草图上继续发展的一群人。"

在1923年的秋季沙龙上，有一些人已经开始表露出自己对钢筋混凝土建筑形式的明确把握了，年轻的一代还带来他们的模型和图纸，以示于公众，这时候玛莱特－史蒂文斯（Mallet-Stevens）对我说："我们应该为自己的思想申请专利，至少要保护它们，给它们贴一个醒目的商标。"

但是不尽然，事态的发展体现出了矛盾的地方：思想是流动的，它好像是四处寻找天线的波段。而天线无处不在。思想的精华在于它属于每一个人。人们必须在两种解决的方法中选择其一：提供思想或者是接受思想。事实上，我们两种都选了；我们非常乐意地贡献出了自己的思想，同时我们使用、复原、探索在各个领域中各种普遍的思想，试图从中挖掘出更多特殊的用途，有朝一日，能够全部地或者是部分地派上用场。思想在公众的控制之下。*要奉献出自己的思想*，好吧，这非常容易；除此之外再也没有别的解决方法了！

另外，奉献出一套思想并不代表痛苦或者损失。当一个人看见自己的思想为他人所用之时，他就能获得极大的满足感，只要避免这种满足不是某种形式的空虚就行了。老实说，思想本身的目的就在于此，没有其他的了。

这就是团结最根本的基础。

如果，在这个特殊的时刻，我坚持要贡献出有关里约热内卢的一些想法，那是因为我的同僚现在就坐在这间房间里，围绕在他周围的就是你们数不尽的听众。想到里约，这座我已经深爱的城市，对它带给我的无以伦比的好时光深表感谢，我要通过现场绘制的建筑和城市规划的分析图，来试着让你们理解，我是怎么最终得出一套连贯、系统的结论的。这个系统性的整体，正是我将非常荣幸地为你们进行解释的。

对于布宜诺斯艾利斯、蒙得维的亚、圣保罗和里约热内卢，我得出的结论都差不多。它们的原则都是相同的，但是在实际应用中体现出了极大的差异性。

你们已经看过在布宜诺斯艾利斯拟建一个商务中心的设计了：所有的事物都集中在给其功能预留的那块场地之上，分毫不差：在河上，在一个很深的河口背后，将会矗立起一座建在一块广袤的钢筋混凝土平台之上的城市，这块平台在流水上向四周延伸，架在底层的柱子之上；壮观的摩天楼，以某种节奏或是秩序，将组成一幅宏伟的建筑景象；一项纯粹的人类创作。

在蒙得维的亚，我第一次是从海上抵达。第二次从内陆出发，不过是搭乘飞机抵达。随后我又是搭乘飞机离开，越过大海。接着最后一次是乘坐*恺撒号*（the Giulio Cesare）返航，那是一艘巨型的意大利油轮。城市小巧迷人；周围乡村的规模也不大。城市的心脏地带建在一块岬角上，有十分陡峭的坡连接到内部平缓的高地。海港在下方，顺着岬角弯曲；住宅全都散布到远方的乡村里面，在花园和弯曲道路的中间。

在岬角的高处，现在已经建成了某种青年时期的摩天楼，好似包裹在横条中。而办公室和商人们则离海港非常近，就在岬角的斜坡上。西班牙风格的道路和交通壅堵已经预示了布宜诺斯艾利斯的今天很快就会无可避免地成为蒙得维的亚的明天。蒙得维的亚目前迫在眉梢的问题和其他地方的都一样：要创建一个商务区！*建在哪儿呢？*

请记住通过价值重构和国家法令……等等。（已经提到过了）

我提出如下建议：现有的摩天楼无法说服我，它离得太远了。

但是假定我们从日后的交通问题开始？从高地之上（我相信是海平面以上 80 米），我一直朝向大海，朝向南方，*在同样的高度*（80 米），把城市的主干道从北面、从乡村延伸过来。让我们还是在这个*高度*上发展，把这条主干道分成 2 条，3 条，4 条或者 5 条胳膊（或者手指），都将笔直向前，一直远到……

到哪儿？一直到海港*之上*。道路将会被抬到海港上 80 米的高度，猛地打住，彼此间完全垂直交叉（图 223）。

小汽车将飞驶在海港之上，在水面上。人们从汽车中出来后，将*向下到达各自的办公室*。因为办公室将变成承载顶部道路的建筑支柱。在道路之下，会建起一层一层的办公楼直到山底，或者一直潜入海中，潜入海港。

这样我们就得到了一块巨大的建筑空间体量，无数间照明良好的办公室。我们把商业中心放到了海港，把小汽车引向了“摩海楼”（sea-scrapers）的*屋顶*，而不是像我们在巴黎或者布宜诺斯艾利斯的项目那样，引向摩天楼的底部。因为我们再也不建什么摩天楼了。我们造了“摩海楼”。请原谅我的一语双关！

仅仅通过这样简单的一个手法，我们就在最佳位置建起了商务区中一个特定的部分，此时此刻，如果我们想像一下这座城市的美丽，想像一下其中的居民将会拥有的自豪感，我们将会看到那种宏伟的建筑景象在水面上，在延伸的岬角上拔地而起。这种景象我们年轻的时候早就在马赛［维约堡（the Vieux Fort）］，在昂蒂布（Antibes）［堡垒（the fort）］；在提沃利（Tivoli）的“阿德利阿纳村庄”（villa Adriana，罗马平原上的大平台），等等中见到过了。但是这一次又要雄伟多少啊！

*
* *

在圣保罗首席执政官的办公室里面，我带着好奇心，仔细研究了城镇的墙体平面，那些重要的回转。这里是相关的部分：弯曲的道路从下方穿过其他一些建在高架桥上的道路。“你们，”我对首席执政官说，“有没有交通壅堵的问题?”

圣保罗建在巴西高原之上，海拔大约 800 米，山丘接着山丘；两两之间是一个又一个山谷；房子既建在山丘上，又建在山谷中。

猛然间，短短几年，圣保罗急速发展，几乎是在一夜之间，城市的直径就长到了 45 公里。

在它的地理中心——和大多数情况一样——人群无法流动。为什么？因为——和大多数情况一样——办公室侵占了住宅；因为住宅都被拆光了，用来兴建大楼，甚至是摩天楼。

但是，正如我们所见，圣保罗的发展覆盖了山丘。测量员因为不得不面对这些山丘，只能绘制一些弯曲的街道、高架桥和一套日益复杂的肠状网络系统。

刚刚登陆圣保罗，就在执政官办公室的墙上看到这套混乱的路网，有时候道路彼此交错，当我觉察到了城市的巨大直径后，我忍不住说道：“你们现在正面临一个交通的危机，你们不能靠做这种迷宫般的意大利面条来妄图为一个直径 45 公里的城市服务。”

我这样请求我的飞行员：“请沿着圣保罗中心的方向飞行，首先要贴近地面；我想要看看这座城市的轮廓，它在哪儿升起，在哪儿把房子堆得老高，作为商务冲击不可抗拒的结果。”朝向区域的中心，我们看到城市缓缓升起，等真正到了中心，就是急速上升。

这是成长的起步阶段。一套独有的标准；一次对城市中心病症无可争议的诊断。

接着，我们用小汽车做了几个试验：例如从一个点到另一个点之间所需要的相当可观的时间：山谷、山形线、斜坡，等等。然后，从郊野开始，我们充分理解了这片由山丘和山谷组成的地形，以及这套道路系统的局限性，徒劳地试着要笔直前行。

这是我对圣保罗的朋友们作出的建议：

这种相互打结的街道在城市中的历史源远流长：桑托斯、里约热内

223

224

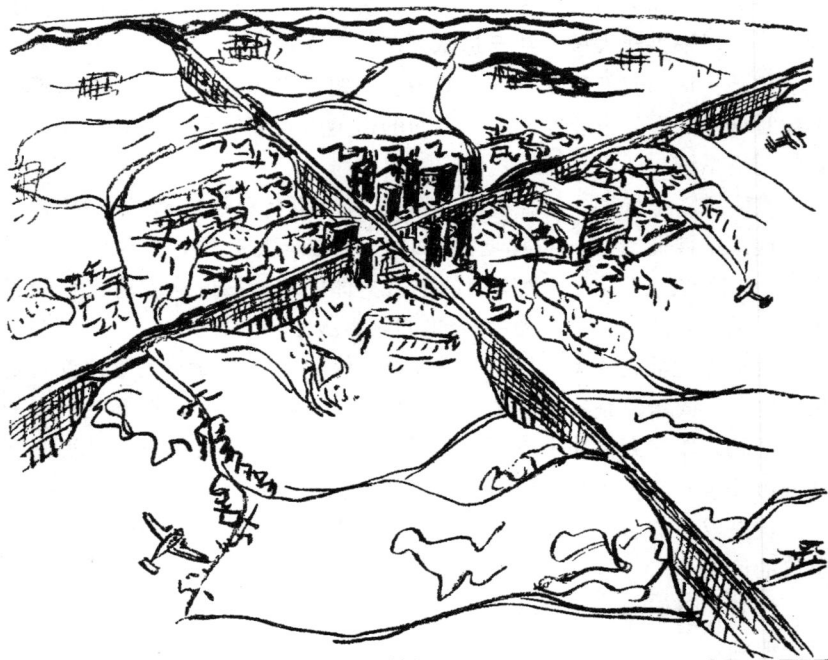

卢，等等。城市的直径超大：45 公里。你们造了许多高速路；此时此刻，因为它们基本上是粘在地上，所以不得不忍受相伴而来的种种限制。

如果有人这样做：从一座山到另一座山，从一个山顶到另一个山顶，画一条45 公里长的水平线，然后再画一条相似的直线大约和它垂直，服务这个范围内的另一个方向（图 224）。这些笔直的水平线就是通向城市的高速路，事实上，是穿越城市。你们不是驾着小汽车飞过城市上空，而是驶过其上空。不用造那种相当昂贵的拱来支撑这两条高架桥，你们可以在它们的下面建造钢筋混凝土的结构，当作城市中心的办公楼和外围的住宅使用。这些办公楼和住宅非常巨大,*体量自由*；因此将引发一场伟大的地价重整。这是一个精确的项目，一条法令。是一次早已描述过的操作。

就像直线一样，小汽车将飞速穿越这座摊得太开的城市。它们将从高处的高速路，向下到达街道。山谷的底部将不会有任何建设，要留给体育运动和地方停车。你们可以在那里面种植一些棕榈树，避开大风。另外，你们已经启动在城市中心建造树木和汽车的公园的活动了。

为了克服圣保罗起伏高原带来的曲线，人们可以建造架在“摩地楼”（earthscrapers）之上的*水平*高速路。

这个场地将表现出多么壮观的一面啊！比赛哥维亚（Segovia）的输水道还要巨大，根本就是一座超尺度的加德桥（Pont du Gard）！在那儿会流露出浓浓的诗意。还有什么比一座架在起伏地形上的高架桥纯净的线条更加优雅的东西呢，比它沉入谷底，触及地面的基础更加变化多端的呢？

*
* *

从飞机上，我为里约热内卢画了一条巨大的高速路（图 225），在中间高度把那些敞向大海的指状岬角连接起来，这样便能快速便捷地把城市和健康的高原腹地联系到一起。

这条高速路的一支可以通往糖面包山（Pao de Acucar）；接着它在红色海湾（bay of Vermelha）和博塔福戈湾（bay of Botafogo）上展露出一条优雅、饱满、宏伟的曲线；它一直触碰到格劳瑞亚海滩（Gloria

Beach）尾部的山丘，统领了这片迷人的背景，轻抚着圣塔特瑞兹岬角（Santa Thereza）。同时，在城市最繁忙的中心，它忽然开敞，派生出一条支路去往海湾和货运港，去和商务中心摩天楼的屋顶汇合。高速公路的另一支跨在城市沉入河口地带的那部分之上，可以沿着通往圣保罗的那条道路的方向继续前行。如果觉得有必要的话，什么都不能阻止它从海湾之上商务区的屋顶出发，在一座宽阔轻盈的桥面上，一直抵达尼特罗伊（Niteroi）的山丘才结束，直接面朝里约。

在它正对红色海湾的起始处，它将统领一片举世闻名的场地，为科巴卡巴纳海滩（Copacabana）所服务。

你们听见我说："在海湾上展露"，"统领一片迷人的场地"，"和摩天楼的屋顶汇合"，"穿过城市"。你们会想，这些都是什么意思啊？

嗯，这条宏伟的高速路大约在城市地面以上100米处，甚至更高；因此它直接接触那些它碰到的岬角。把它抬得那么高不是靠拱券，而是靠为人类、为大量的人群所建的建筑物。只要我们愿意，这条高速路和它巨大的建筑体量能避免*打扰到任何一个人*。

没有什么比建造更加容易的事情了，只要在轻微的影响下，钢筋混凝土的支撑就能很好地从现有社区的屋顶上拔地而起。只有当人们逃到了屋顶之上后，才将这些支撑连接起来，通过桥状大平拱形的大规模建筑将它们统一起来。因此，举个例子来说，这些住宅的体块从地面以上30米的高度才开始，从30米一直到100米，也就是说，10层的两层高的*别墅公寓*[连排住宅]。

我说的是*别墅公寓*。让我们来仔细盘算一下这片位于城市内部，挣脱了地面束缚的土地的质量和价值吧：展现在我们面前的是海面和海湾，是世界上最美丽的那一片，还有大洋、来来回回的轮船、无与伦比的光芒和欢乐，它们一齐组成了一幅神奇的画面，深深地打动着我们；在我们背后，是长满了迷人大树的斜坡，是使人陶醉的山峰轮廓线。*别墅公寓*？它们是配有公共服务的公寓，还有空中花园和窗墙；所有的这一切都高高在上，脱离地面。它几乎就是一个鸟巢。每一层都有"架空街道"和电梯；人们向上走，就来到了高速路下的车库；一边有一条出口坡道，你可以驾着自己的爱车往上到达高速路。在那里，你以每小时100公里的速度飞抵办公室，或者是进城、去郊野、去森林和高地。

225

226

* 彩色图见彩色插页。——编者注

你们很容易理解电梯塔安装起来非常方便，就像那些大型停车场一样。它们把你们的车带到下面的城市中，带到寻常的地面和普通的街道上，或者，也可以从下面开始，往上把你们带到高速路上。

从海面上眺望，我在我的头脑里想像一条由建筑组成的丰富且壮观的线条，顶部水平地冠以高速路，连接一座又一座山丘，在一个又一个海湾上伸出五指。准备好去羡慕飞机吧；似乎这样的自由天生就是为了飞机而保留的。这一条建筑带是架在"柱廊"（这个是用来承受荷载的！）之上的，底部插在城市原有房屋的屋顶之间。

当我两个半月前抵达里约热内卢的时候，我这样想："要在这里规划，根本就是浪费我的时间！所有的东西都会被这片浓郁、壮观的景色吸进去。人们在这儿只能屈服，经营一些度假酒店。里约热内卢？就是一个旅游观光的胜地！"等到了布宜诺斯艾利斯，迎接我的是彻底的枯燥和乏味，什么都没有，这什么都没有形成了一片空旷、巨大的空间，似乎只有到了安第斯山脉才能终结这片一望无垠的地域。"这里"，我想，"有一些能鼓舞人们创作的东西，能升华想法，增加勇气，唤起创举，能摇醒他的骄傲，能孕育出城市情感。就在这片空旷的土地上，我们要试着建起一座20世纪的城市来！不过这对里约热内卢来说太糟糕了！"

但是当我从里约热内卢出航时，我又一次拿出了我的速写本；我画上山脉，在山和山之间是未来的高速路和承载它的巨大的建筑条带；还有你们的那些山峰，你们的糖面包山，你们的耶稣山（Corcovado），你们的平台石（Gavea），你们的 Gigante Tendido，在那条完美无瑕的水平线的衬托下增色不少。过往的蒸汽轮船，当下这个时代伟大运动的构筑物，高悬在城市上空，在那里找到了属于它的一个呼应、一次回响和一声回答。整片场所都开始倾诉，在水面上、在地面上、在空气中；它们都在谈论建筑。这场对话说出了一首混合了人类的几何创造和自然的伟大奇观的诗篇。眼睛看见了一些东西，两件事：自然和人类的创作。城市用惟一能与剧烈起伏的山脉达成和谐的线条来彰显自己：水平线（图226）。

女士们、先生们，今年我去了许多地方，每到一处都仔细观察，我去了莫斯科和它的西伯利亚大草原，去了潘帕斯大草原和布宜诺斯艾利斯，还去了热带雨林和里约热内卢，这些游历都将我深深地植根于建筑的土壤中。建筑靠脑力建设行动起来。正是大脑的活动将我们领向伟大解决方案的宽广地平线上。当解决的方法绝妙万分，而自然又快乐地加入其中之时，或者还有一种更好的情况，当自然将本身融入其中之时，那便是人们达到统一的时刻。我相信这份统一便是我们的大脑永不停歇、敏锐深刻的创作将带领我们抵达的高度。

再过几个月，另一场旅行将把我带往曼哈顿和美国。我很害怕面对那个满是苦工累活的地方；那片生意场上物竞天择，弱肉强食的土地；那块只谈生产的迷幻场所。在莫斯科零下30℃的时候，就会发生许多极富戏剧性，相当有趣的事情；美国就是一个大力士，它的内心对我来说似乎还是羞怯和踌躇的。我们在巴黎相当于是绘图员中的精英，赛车发动机的创建者，追求绝对平衡的幻想家。你们身处南美洲，是一个既年老，又年轻的国家；你们是年轻的民族，但是你们的祖先源远流长。你们的宿命就是要现在立刻行动起来。你们会在苦工累活暴虐的暗黑标志下行动吗？不，我希望你们就像拉丁人那样，知道如何去制定秩序，去管理，去统治，去估计，去测量，去判断，以及去微笑。

于巴黎，1930年1月27日

附　录

巴黎的热度

一个机器时代的法兰西研究院

[一封在《走向机器时代的巴黎》出版会上致以罗密尔先生（Mr. Lucien Romier）的信，他是一名经济学家兼社会学家。此书由位于巴黎马德里大道28号的法兰西振兴会出版。]

……要去组织这个纷繁复杂大自然的种种研究，要去管理这些分析过程，就是要去扮演一个真正的法兰西研究院的角色。人们全身心地投入到工业和经济活动中去，他们被誉为“工业领袖”，是因为他们有冒险精神，因为他们代表了这个民族的*创造*精英，因为他们能够为了让自己的观点被大众所知晓，而去筹措各种资金、组建各种机构，为其思想奉上一份高效的献祭。他们能够理解生存的平凡和为生活所迫的苦苦挣扎，所以*贡献出各种无私的想法*；*他们争论着如何才能更好地运转这个国家*。理论应该超前于实践；实践应该经过共同的筹划。然而现如今，理论被实践冲击得粉碎，实践拥有决定权，理论则只能屈从。

让我们颠覆现在的情形；让我们控制这些实践！对于那些将为国家制定出新规则的人们来说，这已经构成一条非常充分的动机了；他们将照亮明天，保证国家的发展。

如果不是这样，那么机器时代的各种思想，在穹顶施下的魔咒下，无异于一辆灭了灯、行驶在浓雾中的汽车：人们看不清前方。

正是因为这些实践派的讨论还不够“实际”，所以他们干起活来十分功利……

另一个争议之处：
1920~1930 年间规划师委员会研究的巴黎个案

“思想上的震惊带来的是光明。”
清醒和迷糊。

大事件无可避免地拉开了帷幕。
恐慌；
行动。

尺度的变化。

统计资料。

重返巴黎。

现状的分析。

“思想上的震惊”；
清醒和迷糊

——……接着，火车站被挪出了城市中心，因为它们在那儿造成了交通壅堵，圆环就成了主要的车站……

——……让火车沿着这个圆环行驶，可以啊。但是对于任何一个车站来说，如果不把乘客带往城市最中心的地带都是无稽之谈；一条环城线，是的，但是把直径减小到500米，所有放射线都和它相切，在那儿火车只停靠几分钟，送走一些乘客的同时又迎上另一批，在这个小圆环上完成中转后，驶向自己的目的地，柏林的动物园站只不过是一个*中转站*，然而却流量巨大。

……………………………………………………………………………………

——既然商务造就了城市的财富，同时它又把城市的中心堵得水泄不通，使其不适宜继续居住，那么巴黎的中心就应该向外围扩展，一直到圆环……

——于是你们就有了一个自相矛盾的前提：商务位于中心是因为它遵从了相互靠近的必要条件；把中心迁到外围其实违反了字面的和实际的意义。如果我们搭乘一辆飞机，我们会看到一幅惊人的景象。在那些没有建筑限高的城市中，商会区会在城市中心拔地而起，那里需要有快速便捷的联系。柏林是一座处在不同语境下的城市，至今依然在建筑高度上有限制，它最近公布了一张建立在最新统计资料之上的图表；这张图表用连续的层来表示城市中的办公建筑密度；结论和美国的情况完全一样：在城市中心密度很高。

另一方面，人们发现城市为了寻找新鲜空气而不加限制地向郊区扩张。调查发现无论是在城里还是城外，居住区的密度总是相对较低。人们同时还发现城里的植被消失了，房子一直建到人行道上，窗户朝向沟壑般的街道开敞。如果，我们使用现代技术，我们就可以把这些房子集中到社区的中央，如果我们同时引入公共服务，重新组织这些房子，那么居住区的密度就能得到提高，广袤的公园中的参天大树将覆盖城市的上空，喧闹的街道将远离住宅；街道将仅仅成为交通的河流，*独立* 于建筑的场地之外。

然后*城市的边界将会进一步缩小*，郊野将重返城市，*距离将得到缩短*。城市居民每天的生活质量将大幅度改善。所以说布宜诺斯艾利斯，里约热内卢，圣保罗，全都和巴黎一样，侵占了太多的土地面积了。我们必须要限制城市的扩张。路易十四早就为了阻止巴黎区域的扩展设下了障碍。

——……如果城市的中心被挤到了外围（*原文如此！*）那么围绕它周边所建的房子将会比中心的还要高，城市的通风将会瘫痪……

——……邦尼奥先生（Mr. Bonnier）画了一张图，表明要在巴黎建20米以上的房子根本就是不可能的；否则的话，人们再也无法在街上畅通无阻。

——但是他用到的街道还是亨利四世和路易十四时期留下来的，是马车时代的遗物。今天，汽车已经来临，我们正是要从街道的变化出发——它的宽度，它的设计——来发展我们的规划。机器时代的城市官员还没能领会街道不是盖在地上的外壳，它是*竖向的建筑*，*是高楼大厦——是容器而不是表皮*。

……………………………………………………………………………………

——……还有就是，巴黎的中心总在换位置；曾经是共和广场（Place de la Republique），现在成了星形广场；巴黎的中心一直在转移阵地。

——从战争后，商务区一直在向西移动，因为商场的领袖们再也无法在市中心其办公室的附近停车了。巴黎中心曾在西岱岛上，然后是孚日广场；再接着换到了圣日耳曼区，紧随其后的是证券所。大公司是最近才有的；战争期间，冻结了巴黎中心区域的一切建设活动，人们往西寻觅新的空间，因为他们在那儿找到了更宽的街道，适合小汽车行驶，安排更合理，还能找到更亮堂的房子住。尽管如此，城市中心还是在呈金字塔状不停上升，日复一日，不断矗立起新的办公楼；那是一个信号。

对于布宜诺斯艾利斯的仔细研究证实了大城市几何中心的僵化：布宜诺斯艾利斯是一座完全建在西班牙格网上的城市，四边间距都是120米，*它所有的道路都是同一个宽度*（10米或者11米），*中心和外围都一样*。所以没有人会被那种更适合汽车交通，把人带往城外的道路所吸引；因为哪儿的交通情况都一样，没有哪个社区有特权。商务还是*呆在它曾经呆过的，现在呆着的，将来要呆的那个地方*：中心；这里的中心是海岸线上的一个半圆，这对一座海滨城市来说相当典型。

——……我们应该沿着“凯旋大道”清空巴黎，从星形广场一直到圣日耳曼园（24公里）；清空巴黎后，它就能沿着我们的大道发展。不要再用巴黎中心来烦我们了，一劳永逸！巴黎的中心将变成空荡荡的；我们会在那里建一个公园，给育婴的女佣们使用，我们以后去那里就是纯粹寻开心的。

——如果我们看一眼法国的地图，巴黎区域的地图以及巴黎的规划，我们就会发现巴黎是同心圆状的，是放射形的。

——各种不同的大事件把巴黎带往西面发展；对侵略的恐惧，军事灾难，都不是些久远的事情，它们让巴黎远离东面。但是我们不应该忘记，当下这个小汽车和铁路的时代，巴黎正在逐步扩张，老实说，它正往东面和东南方向的海港和大河扩张。然而巴黎在东面遭遇了瓶颈；没有一条高速路从那儿出发，这都是强行压制的结果，可是它们的理由也许早就不存在了，而巴黎人也已经习惯于朝西看了。

——如果我们要把凯旋大道建成将来商务区的轴线，我们就必须要为它设计各种各样的交通……

——我们需要假定交通的意义：地铁、有轨电车、公交车，还有直抵机场的高速路。

——注意了，注意了！我们不可能把所有的事情都塞进凯旋大道中：豪华住宅、办公楼、散步道、高速路。我们必须知道自己想干什么：它是一条形象大道，是一条商业街，还是一条高速路？

……………………………………………………………………………………

——……如果有人在“金字塔”（退台）中运用新的建筑法则，那么他就可以无穷无尽地增加一层又一层的楼板，全都取决于它所建街区的尺度。但是金字塔的内部空间会发生些什么；它们会不会身陷黑暗中？

——哦对了——我们可以敞开一些庭院。

——是的，但是用在街道上的45°法规同样要用在庭院里面。

——那么就再也没有什么金字塔了，只有些带庭院的房子，就跟今天的一模一样！

——我们怎么才能找到足够大的场地来建我们的金字塔呢？现有的地块都太小，它们数都数不清，又带有很强的倾向性……

——它们必须编组！

——如果业主不同意呢？

——那我们就征收他们的土地！

——所以这是一场革命！

——不，被征收的业主总能赚到一大笔钱，这是众所周知的！

——金字塔建造方面的规定还告诉我们另一条让人吃惊的事实：*它完全没有解决任何街道的问题*。街道还是和原来一样：马车时代的街道；小汽车的交通堵塞依旧严重。

——道路上的规定不应该根据那些建筑上的来制定。建筑拔地而起；它们的组织将通过不同体量间的韵律表现出来，这些建筑体块还将为我们的双眼带来各种悦目的比例。街道就是用来交通的；街道就是小溪和河流，其流程必须是很有*规律*的；在这些河流的岸边随便停泊一辆汽车将阻碍它的流动。车要停到港口和码头上去，沿着河流布置；当房子被挤走后——出于其自身的利益——远离道路边缘，在街区中央形成竖直的体量，这些港口和码头会找到足够的空地的；建筑的竖直体量可以有各种各样的平面，可以是希腊十字，U形，双T形，或者是洛林十字，等等。同时，除了这些河流和港口以外的空地上将遍植参天大树，它们的枝叶将覆盖整座城市。然后我们在街区中央的摩天大楼上就能看见一片绿树的海洋，我们再也听不到小汽车的噪声了；一座现代的城市将是一座绿色的城市。

*
* *

大事件无可避免地拉开了帷幕；恐慌；行动

——一名巴黎纯粹靠小费维持生计的出租车司机，每天工作10～11个小时，差不多可以行驶 110 公里。平均下来：每小时 11 公里。这样的话，在巴黎共有 20 万辆汽车以*它们正常速度的1/4* 在行驶，这只有它们最高速度的1/10。估摸一下这些浪费吧。计算一下商人们在路上损失的时间和这些时间所能带来的价值吧，对他们来说，真是一寸光阴一寸金啊。

——如果我们为法国各省和巴黎区域铺满高速路，每条路的承载量都能达到每小时 3000 辆车的话，城市的道路将会发生什么，城市的交通又会发生什么呢?

——就是它了！这就是问题的关键!

....

——纽约已经成立了一个委员会专门研究曼哈顿的拆除和重建计划。这是一个绝好的体现活力的证据!

——（一名空军将领）法国的航空正漫无目的地发展着，缺乏一个全局视角。

在法国,*没有航空上的指导原则* 。

——规划上的又是什么!

*
* *

尺度的变化

——我们再也不用米来测量街道，取而代之的是一个代表了一辆汽车实际需求的单位（一辆汽车的宽度和交叉穿越所需的空间）；一条街道将有 4、6、8 个“汽车单元”，而不是 9、13，或者 21 米宽。因而我们需要避免使用*不恰当的尺度* 。

——还有对机器时代的生命中所有崭新的部分来说也都一样。拿出决定来，走入尺度中去!

*
* *

统计资料

——在全部的赋税中，巴黎贡献了 230 亿，而全法国的总额是 620 亿。

——这体现出了大城市魅力四射的力量，同时证明了出于高产的需要，一个国家的能量需要集中起来。

——统计资料能给我们许多讯息。但是在巴黎没有任何相关数据。城市的热度未知，我们也无从知晓它是不是得了高烧。

——请原谅我的大意，医院倒是提供了一些值得称颂的年度统计资料。

——知道我们得了什么样的不治之症固然很好。但是知道我们活得怎样更加有用：市民们都生活在*哪儿*，他们*怎样*生活（不同住宅的外观、每家住户的人均面积、一间卧室中的床位数、干净卫生还是藏污纳垢）；他们在哪儿工作（在家、在作坊、在办公室、在工厂）；这些不同的工作点在城市的具体什么地方；他们怎样到达（地铁、公共汽车、有轨电车，等等）；这些市民每天要花多少时间去上班；交通堵在哪儿，那些放慢他们速度的点在哪儿；相反那些快速交通工具又在哪儿；郊区的居住情况如何（密度、城镇的位置、到达方式）；住在郊区的居民实际上是怎样组织自己一天的生活的；在城里，哪些公寓用作办公室和作坊，它们在哪儿，究竟有多少数量；标出商务区的位置，商务区集中的地方，等等，等等。

据说统计资料相当充足，市镇厅的整个顶层就是一个巨大的收藏各项统计资料的图书馆。非常好。作为建筑师的我们不允许自己变成书虫。让这些统计资料*便于理解*的不是大量的文档，而是*正在进行的研究的意义*，研究的主题（一个有关建筑或者规划的主题）；是最后用来表现研究成果的方法；“有关……的报告”，“有关……的研究”当然是非常出色的，但是它们需要相伴以*可视化的图表*，可以让人一目了然，不需要大量的文字，也不会浪费时间。在布鲁塞尔世界宫（the World Palace）的人类历史博物馆就是一个绝佳的*可视化*的例子。可视化是思想的一种速记方式。

在巴黎，一座400万居民的城市中，没有任何统计资料能够帮助我们在庞大的个体数量与其需求之间成功地架起一座桥梁；同时那些*迷惘不知所措*、肩负着公众利益的建筑师和规划师却注定会失败，或者说至少会表现得语无伦次，这还是*缺乏数据的原因*，没有统计资料，我们就像是在沼泽中扑腾。除此以外，如果现在有一些*有用的数据*的话，这里表述的思想上种种尴尬的矛盾就能转化为有条理的建议。然后我们就能知道*如何去拯救巴黎*。但是在当前这个时刻，*没人知道该怎么办*。有些人，也许，能*猜测*一下。

——先生们，两年前，正当我们面临着亟需找出一条能够解决巴黎危机的策略的时候，内务部的部长申请了一笔50万法郎的费用来建立一个可靠的数据库。

我们得到了一笔5万法郎的资金!!

后来，这笔资金又上调到20万。如果说我们有了这笔钱还是什么都干不了的话，那无疑是废话。

——内务部部长应该设立一个副部长专管统计。他不仅是简单地堆积那些如山的信息。他会负责定期出版发行*用来给国家各地方活动作参考的统计摘要*。*短小的“图像化”的传单* 就像过去总军司令部用过的那种方法*进行传布*，当然他们是为了达到其他的目的。

*
* *

重返巴黎

——只有柏林*在城里* 有一个飞机场，相反，其他城市的机场都远离中心地带，以至于搭乘飞机所节省下来的时间又都浪费在了从机场到中心的路上。在柏林，在滕珀尔霍夫机场（Tempelhof），人们对这个直径300米的中心核相当满意；在这个核的四周，有一条相关的法令覆盖了所有周边的建设；它形成了一个锥体，从核四周的0米开始，以15°角向外辐射；在这个由此产生的锥状表面外禁止建设任何东西；简单、绝对，但同时又有很大的弹性。

——除此之外，2年后，飞机，当然不是那种大型的国际飞机，小型的出租飞机将可以垂直降落在城市中心。

——火车站将变成“飞机站”。

……………………………………………………………………………………

——一条十分明智的、作为*思想和规划理念的成果* 而制定的法令（不是一条先验的、武断的、危险的、残缺的法令）完全可以取代独裁者的统治地位——国王和政客——一谈及规划，人们就很容易会想要这样的人物存在。

——更好的情况是，最高权力可以纯粹地、简单地作为*自身的利益* 的体现。这样的话，凡登广场（the Place Vendome），一个很好的整体的例子，一个真正的权利的宣言，就不再是以法律和皇令等的结果出现了。凡登广场是*一项真正的地产开发项目*，是一片管理良好的地块的销售成果。

……………………………………………………………………………………

——先生们，我要和你们谈谈一个纯理论的项目，目的是为了向你们展示，就巴黎这个例子来说，通过呼吁*自利益本身*，就能解决它的各种问题；相信我，我们完全有可能为巴黎的土地做一个价值重构，特别是那块中间的，现在无可避免地造满了污秽的房子和污秽的街巷。我们已经做出了论证，B先生（Mr. B.）和我自己，我们找了一块位于萨瓦斯托波尔大道

（Boulevard Sebastopol）、波那诺维尼大道（Boulevard Bonne Nouvelle）、女人街（Rue Montmartre）和列奥谬尔街（Rue Reaumur）之间的地皮。这片区域里面有41条纵横交错的小路，将来我们只要6条；每条都有20或30米宽。沿着这些道路我们只建办公楼，10层高，另带2层退台；这些现代建筑内部也会有庭院。

——同时我还希望地下室的数量*不会受到任何限制*；人们可以在地下室工作，想挖多深就能挖多深！……

——在这样形成的街区内部，我们将建造20~30层高的塔楼，每层1000~1500平方米，相互之间距离180米。

这项工作的资金来源将通过*土地价值重构*这条惟一的途径，因为这块是*巴黎中心*的土地。目前它分属于550户小业主。通过恳请一些在当地拥有办公室的金融界精英和头等的商业巨子，很容易就能组织起一个业主联合会。

因此，先生们，在今天巴黎无可争议的中心位置上，重建巴黎的第一步就这样展开了。跨出了第一步后，人们就会接着跨出第二步，第三步，第四步……由此，10~15年后——也许更快——巴黎将完成重建；巴黎的中心将得到更新。第一步需要花费200万，但是没有人会怀疑这笔花费在这个崭新的样板商务区建成后会立刻被使用者付清。

——完美。

——绝佳。

——完美。

——就是它了……

——*我们需要一条法律*，一条修改现有建筑规范和强制那些敌对的土地业主的法律……

——先生们，我用这句话作为结束:*金钱就存在于这个社区中*！

——在我们寻找巴黎的边界，远离中心30~50公里后，我们又*重新回到了巴黎内部*；重返城市！

……………………………………………………………………………………

［接下来的这部分，是我在分会结束后与A. R. 先生（Mr. A. R.）私下的谈话内容，他是这个项目的设计者；我一直避免公开论及这部分，我的谦逊之心相信大家都能理解，尤其当你们知道在这场争论中我们1922年的研究和巴黎瓦赞规划从未被提及："您完全可以想像，先生，听到您的谈话我非常高兴，能得到您基本的许可我满心欢喜，向您致敬。我们在大巴黎区（Ile-de-France）的郊野绝望地徘徊了很长一段时间，一直到郎布叶（Rambouillet)，到枫丹白露（Fontainebleau)，到贡比涅（Compiegne)，我们苦苦寻找巴黎最远能达到的极限：一个半径 30～50 公里的圆，一片 60～100 公里长的城市发展带！您已经重返巴黎了。您已经置身于城市的几何中心了，就在萨瓦斯托波尔大道的边上。在 1922 年和 1925 年，我曾受命在这片区域创建出一个中央商务区（巴黎瓦赞规划)。您把这些地块联合起来；550 个小业主变成一个单一的联合会，有一个单一的董事会。您把自己整个的想法都建立在大城市中心土地价值重构的原则上，我们的同僚也都认可您。您打破了檐口 20 米的限高；您建造'高塔'——换句话说，也就是摩天楼。您的同僚在呼吁法令。考虑到这座城市的历史，您肯定自己的行为不是亵渎；您说这完全符合城市的历史精神。您说您的项目在物理上实现起来非常简单，没什么不可能，不是在大言不惭，也不是什么乌托邦。接着您说您会把这个项目一直扩展到周围的社区，因此，很快，巴黎将在其中心拥有一个商务区，无比杰出，闪闪发亮，就像是密涅瓦（Minerva)* 的头盔！我们所有的同僚都同意您的想法，没人指责您是疯子。"

"请允许《新精神》的主编，他在 1922 年已经发表过相似的提议了，同时也是 1922 年的《一座 300 万人城市的当代规划》的作者和 1925 年巴黎瓦赞规划的设计者，给您带来他的支持和信心吧。"

在这次对话中，我们的一个合作伙伴当时也在场："这太棒了！1922 年，每个人都把你当疯子，现在！……"

在之前的一个会议上，令人尊敬的 B. 先生，上述项目两位设计者中的一位，这样对我说："我对你的《城市规划》一书有详细的了解。你是真真正正提出了观点啊……"]

*
* *

现状的分析

——如果有人要为巴黎区域建立一套理性的区划，那么他其实就被引向了去为那些形成都市现象的种种不同的元素做出定义，去把地块精确地分配给每一个确切的功能，随之而来的就是要去分析现如今巴黎区域的规划，辨别出它的组成部分和正在发生的事情；紧接着进行置换——把某些特定的功

* 罗马神话中智慧和技术及工艺之神。——译者注

能转向特定的场所，并为其他的功能定出位置来，在适当的位置执行地役，总而言之一句话，去管理、去*干预*那些直到现在都还没人管的地方。强制执行地役意味着减少整个区域的价值。*减少其价值*又意味着*需要赔偿*。我们从哪儿来找到这笔钱呢？

——首先，要想*研究*巴黎区域的规划就是不可能的事情；它*跟不上潮流*；有些区域现在整个都盖满了房子，而规划图上还把它们标为空地。如果我们拥有了我们一直在索要的统计资料，那么我们是可以知道的，但是我们现在什么都不知道！我们不知道巴黎区域的4百万居民是怎样生活的！所以说甚至还没开始，我们就已经僵住了，被困死了；我们无法完成自己的工作！

——无论是谁说"*发展*"都必须同时提到"*挣钱*"！区划必须通过土地价值的重构为我们带来大笔的财富。人们一直惦记着地面上的*表皮*，而不想着那种建造方式的人是一些被现代科技所*折服*的人。人们总是用地面以上20米的限高进行计算。路易十四设定的这个高度限制在当时是合情合理的，因为那时候都是些砌体建筑。而如今现代科技为我们带来了钢和钢筋混凝土。我们必须要突破20米的这个高度；它可以提升到200米。

如果我们把这个高度提到200米，巴黎某些选择明智的地区将会得到巨大的价值调整。有了收益，我们就可以支付先前提到的强制地役带来的赔偿。某个限定地区必须获得另一个在现代科技的急速前进中大力发展的地区的赔偿。这是一个眼光卓越的发展，包括设定一个工业区，在那里兴办的工厂将获得很高的收益，有了这笔收益，我们就可以负担奢侈的开敞空间了。区划就是这样一步步发展，先有一个能赚钱的区域，然后去支付那些赚不了钱的区域。

谁将为那些事情做出决定，谁去敛财然后支付赔偿？私有财产是神圣不可侵犯的。好吧！但是如果一个社区自发协会想去*调整一块僵死的、没有收益的区域的价值*，谁又去预先支付那些引向价格重整的成本呢？

社区自发协会；但是谁去收敛那些收益呢？那些放任自流、土地如一潭死水的业主们？只有他们？当然不！他们可以拿到自己的那部分，社区自发协会也有应得的一份，彼此间有一个公平的比例。

话说回来，*社区自发协会*又是个什么东西呢？它是一个权力机构。在这个领域谁是权威？我们需要给出定义，需要建立起这样的一个机构来。如果我们已经有了一个主管统计的副部长，那么也能创建出一个规划部。整个国家都需要好好规划。法国的城市是世界上仅有的死亡率高于出生率的地方，这是它们日薄西山的标志，也是缺乏现代规划的结果。这是一个主要问题。

房地产的所有权实在是分配得太过盛了：它阻碍了一切规划行动；土地需要重新整合。同时为了防止敲诈勒索和投机买卖，可以冷静地贯彻国家规划研究的成果，出于公众利益的考虑，*我们有必要冻结那些土地*。冻结？那是为了要进行价格重整。在那些土地上开展一些重要的公共设施的项目会带来很大的收益。有人已经说过了：土地被征用的总能得到好处。

权力机构，土地冻结；我们还需要一个主要项目上的决定；巴黎区域的主要项目，还有整个国家的。国家会为它们作担保，这就够了；自然，国家本身并不会去建设这些项目。

巴黎航空没有任何指导原则。规划领域也没有。这座城市是会扩张到60或者100公里呢，还是相反，它会向内收缩？巴黎生活在它20米的限高下。所有的一切都受到压制，没有新鲜空气，没有绿化，密度也太低。自然而然地相互间的距离就会过长。在城里工作在郊区生活也许是一个骗人的梦想。人们对花园城市怀有极高的热情，尽管它孤立他们，剥夺他们享受有机组织带来的种种好处——尤其是公共服务——可能是当下这个时代浪漫的错误吧。

把商务区扩展到城市边缘同样也是一个自相矛盾的梦想。我们以科技进步的名义宣扬自己的种种权力，掘地三尺，想挖多深就挖多深；难道突破20米的限高不比这要好吗？

逃离巴黎，把它变成一座沿直线良性发展的城市，就等同于通过一个非常简单的方法，废除城市区域几何中心那块最值钱的土地的价值。一开始就抛弃那么大一笔财富实在是冒了太大的风险了。

如果我们能有为规划师建立的统计资料，我们就无需继续讨论，我们可以立即行动，我们的这些论题也不会是矛盾重重的了。

很多人都这样问：别的国家的那些城市在干些什么？它们中的许多都盯准了巴黎，它们希望看到巴黎来一个大动作，证明现代技术本身就能解决机械化带来的诸多麻烦。这个解决的办法将会在城市的历史上留下崭新的一页，书写着建筑的辉煌。

于莫斯科，1930年3月

莫斯科的气氛

我没有试着去学俄语，那可真是一场赌博。但是我常听到人们说着 *krasni* 和 *krassivo* 。我问他们这是什么意思。他们告诉我 *Krasni* 表示红的，*krassivo* 表示美丽的。从前这两个词的意思是一样的：红的和美丽的。因为红的就是美丽的。

如果根据我自己的感受，我可以很肯定地说：红色代表了活着的东西，代表了生活，代表了热情和活力；那是毫无疑问的。

所以很自然地我觉得我有权利认为生活是美丽的，或者说那些美丽的就是生活。

当一个人痴迷地关注着建筑和规划的时候，这个小小的语言游戏就显得不那么可笑了。

*
* *

苏联决定要全面推动一个武装国家的项目：五年计划。现在已经逐步得到了贯彻。它甚至决定要牺牲现有产出的一大部分来执行这个项目：这就是为什么这里的菠菜上已经没有任何黄油的缘故①，莫斯科也不再有鱼子酱了；所有的积蓄都用在对外贸易上了。

国家的装配，工厂，水坝，运河，磨坊，等等。有那么多事情要干。对于人民来说——他们的住宅——将要兴建360个新城。这都已经启动了。

在乌拉尔山（Ural Mountains）的山脚下，正在积极筹备一家全世界最大规模的拖拉机生产厂：每年生产4万台拖拉机——平均每6分钟1台。

为了解决工厂工人的生活问题，同时还在兴建一座容纳5万居民的城市。成本：1亿2千万卢布用于建设住宅、道路和景观；首笔6千万卢布的款项已经支出。

建筑师在一月受到项目委任。花了一个半月的时间完成了规划。计划在四月底就要开始破土动工。

规划建设的数据如下：

① 英译者注：一条法国的俚语，表示有了必需品后再拥有奢侈品。

工厂将拥有2万名工人，有男有女；

其中包括30%的技术人员和行政人员。

除此以外，有25%未受雇用的人。

接着是37%的儿童。

最后，7%无法工作的人（老人）。

苏联新兴工业城市中的日常生活全都取决于公共服务的组织：

直到7岁，儿童们都是在与住宅大楼相连的托儿所中接受抚养，家长可以自由前往探望自己的子女。

从7岁到16岁，儿童们在隶属于住宅大楼的学校中上学。

对于当前这个时期（战争和革命后），人口的组成比例如下：每5000个成年人，就有800个7～16岁的儿童和2100个7岁以下的儿童。

城市因此由各个组群组成，每个组群都包含：5栋住宅大楼，每栋居住1000人，同时配以一个抚养幼儿的托儿所和一所供800名儿童上学的学校。每栋住宅大楼包括：四个成人的居住单元，一个行政和集体服务的单元，一个体育中心，一个儿童之家（210名儿童），一个停车场（汽车归集体所有，每个人都能在自己休假的日子里使用其中一辆；稍后我们会提到：*第五天的休息日*）。

在住宅中没有厨房；有一个中央厨房服务数个餐厅，提供集体餐饮。

那儿没有商店，但是会有一大批日用品送抵每栋大楼入口大厅的零售商。

人口密度固定在每公顷300人，其他一些新建的工业城市把它降低到了每公顷150人。

*
* *

莫斯科就是一个*制定规划的工厂*，是技术人员的应许之地（the Promised Land）* ［不过没有克朗代克河（the Klondike）** ］。这个国家正在迅速装备自己！

汹涌而来的规划：工厂的规划、河坝的、磨坊的、住宅的，还有整座城市的。这些规划全都在同一面旗帜的引导下：只要能够带来进步。建筑蓬勃发展，在那些自诩知道点什么，骗取他人信任的人的指导下新生、呼吸、汲

* 即迦南，上帝赐给犹太人始祖亚伯拉罕及其后代的土地。——译者注

** 在加拿大西北部的一条河流，淘金热的发源地之一。——译者注

取营养。

一名建筑师受到了一项委托；3、4、5、7 是收了钱专门相互竞争的。另外，为了要兴建大型的福特汽车生产厂，他们专门邀请了一位专攻工业城镇设计的美国建筑师；他设计的东西看起来就像一座监狱；话虽如此，但这的确是一座标准的美国工业城镇。不过那里没有时代精神；它看着不像是今天的产物。莫斯科嘲笑它；它不符合这个新的环境。这个小小的例子是一把标尺，它能量出莫斯科规划当局的智力水平。

莫斯科满是些历经坎坷、精心构思的想法，满是些负责审查的陪审团。五年计划就是一门朝向现代科技开火的大炮。

*
* *

各个项目的效果图和平面图四处展览，今天在这儿，明天在那儿。热情高涨的人们弯下腰来，仔细研究这些图——都是些年轻人，有男有女（目前莫斯科有很多女性建筑师）。他们慢慢看，小声交谈，全神贯注，怀着一颗强烈的好奇心。

这里正在准备兴建一栋新的建筑，已经给它分配好了新的目标。

*
* *

在这些规划中四处洋溢着青春的气息。这点让我们稍感讶异，我们巴黎人正被一种全能的学院主义打垮。不过我们先别激动：围绕着克里姆林宫（the Kremlin）的学院主义和在意大利皇宫（the Quirinal）、奥赛火车站（Quay d'Orsay）四周的那些没什么区别，只不过它伪装起来了。

在年轻人中，盛行着一股比拼创新的风气。责怪他们？那可是天大的误会！我们有时候会看到巴黎美术学院的星形轴线，好像恶魔般，带着一张伪善的假面。千万要警惕在莫斯科（哦，和别的地方一模一样）出现的新时代学院主义的征兆！

*
* *

绿色城镇（the Green Town）。

它的意思是：

在苏联，星期天的概念被取消了，取而代之的是一种新的说法：*第五天的休息日*。

这个休息日是轮流出现的；一年中的每一天，苏联的1/5人口都在休息；第二天，是另一批1/5，以此类推。所以，对苏联这个国家来说，没有工作停止的那一天。

一个由医生组成的委员会绘制出了一条生产力强度的曲线。这条曲线在第四天的末尾迅速下降。经济学家说道：我们不能满足于整整两天马马虎虎的生产量。结论：机器时代的生产周期是5天；4天工作，1天休息。

但同时医生们也意识到现代工人工作强度过高，已经精疲力竭了。给他个年假让他好好恢复恢复？这还不够而且为时已晚，因为他已经被耗干了。需要让他一直保持良好的状态，时不时地去维护、检修一下这台机器，是的。另外，现代医药难道不是受到下面这条假说的引导吗：

病患之人难以治愈，

健康之人全凭捏造。

假期，一年一次（15天，一个月），全都为时已晚；这台机器已经千疮百孔，病入膏肓了：现代世界疲惫不堪。

正因为如此，苏联决定要兴建绿色城镇，奉献给第五天的休息日。

为了制定数据库，医生委员会，妇女委员会，运动员委员会都纷纷展开工作。

下了决定后，人们带着高涨的热情建设绿色城镇。

距离莫斯科30公里的*绿色城镇*立马就展开了建设：先是确定了用地范围，接着为项目立项。首轮的建筑和城市化竞赛为绿色城镇规划的讨论奠定了基础。

以下就是莫斯科绿色城镇的项目：

场地的范围是15公里×12公里，海拔高度从160～240米。四周覆盖着松树林，树林间是田野和草地。场地上有些小河，将来用一个水坝就能为用作体育运动的那部分提供一个湖。

莫斯科的“绿色城镇”将会发展成一个大型的酒店，按照精确制定的计划，莫斯科的居民分批每隔5天就会去那儿疗养1天。因而建筑的问题就是要为一个人或者一个家庭创造一个休憩单元，把这些单元组合到一栋楼面，然后再把这些楼巧妙地分布到场地中去。在这里我们将拥有*田园风光*，拥有自然，一点也不沾染大城市的都市气息。尽管如此，鉴于公共服务依然需要正常运转，问题就成了要从零开始，创造出一个全新的建筑和城市的有机体。

第一年，他们将按每天2万～2万5千名游客的数量建造客房，这就表示如果我们以每 5 天一个周期进行计算的话，将会有 25000 × 5 = 125000 名游客前来疗养；如果每 10 天一个周期的话就是 25000 × 5 × 2 = 250000 名游客；最终每 15 天就是 375000 名游客。

三年半内，在苏联五年计划的末期（这个庞大的计划现在牵动着整个国家），将建有 10 万间客房，换个说法就是每 5 天就有 50 万名游客，10 天 100 万，15 天 150 万。这样就足够“放松”整个莫斯科全部的人口了。

除了*第五天的休息日*以外，绿色城镇还将接纳一些享受年假的官员和工人，一次 2 个星期或者 1 个月。

最终那些病患，不是得了什么需要医院医治的疾病，而是那些亟需休息的人，将在绿色城镇里面找到自己的疗养胜地。

同时还必须大力发展交通设施；现有的火车站，Bratova-China 站将成为主要的车站（线路已经电气化了）。还需要建设的：一条高速路，若干放射路和一条环路；除此之外，还需要一块农田和一套服务网络（用于食品加工厂）。

今年春天，首批的两栋 500 户的大型酒店和四栋 100 户的小型酒店将破土动工。散布在场地上的还有 10 栋游客中心（客栈）。

目前在拟建绿色城镇的范围内，有超过 3000 个农民散布在各个村落的枞木屋中。枞木屋将被统统推倒，村庄拆除；这 3000 个农名将被重新编组，安置到一个称为“田野 – 城市”的地方（这是一个用来褒奖当前整个苏联都进行得如火如荼的工业化组织农业的说法）。

一部分的绿色城镇将组织在一片大型的合作农场中。那儿的 3000 个农民将栖居在一些现代设施的周围，同时配有新兴工业城市生产的机器。这块样板农场将为绿色城镇提供食物。

其余的部分将按照度假酒店的模式来发展，但是具体的形式还没有确定下来。配有一个加工厨房的食物供给中心将依托汽车服务与酒店的餐厅联系在一起。同时还有一座体育城，里面有一个人工湖，有不同的运动场地和一个大型比赛用的中央体育场。一个需要解决的问题在于是否需要在整个场地上都发展体育设施，包括在酒店的底下几层，因为体育文化是建设这个绿色城镇最关键的原因。

酒店项目的内容从露营的帐篷一直到大型旅店，具体的形式依然需要进一步设计，这样做的目的是要让每个人在享受标准客房和酒店服务带来的便捷的同时还能感受到最大程度的自由。

绿色城镇还有为儿童、青少年和成人提供医疗服务的设施。

那些非常年幼的儿童（学前）将和他们的父母呆在一起。其余的那部分，大到 14～15 岁的，当然也可以和父母一起来欢度第五天的休息日，不过他们可能更愿意和自己的同学结伴同行，在训练有素的指导员的监管下，在田野和森林中尽其所能地狂欢。

年轻人将选择露营，或者自由自在地呆在自己的客房中；人们普遍认为到了一定的年龄后，孩子们需要自主独立。

最后，成年人、男人们和女人们，可以一起或者单独住在这些居住单元里，不过这些居住单元的形状和尺寸也没有定下来，这立刻带来了一个十万火急的建筑难题。

上述的这些，大体就是绿色城镇的框架了，在莫斯科已经紧锣密鼓地开始进行前期工作了。

*
* *

苏联正盛行着一股城市主义的风潮，至今仍未消褪。在其林林总总的规划里面，除了某些特例，大部分都可以称作是亚洲的，而且毫无疑问和苏联现在正面临的经济与社会问题毫无干系。原计划是要给这些问题找出最“当代”的解决措施。

恐怕在这个以农民为主的国家想要迅速跻身为一个机械化大国的过程中，什么才能构成一组都市现象，尤其什么才能刻画出机器时代的城市性格这一问题对它来说并不是很明确。世界各地城市中充斥着的丑恶和困惑都被盲目归结为资本主义体系的结果。我呼喊道：“小心了!”我们从父辈那一代继承来的城市是前机器时代的城市。有人说*我们甚至连想都没想过要为机器时代的城市做好准备*，我完全同意这个说法。现在有一个庞大的社会项目。我们什么都没做。而苏联却面临着问题，同时也提出了相应的体系去解决这些问题。我相信在规划领域中，这些现象是并且将一直是*人类的*现象。其中牵涉到的正是人类这种动物，是那些在一起工作、一起生产、一起消费的人类的需求，是那些一如既往地，为了物质上和精神上的合作而走到一起的人类的需求。我给这种出于本能去拉帮结伙的精神果实添上一个附加的价值和意义，而且它很显然和人类的欢乐休戚相关。因此我想到，如果我们把人的概念放在教条之前，城市规划将变得更加美妙，也能得到更好的贯彻。

但是在苏联，城市化发展的风潮已经从第一阶段（当然是在某种有限的范围内，不过却对新事物保持敏锐和渴望的触角）过渡到一种概念上来了，这种概念通过一个相当奇怪却又十分典型的词语表达了出来，它阿谀奉承，满足人们的虚荣心，而且听着非常动人:*去城市化*（deurbanization，俄语里就是这个发音）。有些词语注定是要消亡的；这个词实在是太过矛盾，太过荒谬了，它摧毁了自己暗示的东西。我不得不去考察一些去城市化的案例。我坚定地回答道：让我们不要再玩文字游戏了，不要摆弄虚假的*感情*。让我们不要无视现实，逃往一个新的特里阿农（Trianon）的羊圈了。我坚信：每天的日出日落才是影响人类生活的因素。我们必须在太阳24小时的周而复始中找到各种行动的条条框框。面临这个宇宙现象，这个我们无法改变，起不了任何作用的大事件，我写下存在于这个世界、自然、人类的物质和精神创作中的另一条无法避免的法则,*经济法则*。因此一方面受到经济法则的限制，另一方面又必须呆在一天24个小时的条条框框里面，我想我们必须*城市化*而非*去城市化*。

下面是一封我写的信笺，收信人是当今莫斯科最具才华的建筑师之一，他和他的三个同僚，一起制定出了*绿色城镇*的规划：

莫斯科，1930年3月17日

我亲爱的金兹堡（Ginzburg），

今晚我就要离开莫斯科了。别人要求我写一份有关最近莫斯科绿色城镇竞赛的报告。不过我还没写，我不想对同行的工作指手画脚。另一方面，我回复了一些间接提呈给我的请求，我给了绿色城镇委员会“一些莫斯科和绿色城镇发展的评论”。我的结论无法和那个目前正看似火热的词语“去城市化”带来的高涨热情达成一致。

这个词语本身就是自相矛盾的；它属于一个根本性的误解，欺骗了众多西方理论家，也浪费了工业董事会大量的时间——一个根本性的误解，所有的一切都处于敌对和驳斥的状态。社会非常复杂；它并不单纯。无论是谁，只要想迅速且带有倾向性地解决社会问题，都会不可避免地遭遇到反抗：它会自我报复，它将变得危机四伏，它无视变化和法规，坚决不让自己受到操控：生活本身才有决定权！

昨天晚上，在克里姆林宫，在苏联副主席勒加瓦（Lejawa）先生的办公室里，人民委员之一的米勒汀（Miliutin）先生向我提到了一个列宁的思想，翻译过来后，我觉得非但不支持去城市化的理论，相反，还证实了城市改革的必要性。列宁这样说道：“如果我们想要拯救农民，我们就必须把工业带入农村。”列宁并没有说：“如果我们想要拯救城市的居民”；我们不能混为

一谈，这正是差别所在！把工业带入农村，也就是说把农村工业化，也就是说自由地利用机器创造人类的聚居点。机器才能让农民深思；大自然无法诱发他们的思索。大自然对那些城市居民来说绝佳，他们满脑子都是城市，逼迫自己勤奋的大脑整日运转。人们必须让自己的大脑辛勤劳动。它们正是在集体中、在震惊与合作中、在挣扎与互助中、在行动中收获丰硕的果实。这是人们一厢情愿的想法，但是事实摆在眼前；不是农民在欣赏绿树红花，听闻百灵鸟的歌声。这是那些住在城市里头的居民们干的事儿。你明白我的意思吧，坦白说，只要我们不是在自欺欺人地玩文字游戏。

人总有群居的需求——自古就是这样，无论在哪个国家，无论什么样的气候条件。群居带给他们安全感和防御力，带来互相陪伴的快乐。但是一旦气候变得严酷起来，群居就会激励工业发展，以他们生存的方式进行生产（衣着方式，变得更舒服一点）。智力创作是人们联合起来的产物。只有在集体中，智力才能得到发展，变得更加锐利，更加博大精深。分散让人恐惧，更加穷困潦倒，它还会解开一切生理和精神上的制约，没了这些制约，人们又将回到自己的原始状态。

国际统计资料显示死亡率最低的地方同时往往也是人口密度最高的；随着人口的逐渐集中，死亡率将逐步下跌。这些都是统计数据，我们不得不接受这个现实。

历史向我们表明人类最伟大的迁徙都是一个集中的过程。在伯里克利(Pericles）时期，雅典的人口分布情况与我们的现代城市相差无几，这也是为什么苏格拉底和柏拉图能够在那儿讨论纯思想问题的原因。*

进一步想想这个问题吧：10个世纪的前机器文明为我们创造了大量城市，这些城市在当前的机械膨胀下正摆出一幅可怕和危险的鬼脸。承认了吧，在我们的遗产中存在着罪恶，它的救赎方法如下：改变我们的城市，它们的密度将越来越高（统计资料和伴随现代化进程而来的各项元素：交通、学术吸引力、工业组织）；改变我们的城市，让它们能够适应当代的需求，换句话说，就是要重建它们（正如它们从诞生的那天起就在不断地自我重建

---

* 约公元前495年—前429年，古代雅典政治家。公元前443年起当选将军，历时15年，在雅典内政、外交等方面起了决定性作用。在其当政期间，废除选举官职的财产资格限制，使雅典的民主政治达到空前盛世；他同时还执行发展工商业和奖励文化的政策，这促使了雅典的经济和文化蓬勃发展；他还大兴土木，修建雅典城，雄伟的帕提农神庙矗立在卫城中央。——译者注

一样）。

我亲爱的金兹堡，现代建筑的伟大使命正是要去组织集体的生活。我是第一个宣扬现代城市应该是一座巨大的公园，一座绿色城市的人。但是要实现起来似乎又太奢侈了，因此我把城市密度提高了4 倍，我没有一味地去扩张城市，相反，我缩短了城市各个部分之间的距离。

尽管如此，我完全可以想像为一个工作和生活的都市集合体配上一座卫星城，一座用来疗养放松的绿色城镇，最终按照你们的五天一轮修的制度进行组织。我甚至在我的评论中指出，至少每3 期，也就是每15天就要有1次强制性的休息，执行起来可以参照上班时所采用的打卡制度；同时还包括按照绿色城镇的医生开出的个人处方进行适当的体育锻炼。绿色城镇将变成一个检修汽车的停车场（车辆的加油、润滑，各部件的检查、调整和维护）。另外，与自然的亲密接触（明媚的初春，呼啸的隆冬）能促使我们沉思和自省。

因此千万不要从我诚挚和坚定的宣言中读出一丝敌意："人类趋向城市化。"

请独自把玩这个有趣的细节：一个为了满足去城市化目的的项目，在绿色城镇的大森林中建造茅草屋。太棒了，无与伦比！只要它们依旧是为周末而建的！但是千万别因为建了茅草屋，你就说自己能拆了莫斯科。

你忠实的，

勒·柯布西耶

从莫斯科到巴黎，1930 年 3 月20 日

“一份说明”

我想在布宜诺斯艾利斯的这 10 场讲座，对我来说，将是最后一次涉及到“现代科技点燃建筑革命”的主题了。

整个世界——布宜诺斯艾利斯、圣保罗、里约热内卢、纽约、巴黎、苏联，都已经意识到了这个紧迫的任务，全都在“伟大之作”的边缘颤栗。*伟大之作*的时刻，对我来说，似乎就是我们正在思考的主题。《逝去的时代，或说机械化文明的装配》，这是一本让人很想立即提笔撰写的书。

译后记

实在是万幸之下居然能有机会翻译一本柯布西耶的著作。

柯布西耶是建筑界毋庸置疑的大师，正因为其盛名在外，大家评价起他来总是小心翼翼。我在翻译这本著作的时候也是诚惶诚恐，总是害怕一个不经意的疏忽就会曲解他原本的意思。但是翻译的过程就像消化，有时候不可避免地会在其中掺入个人的理解。这样一来，为了尽最大可能地做到准确，我也赶忙拿来已经译成的各种柯布西耶的著作、作品集、绘画集和别人评价他的论述来细细品味。

越是深入到柯布西耶的世界中，越会有一种曲径通幽、豁然开朗的意味，只感觉到一阵阵的心悸和讶异从各个方向向你袭来。这 10 次 1929 年在布宜诺斯艾利斯的讲座对柯布西耶本人来讲也是一个绝佳的机会，他能够把自己在建筑和城市规划的思索、研究带给南美洲的民众和建筑师们。他想说的太多，时间又太短，所以无疑这本收录了 10 次讲座的著作真正是其思想的浓缩。

在翻译的过程中，我几乎是一次一次不间断地被柯布西耶所折服。不仅仅是他无所不及的涉猎范围让人俯首称臣，更意想不到的是从他字里行间中溢出的澎湃的热情和对于世人的关怀。当你陶醉在他所描述的瓦赞规划中，设身处地地去幻想那片树林、那片天空和时隐时现的玻璃摩天楼时，你会感到如沐春风的惬意。

可是这和现代建筑给我们带来的感觉多么不同啊！现代建筑和现代城市向来是冰冷的代名词，它们忽视人的存在，不近人情。如果不说那都是我们的误解的话，至少在柯布西耶的心中，在他构思建筑和城市的过程中，那种浓浓的情怀和翩翩的诗意从来就没有离开过。

由于柯布西耶的旁征博引，使得翻译过程更添了一份难度。那不仅仅是地理上的跨越，从巴黎的一条大道忽然转移到布宜诺斯艾利斯的某个广场，更有大量不同领域之间的切换，他一会儿和你谈着布伊亚－萨瓦兰的盛宴，一会儿又痴迷地讲述起约瑟芬·贝克的歌曲来。我只得求助多方的资料才勉强应付过来。

此书的原著是法文，这本中译本是从英译本翻译过来的。即便如此，在英译本中还是有一些法文照搬了过来需要翻译，另外，有时候一个英语的词汇会引发出歧义，这时候对照着法文原版也是大有好处的。鉴于南美洲长期是伊比利亚的殖民地，所以文中时不时蹦出一两个葡萄牙文和西班牙文的词语不足为奇。本人才疏学浅，惟能借助各种辞典约摸揣测一下，以期达意。

柯布西耶的文字很具个人特色，极富感染力，能够同时保证词句意思的准确和这种文字的张力也是我希冀能够完成的任务。

虽然我尽了最大的努力投身于这本书的翻译，但是不可避免依然会有许多错误在其中，还望各方不吝指教。

最后，我需要感谢我的好友范路。这本书的翻译能落到我的肩上全承他的大力帮忙，而我们平时的闲聊谈天也更加深了我对柯布西耶的理解，这种理解对于一名翻译者来说实在是大有裨益的。

陈洁

2008 年 9 月

于清华园

2 3

4 5

6 7

图 3 gagné／获得∥reconquis／重新获得；**图 6** terrain bâti，perte／建满的地面，损失∥gain／获得∥cours／庭院∥circulation／交通∥différence／差别

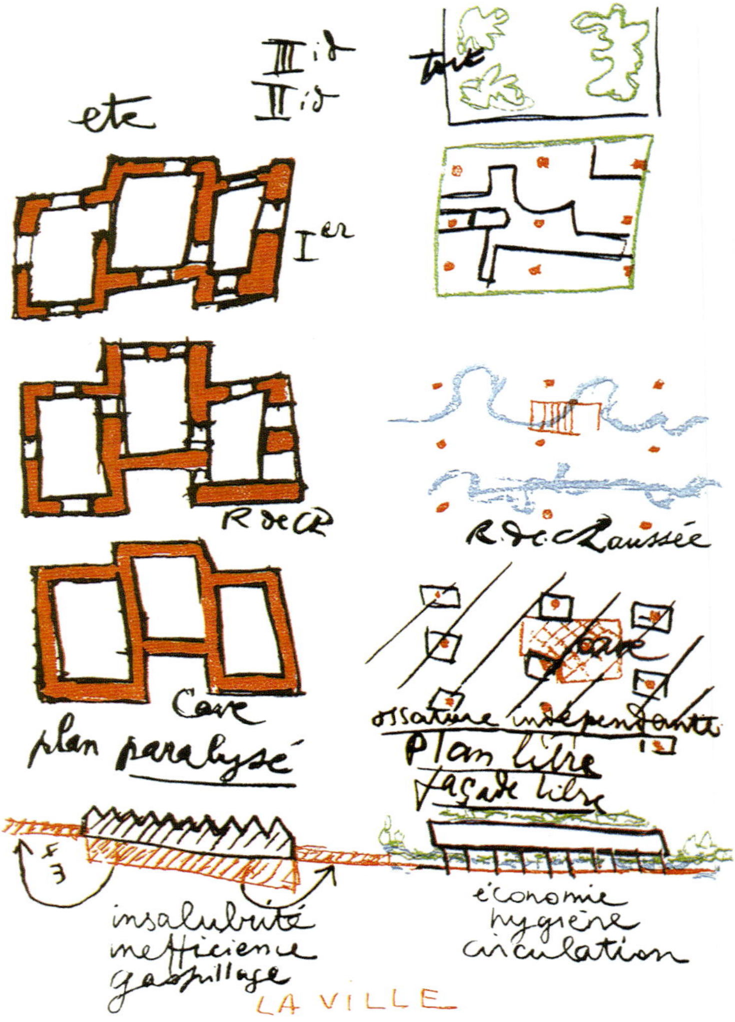

图 8　cave／地下室//plan paralysé／残废的平面；**图 9**　R de Ch／首层；**图 10**　etc／等等//Ⅲ id／四层一样//Ⅱ id／三层一样//Ier／二层；**图 11**　cave／地下室//ossature indépendante／骨架结构//plan libre／自由平面//façade libre／自由立面；**图 12**　R de chaussée／首层；**图 14**　toit／屋顶；**图 15**　insalubrité，inefficience，gaspillage／脏乱、低效率、浪费；**图 16**　économie，hygiène，circulation／经济、卫生、交通//LA VILLE／城市

33*a*

图 33a le pan de verre/窗墙//le fenêtre en longueur/条形窗//le murmixte/混合墙面//le pan de pierre/不承重的砌块或者是砌块贴面//composition：géometrie + nature = humain/组合：几何 + 自然 = 人性

36

37

38

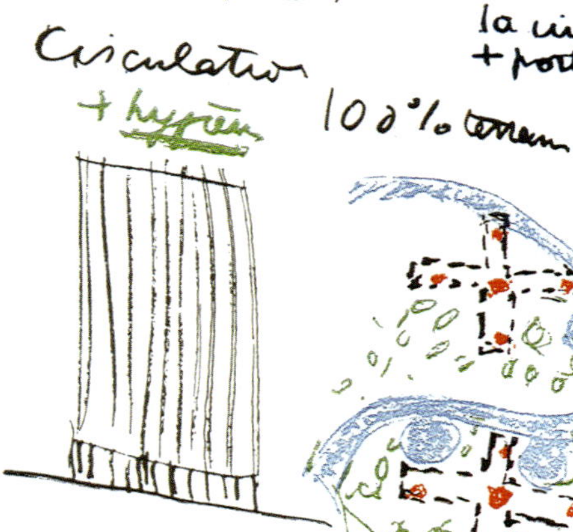

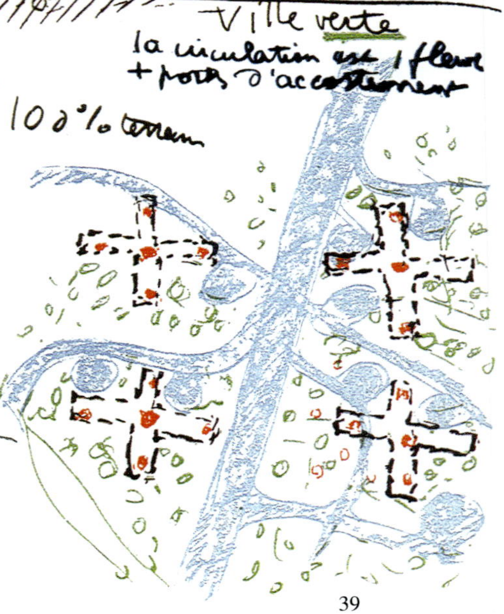

39

图 36　la ville／城市／／la rue préhistoriqu e…et d'aujourd'hui!! canalisations rongées! bruit congestion／史前时期和今日的街道!! 脏水横流! 嘈杂、拥堵; **图 37**　hygiène 40% terrain gagné／卫生，重获 40% 的地表／／rue double-classement／两层道路分区／／rue = usine en longueur／街道 = 两旁的工厂／／canalisations sauvées／预埋下水管道／／100% terrain libre／地面 100% 自由／／ville verte／绿色城市／／la dirculation est l fleuve + ports d'accostement／交通就是一条河流外加上停靠的港口; **图 38**　circulation + hygiène／交通 + 卫生／／100% terrain／100% 地面

47

图 47 ceci n'est pas l'architecture/这不是建筑//ce sont les styles/这些是风格//vivants et magnifiques à leur origine，ce ne sont plus que des cadavres/起初充满活力，让人激动不已，如今它们都只是死亡的躯体

151

152

149

149a

148

150

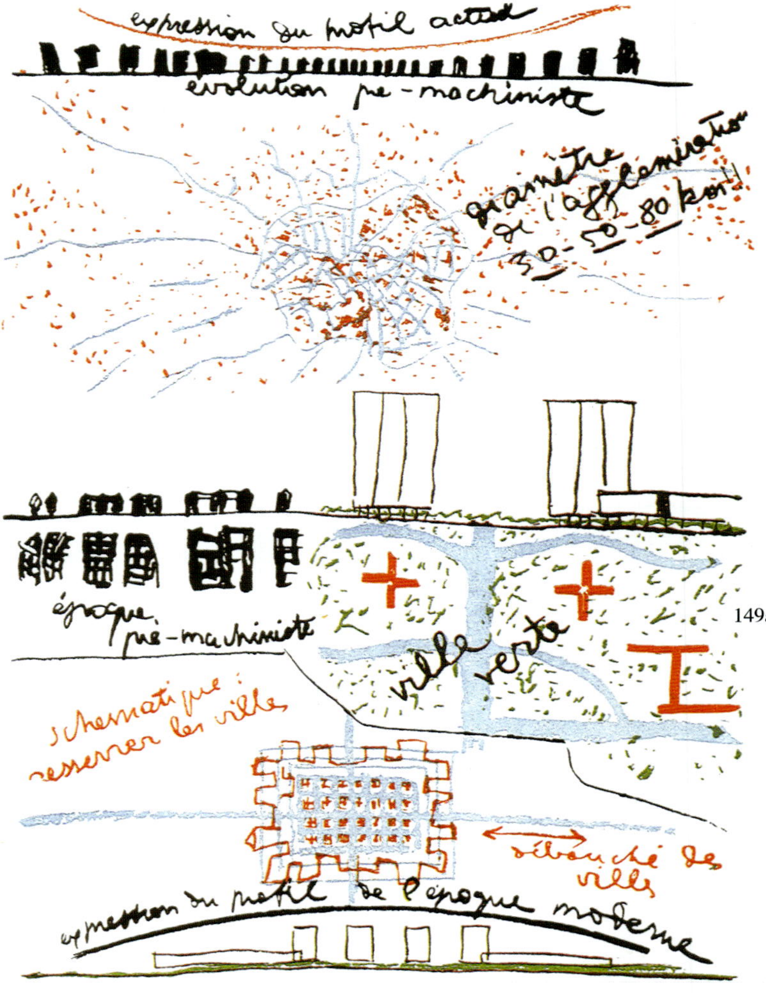

图 148　schematique：resserrer les villes／草图：压缩城市∥débouché des villes／城市被开敞空间包围；**图 149**　époque pré-machiniste／前工业时代；**图 149a**　ville verte／绿色城市；**图 150**　expression du profil de l'époque moderne／现代城市的形象；**图 151**　expression du profil actuel／目前的形象∥évolution pré-machiniste／前工业的演进；**图 152**　diamètre de l'agglomération 30 – 50 – 80 km!!／直径30 – 50 – 80 公里的城市中心!!

156

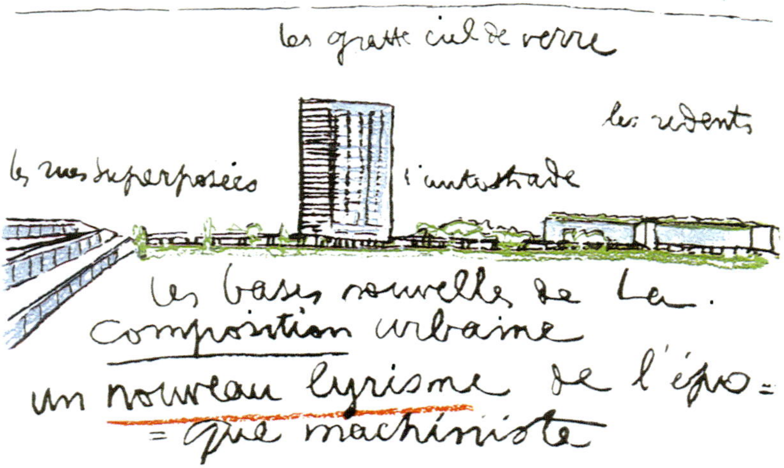

155

图 155 les gratte ciel de verre／玻璃摩天楼∥les rues superposées／架空的街道∥l'autostrade／高速路∥les redents／锯齿形建筑∥les bases nouvelles de la composition urbaine／城市设计的新基础∥un nouveau lyrisme de l'êpoque machiniste／一首机器时代的新诗篇；**图 156** LA VILLE VERTE／绿色城市

225

226